高等院校土木工程专业系列教材

建筑结构抗震设计

王　旭　王明振　高　霖　吴　磊　编著

科学出版社

北京

内 容 简 介

本书以《建筑抗震设计规范（2016 年版）》（GB 50011—2010）为依据，详细探究了建筑结构抗震减震的设计原理与具体方法。全书共 8 章，主要内容包括建筑场地、地基与基础，建筑抗震设计概论，结构地震反应分析与抗震验算，钢结构抗震设计，多层砌体房屋和底部框架建筑抗震设计，单层厂房抗震设计，多层和高层钢筋混凝土房屋结构抗震设计，以及隔震、减震与结构控制。

本书可作为高等院校土木工程等专业的教材，也可供从事各类工程结构设计和技术施工的人员参考。

图书在版编目（CIP）数据

建筑结构抗震设计/王旭等编著. —北京：科学出版社，2020.12
ISBN 978-7-03-065663-6

Ⅰ．①建⋯ Ⅱ．①王⋯ Ⅲ．①建筑结构—防震设计—高等学校—教材 Ⅳ．①TU352.104

中国版本图书馆 CIP 数据核字（2020）第 122340 号

责任编辑：张振华 / 责任校对：赵丽杰
责任印制：吕春珉 / 封面设计：东方人华平面设计部

科 学 出 版 社 出版
北京东黄城根北街 16 号
邮政编码：100717
http://www.sciencep.com
新科印刷有限公司 印刷
科学出版社发行　各地新华书店经销
*
2020 年 12 月第 一 版　　开本：787×1092　1/16
2020 年 12 月第一次印刷　　印张：16
字数：360 000

定价：48.00 元
（如有印装质量问题，我社负责调换〈新科〉）
销售部电话 010-62136230　　编辑部电话 010-62135120-2005

前　　言

地震是一种突发性的自然灾害，会给人民生命和财产造成巨大损失。我国是世界上地震灾害较严重的国家之一，地震造成的人员伤亡，居世界首位；地震造成的经济损失也十分巨大，在地震造成的房屋破坏和倒塌数据统计中，中国所占的比例也最大。其中，2008 年 5 月我国四川省汶川县发生的 8.0 级强震造成了大量的人员伤亡和建筑结构破坏。震后对产生灾害的调查分析使我们积累了新的抗震经验，对各类建筑结构的抗震性能又有了进一步认识，也发现了现行抗震设计规范存在的不足或有待改进的地方；同时，也有许多抗震新技术得到了强震的考验。

建筑抗震设计是高等院校土木工程专业的一门主要专业核心课程，对学生抗震设计能力的培养起着重要作用。近年来，世界上几次大地震的发生使各国同行对建筑抗震设计标准、抗震技术、抗震设计方法等方面的认识发生了重大变化，促使一些新的抗震技术与方法得以开发与应用。这一系列的技术和方法需广大设计人员、研究人员、工程技术人员及其他相关人员尽快掌握。

本书的编写注重反映最新科技成果、学生能力培养、适应教学改革需求。本书集中了作者多年教学实践和教学研究的成果，在编写教材的过程中，努力以学生的知识、能力、素质协调发展为目标，在传授知识的同时，注重加强对学生综合素质和创新能力的培养。本书的主要特色有：

（1）突出对学生能力的培养。提出并实现了对学生能力培养的五个注重，即注重理论与实践的衔接能力；注重知识链的认知能力；注重客观辩证地认识事物的能力；注重解决问题的能力；注重综合各方面知识、接纳新技术的能力。

（2）密切联系工程实际，体现最新科技成果。以最新震害及工程抗震技术研究为背景和依据，引入了抗震设计方法与技术的最新成果，使学生及时掌握学科前沿知识，为学生今后发展留出知识空间。

（3）理论与实践并重，突出教学特色。本书依据《建筑抗震设计规范（2016 年版）》（GB 50011—2010），注重对建筑抗震基础理论的阐述，同时注重用基本理论指导工程实践，加强对学生实际工程设计能力的培养。在内容上，根据教学内容设计安排了掌握、理解及了解等方面的层次要求。

本书由王旭（重庆交通大学省部共建山区桥梁及隧道工程国家重点实验室）、王明振（重庆文理学院土木工程学院）、高霖（重庆文理学院土木工程学院）、吴磊（重庆交通大学土木工程学院）共同撰写。具体撰写分工如下：第 1 章、第 2 章由王旭撰写，第 3 章、第 4 章由高霖撰写，第 5 章、第 8 章由吴磊撰写，第 6 章、第 7 章由王明振撰写；全书的框架设计及统稿由王旭负责。

　　作者在撰写本书的过程中参考和引用了国内外近年来正式出版的有关建筑结构抗震的规范、著作、文献等，在此向有关作者表示诚挚的谢意。

　　由于作者水平有限，书中难免有疏漏之处，欢迎读者批评指正。

作　者

2020 年 3 月

目　　录

第1章　建筑场地、地基与基础

1.1　建筑场地划分

1.1.1　场地条件对震害的影响

一般认为，场地条件对建筑物震害产生影响的主要因素是场地土的刚度和场地覆盖层的厚度。震害研究分析表明：在同一地震和同一震中距时，软弱地基与坚硬地基相比，其地面的自振周期长，振幅大，振动持续时间长，震害较重；在软弱地基上，柔性结构最容易遭到破坏，刚性结构则表现较好，这时建筑物的破坏有的是由于结构破坏所引起的，有的则是由于地基失效所引起的；在坚硬地基上，柔性结构一般表现较好，而刚性结构表现不一，这时建筑物的破坏通常是因结构被破坏所产生。

从震源传来的地震波是由许多频率不同的分量组成的，其中在振幅谱中幅值最大的频率分量所对应的周期，称为地震动的卓越周期。在地震波通过覆盖土层传向地表的过程中，与土层固有周期相近的一些频率波群被放大，而另一些频率波群被衰减，甚至被完全过滤掉，因此地表地震动的卓越周期在很大程度上取决于场地的固有周期。当场地的固有周期与地震动的卓越周期相接近时，由于共振作用，地震动的幅值将被放到最大，土层的这一周期称为土的卓越周期或自振周期（$T=4H$，H 为场地覆盖层厚度）。若建筑物的固有周期与场地土的卓越周期相近，则共振效应使得地震效应明显增强。因此，坚硬场地上自振周期短的刚性建筑物和软弱场地上自振周期长的柔性建筑物的震害均会加重。

不同覆盖层厚度上的建筑物，其震害表现明显不同，如图 1-1 所示。例如，1967 年委内瑞拉加拉加斯 6.5 级地震中，在冲积层厚度超过 160m 的地方，高层建筑破坏率很高；而建造在基岩和浅冲积层上的高层建筑，大多数无震害。在我国 1975 年海城地震和 1976 年唐山大地震中也出现过类似的现象，即建筑物的震害随覆盖层厚度的增加而加重。

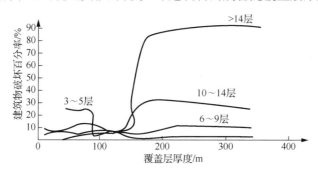

图 1-1　建筑物破坏率与覆盖层厚度关系

进一步深入的理论分析证明，多层土的地震效应主要取决于三个基本因素：覆盖层厚度、土层剪切波速、岩土阻抗比。这三个因素中，岩土阻抗比主要影响共振放大效应，而其他两者则主要影响地震动的频谱特性。

1.1.2 覆盖层厚度

覆盖层厚度的原意是指从地表面至地下基岩界面的距离。从地震波传播的原理看，基岩界面是地震波传播途径中一个强烈的折射与反射面，此界面以下的岩层振动刚度要比上部土层的相应值大很多。根据这一条件，工程上常这样判定：当下部土层的剪切波速达到上部土层剪切波速的 2.5 倍，且下部土层中没有剪切波速小于 400m/s 的岩土层时，该下部土层就可以近似看作基岩。由于通过工程地质勘查手段往往难以取得深部土层的剪切波速数据，为了实用上的方便，我国《建筑抗震设计规范（2016 年版）》（GB 50011—2010）进一步采用土层的绝对刚度定义覆盖层厚度，即按下列要求确定建筑场地覆盖层厚度。

（1）一般情况下，应按地面至剪切波速大于 500m/s 且其下卧各层岩土的剪切波速均不小于 500m/s 的土层顶面的距离确定。

（2）当地面 5m 以下存在剪切波速大于其上部各土层剪切波速 2.5 倍的土层，且该层及其下卧各层岩土的剪切波速均不小于 400m/s 时，可按地面至该土层顶面的距离确定。

（3）剪切波速大于 500m/s 的孤石、透镜体，应视同周围土层。

（4）土层中的火山岩硬夹层，应视为刚体，其厚度应从覆盖土层中扣除。

1.1.3 场地土类型

土的类别主要取决于土的刚度。土的刚度可按土的剪切波速划分，取地面以下 20m 深度且不大于覆盖层厚度范围内的土层（表 1-1）。只有单一性质土的场地很少见，一般场地由各种类别的土层构成，这时应按反映各土层综合刚度的等效剪切波速 v_{se} 来确定土的类型。等效剪切波速是以剪切波在地面至计算深度各层土中传播时间不变的原则定义的土层平均剪切波速。

土层等效剪切波速 v_{se} 应按下式计算。

$$v_{se} = \frac{d_0}{\sum_{i=1}^{n}(d_i / v_{si})} \tag{1-1}$$

式中：d_0——计算深度（m），取覆盖层厚度和 20m 两者的较小值；

n——计算深度范围内土层的分层数；

v_{si}——第 i 层土的剪切波速（m/s）；

d_i——第 i 层土的厚度（m）。

对于 10 层和高度 30m 以下的丙类建筑及丁类建筑，当无实测剪切波速时，也可以根据岩土性状按表 1-1 划分土的类型，并利用当地经验在该表所示的波速范围内估计各土层的剪切波速。

表 1-1　土的类型划分和剪切波速范围

土的类型	岩土名称和性状	土层剪切波速范围/（m/s）
岩石	坚硬、较硬且完整的岩石	$v_s > 800$
坚硬土或软质岩石	破碎和较破碎的岩石或软和较软的岩石，密实的碎石土	$800 \geqslant v_s > 500$
中硬土	中密、稍密的碎石土，密实、中密的砾、粗、中砂，$f_{ak} > 150$ 的黏性土和粉土，坚硬黄土	$500 \geqslant v_s > 250$
中软土	稍密的砾、粗、中砂，除松散外的细、粉砂，$f_{ak} \leqslant 150$ 的黏性土和粉土，$f_{ak} > 130$ 的填土，可塑新黄土	$250 \geqslant v_s > 150$
软弱土	淤泥和淤泥质土，松散的砂，新近沉积的黏性土和粉土，$f_{ak} \leqslant 130$ 的填土，流塑黄土	$v_s \leqslant 150$

注：f_{ak} 为通过荷载试验等方法得到的地基土静承载力特征值，单位为 kPa。

1.1.4　场地类别划分

建筑场地类别是场地条件的基本表征，而场地条件对地震的影响已被多次大地震的震害现象、理论分析结果和强震观测资料所证实。划分场地类别的目的是在地震作用计算中定量考虑场地条件对设计参数的影响，确定不同场地上的设计反应谱，以便采取合理的设计参数和有关的抗震构造措施。根据土层等效剪切波速和场地覆盖层厚度可将建筑场地按表 1-2 进行划分，当有可靠的剪切波速和覆盖层厚度且其值处于表中所列场地类别的分界线附近时，应允许按插值方法确定地震作用计算所用的设计特征周期。

表 1-2　各类建筑场地的覆盖层厚度

单位：m

岩石的剪切波速或土的等效剪切波速/（m/s）	场地类别				
	I$_0$	I$_1$	II	III	IV
$v_s > 800$	0				
$800 \geqslant v_s > 500$		0			
$500 \geqslant v_s > 250$		<5	≥5		
$250 \geqslant v_s > 150$		<3	3~50	>50	
$v_s \leqslant 150$		<3	3~15	15~80	>80

1.2　天然地基与基础的抗震验算

1.2.1　天然地基与基础抗震验算的一般规定

从我国多次强地震中遭受破坏的建筑来看，只有少数房屋是因为地基的原因而导致上部结构破坏的，而这类地基大多数是液化地基、易产生震陷的软土地基和严重不均匀地基，大量的一般性地基具有较好的抗震性能，极少发现因地基承载力不够而产生震害。基于这种情况，我国抗震规范对于量大面广的一般性地基和基础都不做抗震验算，而对于容易产生地基基础震害的液化地基、软土地基和严重不均匀地基，则规定了相应的抗震措施，以避免或减轻震害。

根据房屋震害调查统计资料，我国《建筑抗震设计规范（2016 年版）》（GB 50011—2010）规定，下述建筑可不进行天然地基及基础的抗震承载力验算：

（1）规范中规定可不进行上部结构抗震验算的建筑。

（2）地基主要受力层范围内不存在软弱黏性土层的下列建筑：①一般的单层工业厂房和单层空旷房屋；②砌体房屋；③不超过 8 层且高度在 24m 以下的一般民用框架和框架-抗震墙房屋；④基础荷载与；③相当的多层框架厂房和多层混凝土抗震墙房屋。这里，软弱黏性土层是指抗震设防烈度为 7 度、8 度和 9 度时，地基承载力特征值分别小于 80kPa、100kPa 和 120kPa 的土层。

当地基主要受力层范围内存在软弱黏性土层与湿陷性黄土时，应结合具体情况综合考虑，通常采用桩基、地基加固处理（如置换、加密、强夯等）或加强基础和上部结构处理等各项措施，也可根据软土震陷量的估计，采取相应措施。

对可液化地基，应采取 1.3 节中的相应措施。

1.2.2 地基抗震承载力

地基抗震承载力的计算采取在地基静承载力的基础上乘以抗震承载力调整系数的方法。我国《建筑抗震设计规范（2016 年版）》（GB 50011—2010）规定，在进行天然地基抗震验算时，地基抗震承载力按下式计算为

$$f_{aE} = \zeta_a f_a \tag{1-2}$$

式中：f_{aE}——调整后的地基抗震承载力；

ζ_a——地基抗震承载力调整系数，按表 1-3 采用；

f_a——深宽修正后的地基承载力特征值，按《建筑地基基础设计规范》（GB 50007—2011）采用。

表 1-3 地基抗震承载力调整系数

岩土名称和性状	ζ_a
岩石，密实的碎石土，密实的砾、粗、中砂，$f_{ak} \geq 300kPa$ 的黏性土和粉土	1.5
中密、稍密的碎石土，中密和稍密的砾、粗、中砂，密实和中密的细、粉砂，$150kPa \leq f_{ak} < 300kPa$ 的黏性土和粉土，坚硬黄土	1.3
稍密的细、粉砂，$100kPa \leq f_{ak} < 150kPa$ 的黏性土和粉土，可塑黄土	1.1
淤泥，淤泥质土，松散的砂，杂填土，新近堆积黄土及流塑黄土	1.0

1.2.3 天然地基抗震承载力验算

验算天然地基地震作用下的竖向承载力时，按地震作用效应标准组合的基础底面平均压力和边缘最大压力（图 1-2）应符合下列各式要求，即

$$p \leq f_{aE} \tag{1-3}$$

$$p_{max} \leq 1.2 f_{aE} \tag{1-4}$$

式中：　p——地震作用效应标准组合的基础底面平均压力，$p=(p_{min}+p_{max})/2$；

　　　　p_{max}，p_{min}——地震作用效应标准组合的基础边缘的最大和最小压力。

《建筑抗震设计规范（2016 年版）》（GB 50011—2010）规定，高宽比大于 4 的高层建筑，在地震作用下基础底面不宜出现脱离区（零应力区）；其他建筑，基础底面与地基土之间脱离区（零应力区）面积不应超过基础底面面积的 15%。对于矩形底面基础，则有 $b'\geqslant 0.85b$（图 1-2）。

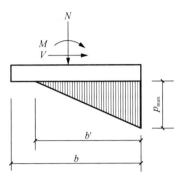

图 1-2　基底压力分布

1.3　地基土液化及其防治

1.3.1　地基土液化及其危害

1. 地基土液化原理

地基土液化指的是在周期性的地震荷载作用下，地基土中的土粒处于悬浮状态而接近液体特性的现象。其宏观标志是：在地基土中喷水冒砂，地表下陷，建筑物产生巨大沉降和严重倾斜，甚至失稳倒塌。例如，唐山大地震时，液化区喷水高度可达 8m，厂房沉降达 80cm。

液化原理：饱和砂土或粉土在地震引起的强烈地面运动即振动作用下，颗粒间发生相对位移，土体结构趋于密实。当土体本身渗透系数较小时，在地震作用的短暂时间内，密实的土体结构内的孔隙水则排泄不出，从而导致孔隙水压力骤然上升而来不及消散，从而相应地减小了土粒间的有效应力，土体的抗剪强度也随之降低。当孔隙水压力逐渐累积，有效压力完全消失时，砂土颗粒局部或全部处于悬浮状态。总之，地震时饱和松散的砂土与粉土属于软弱场地土，易发生液化现象；液化的表现形式近于流沙，产生的原因在于振动。

此外，液化现象也可以根据土力学原理进行解释。饱和砂土的抗剪强度为

$$\tau_f=\bar{\sigma}\tan\varphi=(\sigma-u)\tan\varphi \tag{1-5}$$

式中：$\bar{\sigma}$——剪切面上有效法向压应力（颗粒间正应力）；

σ ——剪切面上总的法向压应力；

u ——剪切面上孔隙水压力；

φ ——土的内摩擦角。

地震时，由于场地土强烈振动，孔隙水压力急剧增高，当与总的法向压应力相等，即有效法向压应力 $\bar\sigma = \sigma - u = 0$ 时，砂土颗粒便呈悬浮状态，此时，土体抗剪强度 $\tau_f = 0$，从而使场地土失去承载能力。

可见，饱和砂土液化的过程，实际上是土体抗剪强度消失的过程，而砂土液化的本质是由于饱和砂土在地震时短时间内抗剪强度为零所致。

2. 地基土液化的危害

地基液化是严重的震害形式之一。因为液化时土体的抗剪强度为零，其抵抗能力几乎丧失，由此可引起地基不均匀沉陷，进而导致建筑物被破坏，甚至发生倒塌。液化的危害主要来自震陷，特别是不均匀震陷。此外，地基土液化也可引起其他震害，具体表现为：农田被淹没，渠道被淤塞，路基被掏空，地面出现陷坑；河堤产生裂缝和滑移；桥梁破坏等。而地基土液化直接引起建筑物震害的主要形式表现为：

（1）地面开裂下沉使建筑物产生过度下沉或整体倾斜。例如，唐山大地震时，天津汉沽区某办公楼发生大量沉陷，半层沉入地下；唐山某化肥厂办公楼在唐山大地震时，楼东南角喷砂冒水，使建筑物下沉60cm，墙身严重开裂，裂缝最宽达31cm；1964年日本新潟地震时，冲填土发生大面积液化，造成很多建筑物下沉超过1m，且发生严重倾斜。

（2）不均匀沉降会引起建筑物上部结构破坏，导致梁板等结构构件破坏，墙体开裂和建筑物体形变化处开裂等。

（3）室内地坪上鼓、开裂，设备基础上浮或下沉。例如，唐山大地震时，唐山某化肥厂车间地坪中部隆起，地板开裂宽度达20~30cm。

由此可见，地基土液化引起的震害很严重，因此有必要对影响地基土液化的因素、液化的判断、抗液化的措施等方面进行专门研究。

3. 影响地基土液化的主要因素

影响地基土液化的因素很多，归纳起来主要有三大类：土性条件、埋藏条件和动荷条件。

1）土性条件

土性条件是指土的颗粒特征和密实程度等，主要体现在以下几个方面。

（1）土的级配与粒径。试验及实测资料表明：粉、细砂、粉土与中、粗砂相比更容易液化；级配均匀的砂土更容易发生液化，不均匀系数越小，越容易发生液化；细砂比粗砂易液化，其主要原因一方面是粗砂超静孔压消散较快，另一方面是细砂较粗砂更容易处于液化悬浮状态；粉土中黏性颗粒少的比黏性颗粒多的易液化，因为土颗粒随着土的黏聚力增加而难以流失。

（2）密实程度。密实程度主要体现在相对密度或孔隙比，这也是影响液化的主要因素。一般相对密度越小，砂土越易液化；初始孔隙比越大，砂土越易液化，因为初始孔隙比越大，相对密度越小，则孔隙水压力传递越快，在不排水条件下，超静孔压力累积越快。

（3）砂土结构。砂土结构对于液化也能产生一定的影响，因为胶结物、土粒的排列和均匀性不同，其抵抗液化的能力亦不同。经历过多次小地震作用的砂土比未受过地震作用的砂土难液化，其主要原因是砂土结构发生了改变。再如，原状砂比实验室内制备的砂样难液化。

（4）土层的地质年代。同地质年代古老的饱和砂土相比，地质年代较新的砂土更容易液化。对国内外历次大地震调查发现，地质年代属于第四纪晚更新世（Q_3）或其以前的饱和土层未见发生液化的时期。

2）埋藏条件

埋藏条件是指砂土层自身的条件及相邻土层的条件，主要体现在以下几个方面。

（1）液化土层的埋深（上覆土层厚度）。埋深越浅越容易液化，原因在于埋深决定着土的初始限制压力，而土的初始限制压力（初始上覆压力和侧限压力及剪应力）则影响着土的液化可能性，即限制压力越大，砂土层液化所需聚集的孔隙水压力就越高，液化的难度越大，反之则越容易液化。

（2）地下水位高低。地下水位越高越容易发生液化，因为地下水为砂土的饱和创造了条件，而砂土是否饱和是能否发生液化的首要条件。

（3）上覆土层的排水条件。上覆土层透水性越弱越容易发生液化，因为当上覆土层透水性较弱时，涌入砂土层的水不会很快排出，而在砂土层内部聚集，随着水的不断涌入，孔隙水压力不能消散而急剧增大，当达到一定高度使有效压力完全消失时，砂土颗粒局部或全部处于悬浮状态，即发生液化。

3）动荷条件

这里主要是指地震强度（产生的地面加速度峰值）和地震持续时间，具体分析如下。

（1）地面震动的强度。地面震动的强度越高越易发生液化，因为地面震动的强弱决定了地震引起的应力或应变的大小，而地震时某一种砂土在一定的限制压力下是否会发生液化，主要决定于这些应力或应变的大小，即应力越大，砂土就越易液化。例如，在地震烈度为 6 度及以下的地区很少发现喷水冒砂现象。从另一方面看，地震烈度是砂土液化辨别的一个重要因素。

（2）地面震动持续的时间。地面震动持续的时间越长越易发生液化，因为地震持续时间长，则作用在砂土层上的往复加荷次数增多，内部孔隙水压力聚集升高，就越容易发生液化。而且在振动作用下孔隙水压力、土体内的液化范围都是随着时间而增长的。故地面震动的持续时间是确定液化可能性的一个重要因素。

1.3.2　影响场地土液化的因素

饱和松散的砂土或粉土（不含黄土），地震时易发生液化现象，使地基承载力丧失或减弱，甚至喷水冒砂，这种现象一般称为砂土液化或地基土液化。其产生的机理是：地震时，饱和砂土和粉土颗粒在强烈振动下发生相对位移，颗粒结构趋于密实，颗粒间孔隙水来不及排泄而受到挤压，因而使孔隙水压力急剧增加。当孔隙水压力上升到与土颗粒所受到的总的正压应力接近或相等时，土粒之间因摩擦产生的抗剪能力消失，土颗粒便形同"液体"一样处于悬浮状态，形成所谓液化现象。

液化使土体的抗震强度丧失，引起地基不均匀沉陷并引发建筑物的破坏甚至倒塌。发生于 1964 年的美国阿拉斯加地震和日本新潟地震，都出现了因大面积砂土液化而造成建筑物的严重破坏，从而引起了人们对地基土液化及其防治问题的关注。在我国，1975年海城地震和1976年的唐山大地震也都发生了大面积的地基土液化震害。

震害调查表明，影响场地土液化的因素主要有以下几个方面。

（1）土层的地质年代。地质年代的新老表示土层沉积时间的长短。较老的沉积土，经过长时间的固结作用和水化学作用，除了密实程度较大外，还往往具有一定的胶结紧密结构。因此，地质年代越古老的土层，其固结度、密实度和结构性就越好，抵抗液化的能力就越强。宏观震害调查表明，国内外历次大地震中，尚未发现地质年代属于第四纪晚更新世（Q_3）及其以前的饱和土层发生液化的时期。

（2）土的组成。就饱和砂土而言，由于细砂、粉砂的渗透性比粗砂、中砂低，所以细砂、粉砂更容易液化；就粉土而言，随着黏粒（粒径小于 0.005mm 的颗粒）含量的增加，土的黏聚力增大，从而增强了其抵抗液化的能力，理论分析和实践表明，当粉土中黏粒含量超过某一限值时，粉土就不会液化。此外，颗粒均匀的砂土较颗粒级配良好的砂土容易液化。

（3）土层的相对密度。相对密实程度较小的松砂，由于其天然空隙一般比较大，故容易液化。例如，1964 年日本新潟地震中，相对密度小于 50%的砂土，普遍发生液化，而相对密度大于 70%的土层，则没有发生液化。

（4）土层的埋深。砂土层埋深越大，其上有效覆盖层压力就越大，则土的侧限压力也越大，就越不容易液化。现场调查资料表明，土层液化深度很少超过 20m，多数浅于 15m，更多的浅于 10m。

（5）地下水位的深度。地下水位越深，土层越不容易液化。对于砂土，一般地下水位小于 4m 时易液化，超过此值后一般就不会液化；对于粉土来说，当地震烈度为 7 度、8 度、9 度时，地下水位分别小于 1.5m、2.5m 和 6.0m 时容易液化，超过此深度后几乎不发生液化。

（6）地震烈度和地震持续时间。地震烈度越高，土层越容易发生液化，一般液化主要发生在烈度为 7 度及以上地区，而 6 度以下的地区，很少看到土层液化现象；地震持续时间越长，土层越容易发生液化，由于大震级远震中距的地方比同等烈度情况下中、小震级近震中距的地方地震持续时间要长，所以，前者更容易发生土层液化。

1.3.3 液化的判别

场地土液化通常造成严重震害，因此引起国内外相关工作者的广泛关注和重视。我国学者在研究国内外大量震害资料的基础上，经过长期研究和验证，提出了较为系统而实用的液化两步判别法，即初判和再判。

1. 初判

定性判别不液化土，进而排除一大批不需要详判的场地，节省勘察工作量。

《建筑抗震设计规范（2016 年版）》（GB 50011—2010）规定，对于饱和砂土或粉土（不含黄土），当抗震设防烈度为 6 度时，一般情况下可不进行判别和处理；6 度以上，应进行液化判别。当符合下列条件之一时，可初步判别为不液化或可不考虑液化影响：

（1）地质年代为第四纪晚更新世（Q_3）及其以前，搞震设防烈度为 7 度、8 度时可判为不液化。

（2）当抗震设防烈度为 7 度、8 度、9 度时，粉土的黏粒（粒径小于 0.005mm 的颗粒）含量百分率分别不小于 10%、13% 和 16%，可判为不液化土。

（3）浅埋天然地基的建筑，当上覆非液化土层厚度和地下水位深度符合下列条件之一时，可不考虑液化影响，即

$$d_u > d_0 + d_b - 2 \tag{1-6}$$

$$d_w > d_0 + d_b - 3 \tag{1-7}$$

$$d_u + d_w > 1.5d_0 + 2d_b - 4.5 \tag{1-8}$$

式中：d_w——地下水位深度（m），宜按设计基准期内年平均最高水位采用，也可按近期内年最高水位采用；

d_u——上覆盖非液化土层厚度（m），计算时宜将淤泥和淤泥质土层厚度扣除；

d_b——基础埋置深度（m），小于 2m 时应采用 2m；

d_0——液化土特征深度（m），按表 1-4 采用。

表 1-4　液化土特征深度　　　　　　　　　　单位：m

饱和土类别	烈度		
	7 度	8 度	9 度
粉土	6	7	8
砂土	7	8	9

2. 再判——标准贯入试验判别法

当上述所有条件均不能满足时，应采用标准贯入试验法进一步判别是否液化。

标准贯入试验设备如图 1-3 所示，它由标准贯入器、触探杆和重 63.5kg 的穿心锤三部分组成。试验时，先用钻具钻至试验土层标高以上 15cm 处，再将贯入器打至标高位置，然后在锤的落距为 76cm 的条件下，连续打入土层 30cm，记录锤击数为 $N_{63.5}$。

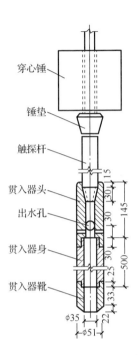

图 1-3　标准贯入试验设备示意图

一般情况下，应判别地面下 20m 深度范围内土的液化。当饱和砂土或粉土的实测标准贯入锤击数 $N_{63.5}$（未经杆长修正）小于或等于液化判别标准贯入锤击数临界值 N_{cr}（即 $N_{63.5} \leqslant N_{cr}$）时，应判为液化土。$N_{cr}$ 按下式计算：

$$N_{cr} = N_0 \beta \left[\ln \left(0.6 d_s + 1.5 \right) - 0.1 d_w \right] \sqrt{\frac{3}{\rho_c}} \tag{1-9}$$

式中：N_{cr}——液化判别标准贯入锤击数临界值；

　　　　N_0——液化判别标准贯入锤击数基准值，按表 1-5 采用；

　　　　d_s——饱和土标准贯入点深度（m）；

　　　　d_w——地下水位深度（m）；

　　　　ρ_c——黏粒含量百分率，当小于 3 或为砂土时，应采用 3；

　　　　β——调整系数，设计地震第一组取 0.80，第二组取 0.95，第三组取 1.05。

表 1-5　标准贯入锤击数基准值 N_0

设计基本地震加速度	0.10g	0.15g	0.20g	0.30g	0.40g
液化判别标准贯入锤击数基准值 N_0	7	10	12	16	19

由以上分析可见，地基土液化判别的临界值 N_{cr} 的确定主要考虑了地下水位深度、土层所处位置、饱和土黏粒含量，以及地震烈度等影响土层液化的要素。

1.3.4　液化地基的评价和抗震措施

1．液化地基的评价

当经过上述两步判别证实地基土确实存在液化趋势后，应进一步定量分析、评价液化土可能造成的危害程度。这一工作，通常是通过计算地基土液化指数来实现的。

地基土的液化指数可按下式确定：

$$I_{lE} = \sum_{i=1}^{n}\left(1 - \frac{N_i}{N_{cri}}\right)d_i W_i \qquad (1\text{-}10)$$

式中：I_{lE}——液化指数；

　　　n——在判别深度范围内每一个钻孔标准贯入试验点的总数；

　　　N_i，N_{cri}——分别为第 i 点标准贯入锤击数的实测值和临界值，当实测值大于临界值时应取临界值的数值；

　　　d_i——第 i 点所代表的土层厚度（m），可采用与该标准贯入试验点相邻的上、下两标准贯入试验点深度差的一半，但上界不高于地下水位深度，下界不低于液化深度；

　　　W_i——第 i 土层单位土层厚度的层位影响权函数值（m^{-1}）。

若判别深度为 15m，当该层中点深度不大于 5m 时应采用 10，等于 15m 时应采用零值，5～15m 时应按线性内插法取值；若判别深度为 20m，当该层中点深度不大于 5m 时应采用 10，等于 20m 时应采用零值，5～20m 时应按线性内插法取值。

根据液化指数 I_{lE} 的大小，可将液化地基划分为三个等级，见表 1-6。

表 1-6　液化等级

液化等级	轻微	中等	严重
液化指数 I_{lE}	$0 < I_{lE} \leqslant 6$	$6 < I_{lE} \leqslant 18$	$I_{lE} > 18$

不同液化等级的地基，地面的喷砂冒水情况和对建筑物造成的危害有着显著的不同，见表 1-7。

表 1-7　不同液化等级的可能震害

液化等级	地面喷水冒砂情况	对建筑的危害情况
轻微	地面无喷水冒砂，或仅在洼地、河边有零星的喷水冒砂点	危害性小，一般不致引起明显的震害
中等	喷水冒砂可能性大，从轻微到严重均有，多数属中等	危害性较大，可造成不均匀沉陷和开裂，有时不均匀沉陷可能达到 200mm
严重	一般喷水冒砂都很严重，地面变形很明显	危害性大，不均匀沉陷可能大于 200mm，高重心结构可能产生不容许的倾斜

2．液化地基的抗震措施

对于液化地基，要根据建筑物的重要性、地基液化等级的大小，针对不同情况采取不同层次的措施。当液化土层比较平坦、均匀时，可依据表1-8选取适当的抗液化措施。

表 1-8 抗液化措施

建筑类别	地基的液化等级		
	轻微	中等	严重
乙类	部分消除液化沉陷，或对基础和上部结构进行处理	全部消除液化沉陷，或部分消除液化沉陷且对基础和上部结构进行处理	全部消除液化沉陷
丙类	对基础和上部结构进行处理，亦可不采取措施	对基础和上部结构进行处理，或采用更高要求的措施	全部消除液化沉陷，或部分消除液化沉陷且对基础和上部结构进行处理
丁类	可不采取措施	可不采取措施	对基础和上部结构进行处理，或采用其他经济的措施

表1-8中全部消除地基液化沉陷、部分消除地基液化沉陷、对基础和上部结构进行处理等措施的具体要求如下。

1）全部消除地基液化沉陷

全部消除地基液化沉陷应符合下列要求。

（1）可采用桩基、深基础、土层加密法或挖除全部液化土层等措施。采用桩基时，桩基伸入液化深度以下稳定土层中的长度（不包括桩尖部分）应按计算确定，对于碎石土、砾、粗、中砂，坚硬黏性土不应小于0.8m，其他非岩石不宜小于1.5m。

（2）采用深基础时，基础底面埋入液化深度以下稳定土层中的深度，不应小于0.5m。

（3）采用加密法（如振冲、振动加密、砂桩挤密、强夯等）加固时，应处理至液化深度下界，且处理后土层的标准贯入锤击数的实测值不宜大于相应的临界值。

（4）用非液化土替换全部液化土层，或增加上覆非液化土层的厚度。

（5）采用加密法或换土法处理时，基础边缘以外的处理宽度应超过基础底面下处理深度的1/2且不小于基础宽度的1/5。

2）部分消除地基液化沉陷

部分消除地基液化沉陷应符合下列要求。

（1）处理深度应使地基液化指数减小，其值不宜大于5；对于大面积筏基、箱基的中心区域，处理后的液化指数可比上述规定降低1；对于独立基础和条形基础，处理后的液化指数不应小于基础底面下液化土特征深度和基础宽度的较大值。

（2）处理深度范围内，应挖除其液化土层或采用加密法加固，使处理后土层的标准贯入锤击数实测值不宜小于相应的临界值。

（3）基础边缘以外的处理宽度与全部清除地基液化沉陷时的要求相同。

（4）采取减小液化震陷的其他方法，如增大上覆非液化土层的厚度和改善周边的排水条件等。

3）对基础和上部结构进行处理

对于基础和上部结构，可综合考虑采取如下措施。

（1）选择合适的基础埋置深度。

（2）调整基础底面积，减少基础偏心。

（3）增强基础的整体性和刚性，如采用箱基、筏基或钢筋混凝土十字形基础，加设基础圈梁、基础系梁等。

（4）减轻荷载，增强上部结构的整体刚度和均匀对称性，合理设置沉降缝，避免采用对不均匀沉降敏感的结构形式等。

（5）管道穿过建筑处应预留足够尺寸或采用柔性接头等。

思　考　题

1. 场地条件对震害的影响表现在哪些方面？
2. 什么是场地覆盖层厚度？如何确定场地覆盖层厚度？
3. 建筑场地类别可划分为哪几类？划分的依据是什么？
4. 哪些建筑可不进行天然地基及基础的抗震承载力验算？
5. 简述地基土液化的原理和危害。
6. 简述影响地基土液化的因素。
7. 简述液化等级评判的依据、地表喷水冒砂现象及对建筑物的相应危害程度。
8. 如何评价液化地基？
9. 简述地基抗液化的主要措施。

第2章　建筑抗震设计概论

2.1　地震的成因

根据地震形成原因的不同，地震可分为四大类，具体如图 2-1 所示。

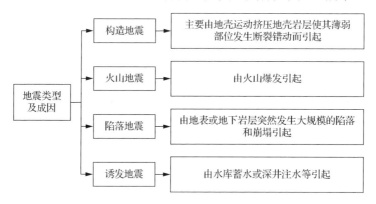

图 2-1　地震的类型及成因

在这四种类型的地震中，构造地震分布最广，危害最大，占地震总量的 90% 以上；虽然火山地震造成的破坏性也较大，但在我国不常见；其他两种类型的地震一般震级较小，破坏性有限。

用来解释构造地震成因的最主要学说是断层说和板块构造说。

断层说认为，组成地壳的岩层时刻处于变动状态，产生的地应力也在不停变化。当地应力较小时，岩层尚处于完整状态，仅能发生褶皱。随着作用力不断增强，当地应力引起的应变超过某处岩层的极限应变时，该处的岩层将产生断裂和错动（图 2-2）。而承受应变的岩层在其自身的弹性应力作用下将发生回跳，迅速弹回到新的平衡位置。一般情况下，断层两侧弹性回跳的方向是相反的，岩层构造变动过程中积累起来的应变能在回弹过程中得以释放，并以弹性波的形式传至地面，从而引起地面的振动，这就是地震。

（a）岩层原始状态　　　（b）受力后发生的褶皱变形　　　（c）岩层断裂产生振动

图 2-2　地壳构造变动与地震形成示意图

如图 2-3 所示，地球表面岩石圈的六大板块并不是静止不动的，它们之间相对缓慢地进行运动，两两交界处会发生相对挤压和碰撞，从而致使板块边缘附近岩石层脆性断裂而引发地震。地球上大多数地震就发生在这些板块的交界处，从而使地震在空间分布上表现出一定的规律，即形成地震带。

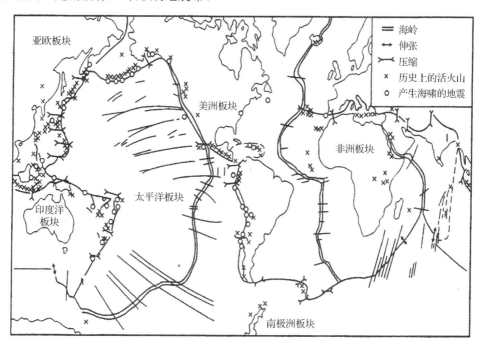

图 2-3　板块的分布

2.2　地　震　波

地震引起的振动以波的形式从震源向各个方向传播，这就是地震波。地震波是震源辐射的弹性波，一般分为体波和面波。下面分别介绍这两种波的主要特性。

2.2.1　体波

体波是指在地球本体内传播的波，它是纵波和横波的总称，包括原生体波和各种折射、反射及其转换波。

纵波是由震源向外传递的压缩波，质点的振动方向与波的前进方向一致，如图 2-4（a）所示，一般表现出周期短、振幅小的特点。纵波的传播是介质质点间弹性压缩与张拉变形相间出现、周而复始的过程，因此，纵波在固体、液体里都能传播。横波是由震源向外传递的剪切波，质点的振动方向与波的前进方向垂直，如图 2-4（b）所示，一般表现为周期长、振幅较大的特点。由于横波的传播过程是介质质点不断受剪变形的过程，因此横波只能在固体介质中传播。

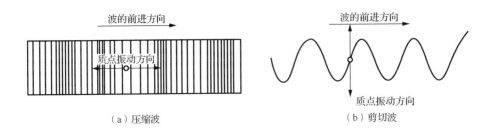

（a）压缩波　　　　　　　　　　　（b）剪切波

图 2-4　体波传播示意图

纵波与横波的传播速度理论上可分别用下式计算：

$$v_{\mathrm{P}} = \sqrt{\frac{E(1-\gamma)}{\rho(1+\gamma)(1-2\gamma)}} = \sqrt{\frac{\lambda+2G}{\rho}} \qquad (2\text{-}1)$$

$$v_{\mathrm{S}} = \sqrt{\frac{E}{2\rho(1+\gamma)}} = \sqrt{\frac{G}{\rho}} \qquad (2\text{-}2)$$

式中：v_{P}——纵波速度；

$\quad\quad v_{\mathrm{S}}$——横波速度；

$\quad\quad E$——介质的弹性模量；

$\quad\quad \gamma$——介质的泊松比；

$\quad\quad \rho$——介质的密度；

$\quad\quad G$——介质的剪切模量；

$\quad\quad \lambda$——拉梅常数，$\lambda = \dfrac{\gamma E}{(1+\gamma)(1-2\gamma)}$。

在弹性介质中，这两种体波的传播速度之比为

$$\frac{v_{\mathrm{P}}}{v_{\mathrm{S}}} = \sqrt{\frac{2(1-\gamma)}{1-2\gamma}} \qquad (2\text{-}3)$$

一般情况下，式（2-3）的值大于 1，例如，当 $\gamma = 0.25$ 时，$v_{\mathrm{P}} = \sqrt{3}v_{\mathrm{S}}$。因此，纵波传播速度比横波传播速度要快，在仪器观测到的地震记录图上，一般也是纵波先于横波到达。因此，通常也将纵波称为 P 波（primary wave），把横波称为 S 波（secondary wave）。

通过式（2-1）～式（2-3），不仅可以得到两种体波的传播速度和它们之间的关系，还可以得到介质的一些弹性参数。例如，当实际测得 v_{P} 和 v_{S} 时，利用式（2-3）可以得到介质的泊松比 γ；在介质的密度 ρ 已知的情况下，在 (E,G)、(γ,λ)、$(v_{\mathrm{P}},v_{\mathrm{S}})$ 这三组参数中，若已知其中一组，利用式（2-1）～式（2-3）就可以求得其他两组参数，这些参数在地震工程的研究与应用中是非常重要的。

2.2.2　面波

面波是指沿介质表面（或地球地面）及其附近传播的波，一般可以认为是体波经地层界面多次反射形成的次生波，它包含瑞利（Rayleigh）波和乐甫（Love）波两种。

地震瑞利波是纵波（P 波）和横波（S 波）在固体层中沿界面传播相互叠加的结果。瑞利波传播时，质点在波的传播方向与地表面法向组成的平面内做逆进椭圆运动，如图 2-5 所示。瑞利波在震中附近并不出现，要离开震中一段距离才形成，而且其振幅沿径向按指数规律衰减。

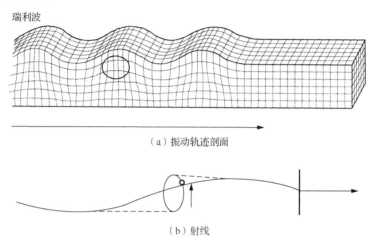

（a）振动轨迹剖面

（b）射线

图 2-5　瑞利波振动轨迹剖面和射线

乐甫波的形成与波在自由表面的反射和波在两种不同介质界面上的反射、折射有关。乐甫波的传播类似于蛇行运动，质点在与波传播方向相垂直的水平方向做剪切型运动，如图 2-6 所示。质点在水平向的振动与波行进方向耦合后会产生水平扭转分量，这是乐甫波的一个重要特点。

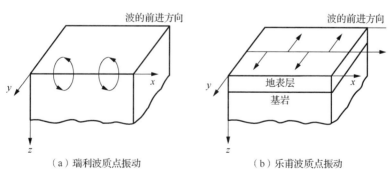

（a）瑞利波质点振动　　　　　　　　（b）乐甫波质点振动

图 2-6　面波质点振动示意图

地震波的传播以纵波最快，横波次之，面波最慢。所以在地震记录上，纵波最先到达，横波较迟到达，面波在体波之后到达，一般当横波或面波到达时，地面振动最强烈。

地震波记录是确定地震发生的时间、震级和震源位置的重要依据，也是研究工程结构物在地震作用下的实际反应的重要资料。

2.2.3　地震波的主要特性及其在工程中的应用

由震源释放出来的地震波传到地面后引起地面运动，这种地面运动可以用地面上质点的加速度、速度或位移的时间函数来表示，用地震仪记录到的这些物理量的时程曲线习惯上又称为地震加速度波形、速度波形和位移波形。我国在 2008 年 5 月 12 日汶川地震中记录到的加速度时程曲线如图 2-7 所示，这是我国近年来记录到的最有价值的地震波引起地面运动记录之一。在目前的结构抗震设计中，常用的是地震加速度记录，以下对地震加速度记录的一些特性作简单的介绍。

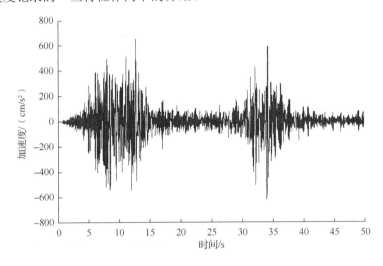

图 2-7　汶川地震中记录到的加速度时程曲线

1. 地震加速度记录的最大峰值

最大峰值是体现地震地面运动强烈程度的最直观的参数，尽管用它来体现地震波的特性时还存在一些问题，但在工程实际中已得到普遍接受与应用。在抗震设计中对结构进行时程反应分析时，往往要给出输入地震动的最大加速度峰值，在设计用反应谱中，地震影响系数的最大值也与地面运动最大加速度峰值有直接的关系。

2. 地震加速度记录的频谱特性

对时域的地震加速度波形进行变换，就可以了解这种波形的频谱特性，频谱特性可以用功率谱、反应谱和傅里叶谱来表示。本书不再说明这些谱的有关理论和方法，仅对一些研究结果作一介绍。图 2-8 和图 2-9 是根据日本一批强地震记录求得的功率谱，它们是同一地震、震中距近似相同而地基类型不同的地震动记录情况，结果显示出硬土、软土的功率谱成分有很大不同，即软土地基上地震加速度波形中长周期成分比较显著；而硬土地基上地震加速度波形则包含着多种频谱成分，一般情况下，短周期的成分比较显著。利用这一概念，在设计结构物时，人们就可以根据地基土的特性，采取刚柔不同的体系，以减少地震引起结构物共振的可能性，减少地震造成的破坏。

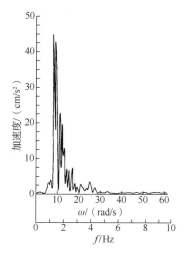

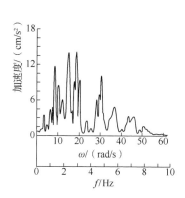

图 2-8　软土地基功率谱示意图　　　　　　　图 2-9　硬土地基功率谱示意图

3. 地震加速度记录的持续时间

人们很早就从震害经验中认识到强震持续时间对结构物破坏的重要影响，并且认识到这种影响主要表现在结构物开裂以后的阶段。在地震地面运动的作用下，一个结构物从开裂到全部倒塌一般是有一个过程的，如果结构物在开裂后又遇到了一个加速度峰值很大的地震脉冲并且结构物产生了很大的变形，那么，结构物的倒塌与一般的静力试验中的现象比较相似，即倒塌取决于最大变形反应。此外，结构物从开裂到倒塌，往往要经历几次、几十次甚至几百次的反复振动过程，在某一振动过程中，即使结构最大变形反应没有达到静力试验条件下的最大变形，结构也可能由于长时间的振动和反复变形而发生倒塌破坏。很明显，在结构已发生开裂时，连续振动的时间越长，则结构物倒塌的可能性就越大。因此，地震地面运动的持续时间成为人们研究结构物抗倒塌性能的一个重要参数。在抗震设计中对结构物进行非线性时程反应分析时，往往也要给出一个输入加速度记录的持续时间。

2.3　地震震级与地震烈度

2.3.1　地震震级

地震震级（magnitude）是表示地震本身强度或大小的一种度量指标，用符号 M 表示。目前，国际上比较通用的是里氏震级，最早是由美国学者里克特（Richter）于 1935 年提出的，其给出的震级计算公式为

$$M = \lg A - \lg A_0 \tag{2-4}$$

式中：A——地震记录图上量得的以微米（μm）为单位的最大水平位移；

$\lg A_0$——依震中距而变化的起算函数：当震中距为 100km 时，$A_0 = 1\mu m$，即 $\lg A_0 = 0$。

里氏震级具有一定的适用条件，如测定时必须使用特定的地震仪。后来，人们在里氏震级的基础上，又提出了一些其他震级表示法，如面波震级、体波震级和矩震级等。

震级与地震释放的能量之间有如下关系：

$$\lg E = 1.5M + 11.8 \qquad (2\text{-}5)$$

式中：E——地震释放的能量，单位为尔格（erg），$1erg = 10^{-7}J$。

根据上述关系，震级每增加一级，地震释放的能量约增大 32 倍。一个 6 级地震所释放出的能量为 $6.31 \times 10^{20}erg$，相当于一个 2 万吨级的原子弹所释放的能量。

根据震级 M 的大小，可将地震分为：

有感地震：M=2～4 级；

破坏地震：$M \geqslant 5$ 级；

强烈地震：$M \geqslant 7$ 级；

特大地震：$M \geqslant 8$ 级。

2.3.2 地震烈度

地震烈度（intensity）是指某一地区的地面和各类建筑物遭受一次地震影响的强弱程度，是衡量地震引起的后果的一种度量。对于一次地震来说，震级只有一个，但相应这次地震的不同地区则有不同的地震烈度。一般地说，震中区地震影响最大，烈度最高；距震中越远，地震影响越小，烈度越低。

1. 地震烈度表与烈度评定

地震烈度表是评定烈度大小的尺度和标准，目前主要是根据地震时人的感觉、器物的反应、建筑物破损程度和地貌变化特征等宏观现象综合判定划分的。在有充分地震动记录时，也可采用加速度和速度等定量指标划分。目前，我国和世界上绝大多数国家采用的是划分为 12 度的烈度表，欧洲一些国家采用的是划分为 10 度的烈度表，日本则采用的是划分为 8 度的烈度表。

我国最早的地震烈度表是 1957 年颁布实施的。进入 20 世纪 70 年代以后，我国地震工作者在研究总结的基础上，对 1957 年地震烈度表进行了全面修订，颁布了 1980 年地震烈度表。随着防震减灾标准化工作的深入开展，我国的地震烈度表列入国家标准，按照国家标准要求对 1980 年地震烈度表进行了修订，出台了 1999 年地震烈度表，全名为《中国地震烈度表》（GB/T 17742—1999）。《中国地震烈度表》的实施在地震烈度评定中发挥了重要作用。随着国家经济发展，近年来我国城乡房屋结构发生了很大变化，抗震设防的建筑比例增加，同时旧式民用建筑仍然存在，这些都需要在地震烈度评定中予以考虑。因此，2008 年颁布实施了新的《中国地震烈度表》（GB/T 17742—2008），见表 2-1。新的地震烈度表保持了与原地震烈度表的一致性和继承性，增加了评定地震烈度的房屋类型，修改了在地震现场不便操作或不常出现的评定指标。

表 2-1　中国地震烈度表（GB/T 17742—2008）

地震烈度	人的感觉	房屋震害			其他震害现象	水平向地震动参数	
		类型	震害程度	平均震害指数		峰值加速度/（m/s²）	峰值速度/（m/s）
I	无感	—	—	—	—	—	—
II	室内个别静止中的人有感觉	—	—	—	—	—	—
III	室内少数静止中的人有感觉	—	门、窗轻微作响	—	悬挂物微动	—	—
IV	室内绝大多数人、室外少数人有感觉，少数人梦中惊醒	—	门、窗作响	—	悬挂物明显摆动，器皿作响	—	—
V	室内绝大多数人、室外多数人有感觉，多数人梦中惊醒	—	门窗、屋顶、屋架颤动作响，灰尘掉落，个别房屋墙体抹灰出现细微裂缝，个别屋顶烟囱掉砖	—	悬挂物大幅度晃动，不稳定器物摇动或翻倒	0.31（0.22～0.44）	0.31（0.02～0.04）
VI	多数人站立不稳，少数人惊逃户外	A	少数中等破坏，多数轻微破坏和/或基本完好	0.00～0.11	家具和物品移动；河岸和松软土出现裂缝，饱和砂层出现喷砂冒水；个别独立砖烟囱轻度裂缝	0.63（0.45～0.89）	0.06（0.05～0.09）
		B	个别中等破坏，少数轻微破坏，多数基本完好				
		C	个别轻微破坏，大多数基本完好	0.00～0.08			
VII	大多数人惊逃户外，骑自行车的人有感觉，行驶中的汽车驾乘人员有感觉	A	少数毁坏和/或严重破坏，多数中等和/或轻微破坏	0.09～0.31	物体从架子上掉落；河岸出现塌方，饱和砂层常见喷水冒砂，松软土上地裂缝较多；大多数独立砖烟囱中等破坏	1.25（0.90～1.77）	0.13（0.10～0.18）
		B	少数毁坏，多数严重和/或中等破坏				
		C	个别毁坏，少数严重破坏，多数中等和/或轻微破坏	0.07～0.22			
VIII	多数人摇晃颠簸，行走困难	A	少数毁坏，多数严重和/或中等破坏	0.29～0.51	干硬土上出现裂缝，饱和砂层绝大多数喷砂冒水；大多数独立砖烟囱严重破坏	2.50（1.78～3.53）	0.25（0.19～0.35）
		B	个别毁坏，少数严重破坏，多数中等和/或轻微破坏				
		C	少数严重和/或中等破坏，多数轻微破坏	0.20～0.40			

地震烈度	人的感觉	房屋震害			其他震害现象	水平向地震动参数	
		类型	震害程度	平均震害指数		峰值加速度/（m/s²）	峰值速度/（m/s）
IX	行动的人摔倒	A	多数严重破坏或/和毁坏	0.49～0.71	干硬土上多处出现裂缝，可见基岩裂缝、错动，滑坡、塌方常见；独立砖烟囱多数倒塌	5.00（3.54～7.07）	0.50（0.36～0.71）
		B	少数毁坏，多数严重和/或中等破坏				
		C	少数毁坏和/或严重破坏，多数中等和/或轻微破坏	0.38～0.60			
X	骑自行车的人会摔倒，处不稳状态的人会摔离原地，有抛起感	A	绝大多数毁坏	0.69～0.91	山崩和地震断裂出现，基岩上拱桥破坏；大多数独立砖烟囱从根部破坏或倒毁	10.00（7.08～14.14）	1.00（0.72～1.41）
		B	大多数毁坏				
		C	多数毁坏和/或严重破坏	0.58～0.80			
XI	—	A	绝大多数毁坏	0.89～1.00	地震断裂延续很大，大量山崩滑坡	—	—
		B					
		C		0.78～1.00			
XII	—	A	几乎全部毁坏	1.00	地面剧烈变化，山河改观	—	—
		B					
		C					

注：表中给出的"峰值加速度"和"峰值速度"是参考值，括弧内给出的是变动范围。

（1）《中国地震烈度表》评定地震烈度时，Ⅰ～Ⅴ度以地面上及底层房屋中人的感觉和其他震害现象为主；Ⅵ～Ⅹ度以房屋震害为主，参照其他震害现象，当以房屋震害程度与平均震害指数评定的结果不同时，应以震害程度评定的结果为主，并综合考虑不同类型的房屋的平均震害指数；Ⅺ和Ⅻ度应综合考虑房屋震害和地表震害现象。

（2）以下三种情况的地震烈度评定结果应做适当调整：当采用高楼上人的感觉和器物反应评定地震烈度时，适当降低评定值；当采用低于或高于Ⅶ度抗震设计房屋的震害程度和平均震害指数评定地震烈度时，适当降低或提高评定值；当采用建筑质量特别差或特别好房屋的震害程度和平均震害指数评定地震烈度时，适当降低或提高评定值。

（3）平均震害指数可以在调查区域内用普查或随机抽查的方法确定。当计算的平均震害指数位于表中平均震害指数的重叠区时，可参照其他判别指标和震害现象综合判别地震烈度。

房屋的破坏等级分为基本完好、轻微破坏、中等破坏、严重破坏和毁坏五类，其定义与对应的震害指数如下。

基本完好：承重和非承重构件完好，或个别非承重构件轻微损坏，不加修理可继续使用。对应的震害指数范围为0.00～0.10。

轻微破坏：个别承重构件出现可见裂缝，非承重构件有明显裂缝，不需要修理或稍加修理即可继续使用，对应的震害指数范围为0.10～0.30。

中等破坏：多数承重构件出现轻微裂缝，部分有明显裂缝，个别非承重构件破坏严重，需要一般修理后才可使用。对应的震害指数范围为0.30～0.55。

严重破坏：多数承重构件破坏严重，非承重构件局部倒塌，房屋修复困难。对应的震害指数范围为 0.55～0.85。

毁坏：多数承重构件严重破坏，房屋结构濒于崩溃或已倒塌，已无修复可能。对应的震害指数范围为 0.85～1.0。

（4）农村可按自然村，城镇可按街区为单位进行地震烈度评定，面积以 $1km^2$ 为宜。

（5）当有自由场地强震记录时，水平向地震动峰值加速度和峰值速度可作为综合评定地震烈度的参考指标。

总之，烈度是一个平均的概念，其高低与地面范围大小密切相关。一般来讲，地面范围取得大，评出的最高烈度就越低，反之亦然。所以，评定烈度要选取一个标准大小的范围。地震后通过震害现场调查，确定各地点的烈度，将烈度标在一张地图上，用曲线将不同烈度区分开，同一区内的烈度相同，这样给出的烈度分布称为等震线图。典型等震线如图 2-10 所示。理论上的等震线有圆形和椭圆形。圆形等震线一般对应于小地震，而椭圆形等震线对应于大地震。

实际情况则很复杂，等震线为不规则的曲线，在某一烈度区内常常存在烈度异常区，局部场地条件是产生烈度异常区的主要原因，如图 2-11 所示。

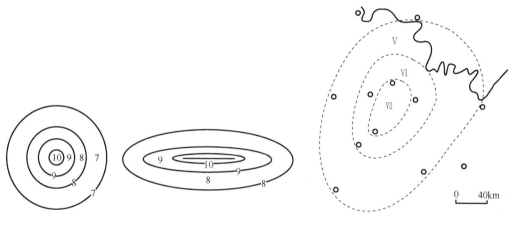

图 2-10　典型等震线示意图　　　　　　　图 2-11　某地震实际等震线

地震烈度是制定结构抗震设计目标、进行结构抗震设计和分析结构抗震性能的依据。随着人们对地震认识的发展，地震烈度的表达已由传统的宏观现象描述发展到现在的定量指标表达。地震烈度的传统宏观现象描述，是在没有地震仪记录的情况下，凭借人们对地面运动剧烈程度的主观感觉和建筑物破坏程度而给出的概念性度量。因而目前通行的烈度表与设计良好的现代结构的破坏程度关系很小，不能科学、全面地反映地震强烈程度。科学确定地震烈度的方法应该是直接给出地震引起的地面运动参数，如地面运动加速度、速度、位移和持续时间。这些地面运动参数是直接进行结构抗震设计和分析结构抗震性能的依据。

2. 地震区划图与设防烈度

地震区划图是根据一个地区的地震活动特性，按给定目的区划出来的地区内可能发生的地震动强弱程度的分布图，它实际上是对未来地震影响程度的一种预测。我国已经有过 3 代地震区划图，分别完成于 1957 年、1977 年和 1990 年，它们都是按地震烈度来划分的。近年来，随着我国对地震认识的不断深入，为了在抗震设计中更充分地考虑地震影响，我国地震工作者对 1990 年发布的地震区划图进行了修订，将其改为直接以地震动参数表示的区划图。最新的地震区划图为《中国地震动参数区划图》（GB 18306—2015）。

抗震设防烈度是按国家规定的权限批准作为一个地区抗震设防依据的地震烈度。我国现行《建筑抗震设计规范（2016 年版）》（GB 50011—2010）规定，一般情况下，抗震设防烈度可采用中国地震动参数区划图的地震基本烈度，或与抗震规范中设计基本地震加速度对应的烈度值。对已编制抗震设防区划的城市，可按批准的抗震设防烈度或设计地震动参数进行抗震设防。抗震设防烈度与设计基本地震加速度值的对应关系见表 2-2。设计基本地震加速度为 0.15g 和 0.30g 地区内的建筑，应分别按抗震设防烈度 7 度和 8 度的要求进行抗震设计。

表 2-2　抗震设防烈度与设计基本地震加速度值的对应关系

抗震设防烈度	6	7	8	9
设计基本地震加速度值	0.05g	0.10（0.15）g	0.20（0.30）g	0.40g

注：g 为重力加速度。

2.3.3　震级与烈度的关系

地震震级和地震烈度是完全不同的两个概念。地震震级表示一次地震释放能量的大小，地震烈度则是经受一次地震时一定地区内地震影响强弱程度的总评价。一次地震只有一个震级，但烈度随地而异，有不同的烈度。对于中浅源地震，地震震级与震中烈度之间的大致对照关系见表 2-3。

表 2-3　地震震级与震中烈度大致对照关系

地震震级 M	2	3	4	5	6	7	8	8 以上
震中烈度 I_0	I～II	III	IV～V	VI～VII	VII～VIII	IX～X	XI	XII

2.4　地震震害与建筑结构抗震设防

2.4.1　地震震害

1. 地表破坏

地震所造成的地表破坏主要有山石崩裂、滑坡、地面裂缝、地陷和喷水冒砂等。

　　地震造成的山石崩裂的塌方量可达近百万立方米,最大的石块体积能超过房屋的体积,崩塌的石块可阻塞公路,使交通中断,并且在陡坡附近还会发生滑坡现象。

　　在地下水位较高的地区,地震的强烈震动可能会使含水的砂土或粉土液化,使得地下水夹着沙子经裂缝或其他通道喷出地面,形成喷水冒砂现象。

　　地陷大多发生在岩溶洞和采空(采掘的地下坑道)地区。在喷水冒砂的地段,也可能发生下陷。

　　地裂缝的数量、长短、深浅等与地震的强烈程度、地表情况、受力特征等因素有关,按其成因可分为以下两种:

　　(1)不受地形地貌影响的构造裂缝。这种裂缝是地震断裂带在地表的反映,其走向与地下断裂带一致,规模较大。裂缝带长可达几千米到几十千米,带宽几米到几十米。

　　(2)受地形、地貌、土质条件等限制的非构造裂缝。这种裂缝大多沿河岸边、陡坡边缘、沟坑四周和埋藏的古河道分布,往往和喷水冒砂现象伴生。裂缝大小形状不一,规模也较前一种小,且裂缝中通常有水存在。地裂缝往往是由于地表受到挤压、伸张、旋扭等力作用的结果,它穿过建筑物时会造成墙体和基础的断裂或错动,严重时会造成房屋倒塌。

2. 工程结构的破坏

　　工程结构的破坏情况与结构类型和抗震措施等有关。结构破坏情况主要有以下几种:

　　(1)承重结构承载力不足或变形过大而造成的破坏。例如,墙体出现裂缝,结构局部薄弱层承载力不足、变形过大,引起连续倒塌,砖烟囱折断或错位等。

　　(2)结构丧失整体性而造成的破坏。结构构件的共同工作主要是依靠各构件之间的连接及各构件之间的支撑来保证的。然而,在地震作用下,若节点强度不足、延性不够、锚固质量差等就会使结构丧失整体性而造成破坏。

　　(3)地基失效引起的破坏。在强烈地震作用下,一些建筑物上部结构本身无损坏,但由于地基承载能力的下降或地基土液化造成建筑物倾斜、倒塌而破坏。

3. 次生灾害

　　地震造成的次生灾害主要有水灾、火灾、毒气污染、泥石流和海啸等,通常破坏性比较严重。例如,1906 年美国旧金山大地震,在震后的 3 天火灾中,共烧毁 521 个街区的 28000 栋建筑物,使已破坏但未倒塌的房屋被大火夷为一片废墟。1923 年日本关东大地震,地震正值中午做饭用火时间,导致许多地方同时起火,由于自来水管普遍遭到破坏,道路又被堵塞,致使大火蔓延,烧毁房屋达 45 万栋之多。1960 年发生在海底的智利大地震,引起海啸灾害,除吞噬了智利中、南部沿海房屋外,海浪还从智利沿大海以640km/h 的速度横扫太平洋,22h 之后高达 4m 的海浪袭击了日本,本州和北海道的海港和码头建筑遭到严重的破坏,甚至连巨轮也被抛上陆地。1970 年秘鲁大地震,瓦斯卡兰山北峰泥石流从 3750m 高度泻下,流速达 320km/h,摧毁淹没了村镇和建筑,使地形改观,死亡人数达 25000 人。2011 年日本宫城县以东太平洋海域的大地震引发了高达

10m 的巨大海啸，造成了十分严重的人员伤亡、财产损害和核电站泄漏等事故。

2.4.2 建筑结构抗震设防

建筑结构抗震设防是指对建筑物进行抗震设计并采取一定的抗震构造措施，以达到结构抗震的效果和目的。

1. 建筑结构抗震设防的目标

我国《建筑抗震设计规范（2016 年版）》（GB 50011—2010）中，抗震设防的目标可概括为："小震不坏，中震可修，大震不倒"。具体表述如下：

（1）在遭受低于本地区设防烈度（基本烈度）的多遇地震影响时，建筑物一般不受损坏或不需修理仍可继续使用。

（2）在遭受本地区规定的设防烈度的地震影响时，建筑物（包括结构和非结构部分）可能有一定损坏，但不致危及人民生命和生产设备的安全，经一般修理或不需修理仍可继续使用。

（3）在遭受高于本地区设防烈度的罕遇地震影响时，建筑物不致倒塌或发生危及生命的严重破坏。

基于上述抗震设防目标，建筑物在使用期间对不同强度的地震应具有不同的抵抗能力。对不同强度的地震可以用三个地震烈度水准来考虑，即众值烈度、基本烈度和罕遇烈度。这三个地震烈度水准可通过概率密度函数的分析来反映，如图 2-12 所示。

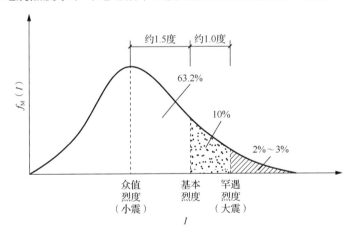

图 2-12　地震烈度的概率分布

根据大量数据分析，确认我国地震烈度的概率分布符合极值Ⅲ型。50 年内超越概率约 63.2%的烈度就是众值烈度，即第一水准的烈度。50 年内超越概率约 10%的烈度大体上相当于现行地震区划图规定的基本烈度，作为第二水准的烈度。50 年内超越概率为 2%～3%的烈度是罕遇烈度，作为第三水准的烈度。由烈度概率分布分析可知，基本烈度与众值烈度相差约为 1.5 度，而基本烈度与罕遇烈度相差约为 1.0 度。遵照现行规范设计的建筑，在遭遇多遇烈度（小震）作用时，建筑物基本上仍处于弹性阶段，一般不会损坏；在相应基本烈度的地震作用下，建筑物将进入弹塑性状态，但不至于发生严重破坏；在遭遇罕遇烈度（大震）作用时，建筑物将产生严重破坏，但不至于倒塌。

2. 建筑结构抗震设计方法

《建筑抗震设计规范（2016 年版）》（GB 50011—2010）提出了两阶段设计方法以实现上述三个烈度水准的抗震设防要求。第一阶段设计是在方案布置符合抗震设计原则的前提下，按与基本烈度相对应的众值烈度（相当于小震）的地震动参数，用反应谱法求得结构在弹性状态下的地震作用标准值和相应的地震作用效应，然后与其他荷载效应进行组合，并对结构构件截面进行承载力验算。对于较高的建筑物还要进行变形验算，以控制其侧向变形不要过大。这样，既满足了第一水准下必要的承载力可靠度，又可满足第二水准的设防要求（损坏可修），然后通过概念设计和构造措施来满足第三水准的设防要求。对于大多数结构，一般可只需进行第一阶段的设计，但对于少部分结构，如有特殊要求的建筑和地震时易倒塌的结构，除应进行第一阶段的设计外，还要进行第二阶段的设计，即按与基本烈度相对应的罕遇烈度（相当于大震）验算结构的弹塑性层间变形是否满足规范要求。如果有变形过大的薄弱层（或部位），则应修改设计或采取相应的构造措施，以使其能够满足第三水准的设防要求（大震不倒）。

3. 建筑的抗震设防类别

根据建筑使用功能的重要性，按其受地震破坏时产生的后果，《建筑工程抗震设防分类标准》（GB 50223—2008）将建筑分为甲、乙、丙、丁四个抗震设防类别。

甲类建筑：重大建筑工程和遭遇地震破坏时可能发生严重次生灾害的（如产生放射性物质的污染、大爆炸等）建筑。

乙类建筑：地震时使用功能不能中断或需尽快恢复的建筑，如城市生命线工程建筑和地震时救灾需要的建筑等。

丙类建筑：除甲、乙、丁类以外的一般建筑，如大量的一般工业与民用建筑等。

丁类建筑：抗震次要建筑，如遭遇地震破坏，不易造成人员伤亡和较大经济损失的建筑等。

4. 建筑的抗震设防标准

《建筑工程抗震设防分类标准》（GB 50223—2008）规定，对各抗震设防类别建筑的设防标准，应符合以下要求：

甲类建筑：地震作用应高于本地区抗震设防烈度的要求，其值应按批准的地震安全性评价结果确定；当抗震设防烈度为 6～8 度时，其抗震措施应符合本地区抗震设防烈度提高一度的要求，当抗震设防烈度为 9 度时，应符合比 9 度抗震设防更高的要求。

乙类建筑：地震作用应符合本地区抗震设防烈度的要求；当抗震设防烈度为 6～8 度时，一般情况下，其抗震措施应符合本地区抗震设防烈度提高一度的要求，当抗震设防烈度为 9 度时，应符合比 9 度抗震设防更高的要求；地基基础的抗震措施，应符合有关规定。对较小的乙类建筑，当其结构改用抗震性能较好的结构类型时，应允许仍按本地区抗震设防烈度的要求采用抗震措施。

丙类建筑：地震作用和抗震措施均应符合本地区抗震设防烈度的要求。

丁类建筑：一般情况下，地震作用应符合本地区抗震设防烈度的要求；抗震措施应允许比本地区抗震设防烈度的要求适当降低，但抗震设防烈度为 6 度时不应降低。

抗震设防烈度为 6 度时，除另有规定外，对乙、丙、丁类建筑可不进行地震作用计算。

2.5　基于性态的抗震设计概论

2.5.1　性态水准与设计地震水准

1. 性态水准

性态水准即结构或非结构构件在地震作用下出现的损伤状态。对于损伤状态的定义可以从专业技术人员的角度给出，可通过变形角、裂缝宽度、刚度退化或腐蚀劣化等方面进行描述。但这样的定义难于让业主、使用者深入理解，无法将投资、选型、设计、技术标准及日常维护管理等多个影响建筑性态的环节联系起来，因而难于将基于性态水准的设计思想引入建筑抗震设计过程。因此，对性态水准的定义宜从非专业人士的角度给出，同时还要建立这些定义与专业术语的联系。另外，建筑物中的结构构件、非结构构件及内部设施的损伤程度全部都应在性态水准下进行衡量。

为使所定义的性态水准能够反映建筑物在地震作用下结构构件、非结构构件及内部设施等综合的破坏状态，便于业主、使用者及设计人员综合考虑由此引起的安全、经济及社会问题，美国 SEAOC（Structural Engineers Association of California，加州结构工程师协会）VISION 2000 委员会在建筑物遭受地震而可能经历的整个损伤谱中，选择并定义了四个性态水准，即完全运营状态（即设施连续运转，损伤可忽略）、保障功能状态（即设施连续运转，带有一定程度的损伤，基本不影响运行）、生命安全状态（即生命安全能够保证，存在中等程度或较大程度的损坏，设施功能受到影响）、接近倒塌状态（即生命安全受到威胁，损伤严重，但可防止倒塌）。显然，这四个性态水准是对非专业人士有实际意义并且是易于理解的。

2. 设计地震水准

反映震害严重程度，用以获得结构及设施性态的一系列离散的地震事件称为设计地震水准。使用设计地震水准的概念主要是能够进行结构抗震性态设计，建筑物或设施并不一定精确获得这样水准的地震。

震害包括地震直接造成的灾害，如断裂、地表震动、地基液化、震动摇摆、滑坡及不均匀沉降等，也包括间接灾害，如地震引发海啸、洪水、火灾、爆炸、毒物泄漏及心理疾病等。这些灾害可能会影响甚至损害建筑及设施功能，影响其应达到的性态水准。由于发生多次小型地震的概率高，而发生中型、大型地震的概率相对较低。所以，在确立设计地震水准时，除应包含某地区震级、震中距、断裂传播方向、地层构造及场地状况等直接影响地震动参数的因素外，还应包括地震重现期、出现概率等影响地震风险程度且具灾害共性特点的因素。

美国 SEAOC VISION 2000 委员会用一系列地震动参数和具有出现概率或重现期的相关震害参数来表达设计地震水准。某工程的设计地震水准在不同的场地将是不同的，这取决于场地地震特性、社会和经济对损伤的接受水平。表 2-4 给出了美国 SEAOC VISION 2000 委员会用于建筑性态设计的设计地震水准。

表 2-4 设计地震水准

设计地震水准	重现期	超越概率
频遇地震	43 年	30 年内 50%
偶发地震	72 年	50 年内 50%
罕遇地震	475 年	50 年内 10%
非常罕遇地震	970 年[1][2]	100 年内 10%[1][2]

① 位于活跃断层或地震带 25mi（1mi≈1.6km）的建筑场地，"非常罕遇地震"的灾害参数不必超过该断层或震源区地质调查所获得的最大决定事件的+1 平均可信度水平。

② 处于低强度地震的场地，"非常罕遇地震"的灾害参数应依据该地区最大可能地震进行计算。

对于每一个设计地震水准，美国 SEAOC VISION 2000 委员会还给出了地面震动、场地液化、滑坡、沉降等表征震害的相关参数供设计使用。

2.5.2 性态目标

1. 抗震性态目标

抗震性态目标是指建筑物在某设计地震水准下期望达到的性态水准。

抗震性态目标应当依据建筑物的占有程度、建筑功能的重要性、建筑物受损后维修加固费用、停业经济损失，以及建筑物作为历史或文化资源的重要性等方面而确定。美国 SEAOC VISION 2000 委员会提出的以列阵形式表达的建筑抗震性态目标，如图 2-13 所示。

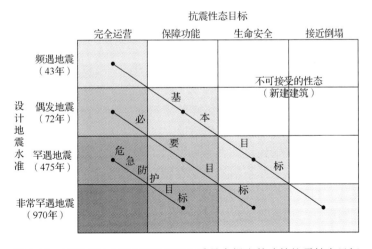

图 2-13 美国 SEAOC VISION 2000 委员会提出的建筑抗震性态目标

　　图 2-13 中每个方格代表某个单一的性态目标，三条斜线代表美国 SEAOC VISION 2000 委员会推荐的用于不同重要性建筑物的抗震性态目标，分别如下。

　　基本目标：为满足一般居住和使用的建筑物所设的具有最低性态水准的目标。

　　必要目标：为保障建筑物内设施及防灾设施的正常运转，或防止有害物质在震中或震后扩散而设的可达到最低性态水准的性态目标。选择这种性态目标的建筑或设施有：涉及震后救灾的部门，如医院、警务、消防、交通中心、紧急控制中心、避难所；涉及存储大量有害、危险物质的设施或重要工业设施，如储油罐、储气罐、计算机芯片生产装置等。

　　危急防护目标：为防止设施内有害物质扩散危及大众安全的性态水准。选择这种性态目标的建筑物或工业设施有：生产或储存大量有毒、爆炸及放射性物质的设施或建筑物。

　　基于性态的抗震设计思想不但可用于新建工程，而且可以用于对既有建筑的加固、修复和改造。美国联邦应急管理署标准 FEMA 356 针对建筑抗震修复提出的性态水准见表 2-5。

表 2-5　FEMA 356 针对建筑抗震修复提出的性态水准

地震水准重现期超越概率	目标建筑性态水准			
	运营水准 （1-A）	立即入住水准 （1-B）	生命安全水准 （3-C）	防止倒塌水准 （5-E）
50 年 50%	a	b	c	d
50 年 20%	e	f	g	h
BSE-1（50 年 10%）	i	j	k	l
BSE-2（50 年 2%）	m	n	o	p

注：1. 表中每格代表一个离散的修复目标。

　　2. 修复目标可用于定义下述三个具体的修复目标：①基本安全目标，即表中 k 和 p 项。②提高目标 1，即 k、p 和 a、e、i、b、f、j、n 中的任意一项；提高目标 2，即 o 或 n 或 m。③受限目标 1，即 k 或 p；受限目标 2，即 c，g，d，h，l。

　　3. BSE-1 和 BSE-2 为 FEMA 356 定义的两个基本安全震害水准。

　　表 2-5 中，基本安全目标是使所修复的建筑能够在 BSE-1 震害水准下保证生命安全，在 BSE-2 震害水准下防止倒塌。仅满足基本安全目标的建筑物在遇到频遇地震、中等程度地震时损伤不大，但在遇到罕遇地震时会出现严重损坏，有潜在经济损失。

　　提高目标是为获得超过基本安全目标的性态而设的，可以通过两种方法实现：①使所修复的建筑性态水准超过按基本安全目标（震害水准选 BSE-1 或 BSE-2 二者之一，或两者都选）设计的建筑性态水准；②所修复的建筑物按基本安全目标设计，但震害水准超过 BSE-1、BSE-2 二者之一，或两者都超过。

　　受限目标是指使所修复的建筑的性态水准低于基本安全目标。FEMA 356 规定，按受限目标进行修复设计要保证修复措施不会使现存建筑性态水准降低，不能出现新的结构不规则或使现存结构的不规则性加剧，不能增加地震作用力，致使承载力降低，新修复的结构构件应与现存结构可靠连接并满足构造要求。

2. 抗震性态目标的选择及对应的设计准则

抗震性态目标的选择是基于性态的抗震设计的第一步。通常应由业主或委托人做出选择，设计师提供咨询，并向业主说明震害、经济分析及所选性态目标可能要承受的风险。实际上，图 2-13 仅仅是为业主及住户提供了最低性态水准的性态设计目标。业主或用户可根据实际情况提高性态设计水平，可在一个或多个设计地震水准上选择更高的性态目标，以减少损失的可能性，但需付出一定的经济代价。

图 2-14 所示为普通用途建筑的结构，为满足某些特殊设施所需的更高的性态水准，其建设总费用（新建费用+可能的维修加固费用）最终高于实现基本目标所需要的总费用。这种情况在实际工程中并不罕见。例如，某抗震性态目标为"基本目标"的普通建筑内部放有贵重仪器，需要在偶发地震出现时保持完全运营状态。这一需求可通过在放置贵重仪器的楼板上架设隔震系统来实现，因而导致费用增加［图 2-14（a）］。经过这样的改动之后，对于贵重仪器设施的抗震性态目标实际将变成图 2-14（b）的情形，但对整个建筑结构来说，性态目标并未发生实质性变化。

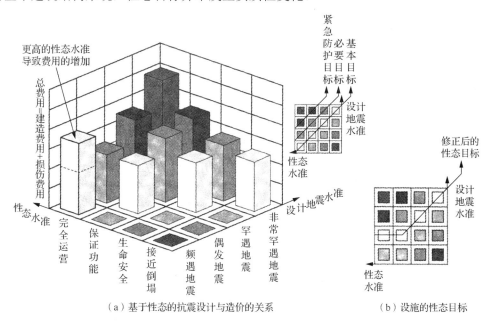

（a）基于性态的抗震设计与造价的关系　　　　（b）设施的性态目标

图 2-14　基于性态的抗震设计与造价的关系及设施的性态目标

选择抗震性态目标也是十分关键的一步，因为所选性态目标与整个设计过程中应遵守的设计准则（如允许位移、允许裂缝宽度、最大承载力的限制等）有密切关系。必须严格遵守相关设计准则，才能确保结构的性态水准、安全性和经济性都能得到满足。通常，根据所选性态目标而设计的房屋可实现多个目的。例如，当根据图 2-13 选定"基本目标"时，它可在发生 43 年一遇的地震事件时保持完全运营状态，也可以在发生 475 年一遇的地震事件时保证生命安全，或在发生 970 年一遇的地震时不会倒塌。问题是，这些性态水准如何通过对应的设计准则来实现呢？

　　研究表明，性态水准与可测量的结构反应参数（如层间变形、损伤指标，甚至楼面速度、加速度等）的限制值有必然的联系。选择了性态目标及在多种情况下所应达到的性态水准之后，将以其对应的结构反应参数限值作为设计准则进行设计验算。除按设计准则验算外，还需给出达到临界状态所对应的失效概率。表 2-6 列出了与基本目标对应的性态水准量化参数。这只是部分例子，要建立性态水准与设计准则所需参数之间的联系，需要进行大量的试验研究。世界各国需根据各自的防灾标准、工程可靠度标准、产品标准、技术标准等建立适合于自己国家工业化体系的性态水准量化参数标准体系。

表 2-6　基本目标性态水准量化参数表

性态水准	设计地震水准重现期/年	结构损伤		非结构损伤[1]		内部损伤[1]	
		局部损伤指数	失效条件概率[2]/%	层间剪切位移角指数	失效条件概度[2]/%	楼层加速度	失效条件概率[2]/%
完全运营	43	0.20	40	0.003	40	0.6g	40
保障功能	75	0.40	30	0.006	30	0.9g	30
生命完全	475	0.60	25	0.015	25	1.2g	25
接近倒塌	970	0.80	20	0.020	20	1.5g	20

① 对于非结构构件及房屋内部设施，有必要将层间剪切位移角指数、楼层加速度组合考虑。

② 超过极限状态的条件概率是与给定的地震动参数和设计地震水准重现期相对应的。

3. 抗震性态目标的检验方法及性态目标决策

　　实现结构抗震性态设计中的一个重要步骤是，根据所选性态目标完成结构设计，并针对已完成的结构设计对其性态目标进行检验及评估。其中的一项关键工作是结构分析计算和结构设计。在基于性态的抗震设计方法中，除使用弹性方法进行结构计算外，还要使用弹塑性分析方法。在本书的第 3 章中介绍了结构静力弹塑性分析方法（即推覆分析法），特别是用推覆分析法建立结构承载力谱、引入地震需求谱建立并判断性能点，是检验结构抗震性态目标、评估结构（包括既有建筑）抗震能力的有效方法。

　　现代建筑要求抗震设计人员全方位考虑建筑功能的可靠性需求、资金投放规模和速度，使建筑及设施的功能性、经济性（含整个生命周期）和安全可靠性达到最佳组合。基于性态的抗震设计方法从选择性态目标开始，经过结构选型、分析与结构设计，以及对设计结果的评估，得到最优的结果。这一评估过程，实际上是要综合考虑建筑物的使用情况、建筑物功能的重要性、建筑物损坏及人员伤亡所导致的直接及间接经济损失、建筑物作为历史或文化名胜的潜在重要性，还要从经济的角度，在整个生命周期内让上述相关总费用达到最小，即通过优化方法，降低生命周期总费用，计算式为

$$C_{tot} = C_b + C_m + \sum P_f C_f \qquad (2\text{-}6)$$

式中：C_b、C_m、C_f——房屋成本、维护和拆除的预期费用、失效费用；

　　　　P_f——生命周期的失效概率。

　　可以看出，整个评估过程实际上是对所选性态目标的决策论证过程。通过决策，使所设计的建筑物实现基于"投资-效益"准则的目标，该过程称为优化决策理论。

　　优化决策理论还可以用于确定某地区宏观最优经济设防烈度。以北京市为例，其最

优经济设防烈度的决策结果如图 2-15 所示。可见，投入损失之和曲线最低点所对应的设防烈度（8 度）就是北京的最优经济设防烈度。

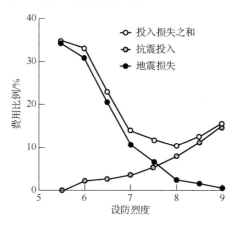

图 2-15　北京市最优经济设防烈度决策

2.5.3　基于性态的抗震设计方法

基于性态的抗震设计方法有基于位移的设计方法、基于能量的设计方法及基于"投资-效益"准则的设计方法。由于表征结构抗震性能的主要参数有强度、刚度和延性，这三个参数均与结构的变形有关，所以，基于性态的抗震设计大多数以变形（位移）作为设计参数。基于变形（位移）的抗震设计方法是最常用的方法，下面将给出这种方法的具体步骤。

此外，《建筑抗震设计规范（2016 年版）》（GB 50011—2010）也给出了抗震性能设计的参考方法，下面将一并介绍。

1. 基本思路

直接基于位移的设计首先用"代替结构"将原结构表示为一等效单自由度振子，刚度用最大位移时的割线刚度来表示，阻尼比用非弹性反应时与滞回耗能相等的等效阻尼比 ξ_{eff} 来表示；然后用预先确定的设计位移 u_{d}（通常由规范位移限值控制）和预期的延性需求来估计阻尼比，应用位移反应谱确定有效周期 T_{eff}。最大位移时的等效刚度 K_{eff} 可由单自由度的自振周期计算公式求得，最大位移反应时的设计基底剪力为 $V_{\text{d}} = K_{\text{eff}} u_{\text{eff}}$（$u_{\text{eff}}$ 为等效单自由度体系的等效位移），从而可由基底剪力计算原结构的水平地震作用及其效应。由此可见，该方法的概念比较清楚，复杂性仅与"代替结构"的特征、设计位移的确定及设计位移谱的建立有关。

2. 计算步骤

（1）建立位移反应谱。由地震加速度时程建立不同阻尼比 ξ 的设计位移反应谱，如图 2-16（d）所示。

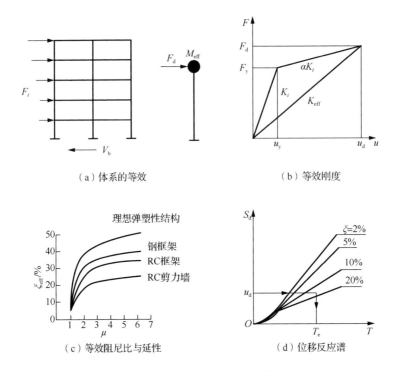

（a）体系的等效　　　　　　　　　　　　　（b）等效刚度

理想弹塑性结构

（c）等效阻尼比与延性　　　　　　　　　　（d）位移反应谱

图 2-16　直接基于位移的抗震设计基本思路

根据地震加速度时程，可按下式建立具有不同阻尼比 ξ 的位移反应谱

$$S_{\mathrm{d}} = \frac{T}{2\pi}\left[\int_0^t \ddot{x}_g(\tau)\mathrm{e}^{-\frac{2\pi}{T}\xi(t-\tau)}\sin\frac{2\pi}{T}(t-\tau)\mathrm{d}\tau\right] \tag{2-7}$$

式中：T——结构自振周期；

　　　$\ddot{x}_g$——地震加速度时程；

　　　ξ——阻尼比；

　　　t——地震时间。

当无适合的反应位移谱时，也可按下式将加速度反应谱 S_{a} 转换为位移反应谱 S_{d}：

$$S_{\mathrm{d}} = \left(\frac{T}{2\pi}\right)^2 S_{\mathrm{a}} \tag{2-8}$$

式中：T——结构自振周期。

根据式（2-8）可将《建筑抗震设计规范（2016 年版）》（GB 50011—2010）的加速度反应谱转换为位移反应谱，对框架结构进行基于位移的抗震设计。

（2）确定目标位移。根据地震设防水准、建筑物的重要性及预期的性能极限状态限值等，确定结构各层的目标位移 u_i，从而得到目标位移曲线。

（3）计算等效单自由度体系的目标位移 u_{d}。根据第（2）步确定的目标位移曲线，由式（2-9）计算等效单自由度体系的等效位移，即目标位移 u_{d}。

$$u_{\mathrm{d}} = u_{\mathrm{eff}} = \dfrac{\displaystyle\sum_{i=1}^{n} m_i u_i^2}{\displaystyle\sum_{i=1}^{n} m_i u_i} \qquad (2\text{-}9)$$

式中：m_i——结构第 i 层的质量；

　　　u_i——在某一水准地震作用下第 i 层的目标位移。

（4）计算等效单自由度体系的等效质量。

$$M_{\mathrm{eff}} = \dfrac{\displaystyle\sum_{i=1}^{n} m_i u_i}{u_{\mathrm{d}}} \qquad (2\text{-}10)$$

（5）计算结构的等效阻尼比 ξ_{eff}。由位移延性需求和结构类别确定等效阻尼比 ξ_{eff}，如图 2-16（c）所示。

（6）确定等效周期 T_{eff}。根据地震设防水准、等效阻尼比 ξ_{eff}、目标位移 u_{d}，由位移反应谱确定等效周期 T_{eff}，如图 2-16（d）所示。

（7）计算等效单自由度体系的等效刚度 K_{eff}。根据等效周期 T_{eff} 和等效质量 M_{eff}，由单自由度体系的自振周期计算公式得到等效刚度 K_{eff}，如图 2-16（b）所示，即

$$K_{\mathrm{eff}} = \dfrac{4\pi^2}{T_{\mathrm{eff}}^2} M_{\mathrm{eff}} \qquad (2\text{-}11)$$

（8）计算设计基底剪力和水平地震力。等效单自由度体系的目标位移 u_{d} 和等效刚度 K_{eff} 确定后，等效单自由度体系的地震作用 F_{d}［图 2-16（a）］，即原结构的设计基底剪力 V_{b} 为

$$V_{\mathrm{b}} = K_{\mathrm{eff}} u_{\mathrm{d}} \qquad (2\text{-}12)$$

水平地震力沿原结构高度的分布［图 2-16（a）］可以用下式计算：

$$F_i = \dfrac{m_i u_i}{\displaystyle\sum_{j=1}^{n} m_j u_j} V_{\mathrm{b}} \qquad (2\text{-}13)$$

（9）对结构进行刚度设计和承载力设计。首先，计算水平地震作用效应及相应的重力荷载效应，当计算水平地震力 F_i 作用下的效应时，应采用结构顶点位移达到 u_{d} 时的杆件刚度；然后，将各作用效应进行组合，并按组合的内力设计值进行截面设计。

（10）对初步设计的结构进行推覆分析（push-over analysis），校核结构的侧移形状与预先假定的是否一致，评价结构的变形承载力是否满足要求。

（11）如果结构的侧移形状与预先假定的不一致，或者结构的变形及承载力不满足要求，那么，应修改刚度和承载力。

3. 补充说明

1）关于目标位移

目前，确定目标位移曲线的方法主要有以下两种：

（1）假定结构各层的位移均达到目标位移，这是一种理想结构。例如，Med-hekar

等假定钢框架结构各层均达到屈服位移限值，由此得到目标位移曲线。

（2）假定结构薄弱层的侧移达到目标位移，其余各层的侧移小于目标位移。例如，对于钢筋混凝土框架结构，假定底部的侧移达到目标位移，据此得到各楼层楼面处的侧移。

设混凝土框架结构为等截面剪切悬臂杆，并取水平地震作用为倒三角形分布，则在任意截面处 $\xi(\xi = z / H)$ 的位移 $u(\xi)$ 可表示为

$$u(\xi) = \frac{1}{2}(3\xi - \xi^3)u_\mathrm{r} \qquad (2\text{-}14)$$

式中：u_r——等截面剪切悬臂杆在倒三角水平分布荷载作用下的顶点位移。

假定框架结构底层达到某一极限状态的层间剪切位移角限值，则 $u_1 = \theta_\mathrm{d}h_1$ [θ_d 可根据《建筑抗震设计规范（2016 年版）》（GB 50011—2010）查得]，$\xi = h_1 / H$，代入式（2-14）得

$$u_\mathrm{r} = \frac{2u_1}{3\xi_1 - \xi_1^3} \qquad (2\text{-}15)$$

将所得 u_r 值代入式（2-14），可得到相应极限状态下的目标位移曲线，有

$$u_\mathrm{r} = \frac{(3\xi - \xi^3)u_1}{3\xi_1 - \xi_1^3} \qquad (2\text{-}16)$$

2）直接基于位移的抗震设计方法的特点

由上述分析可见，直接基于位移的抗震设计方法具有以下特点：

（1）设计一开始即以位移作为设计变量。

（2）根据在一定水准地震作用下预期的位移计算地震作用，进行结构设计，以便使构件达到预期的变形，使结构达到预期的位移。

（3）设计者可以控制结构的破坏状况。

（4）该方法实际上仅考虑了结构的第一阶振型，因而适用于中低层建筑结构的抗震设计，而对于高阶振型影响较大的高层及复杂结构则会产生较大的误差。

2.6　建筑抗震设计课程的任务和内容

2.6.1　课程任务

地震作为一种自然现象，有其自然规律性。工程结构在地震中被破坏及其倒塌是造成震害的最主要原因。工程结构抗震是利用对结构进行抗震设计的手段来减少或解决地震对建筑产生破坏的方法，也是研究地震对结构的影响及如何防护结构免于地震破坏的。结构在地震作用下被破坏也是一种自然规律。只要是自然规律，人们总是可以逐渐掌握的。因此，正确运用这些规律，建造能够抵御地震作用的工程结构，是结构工程师的重要任务。

"建筑结构抗震设计"课程的任务是介绍地震作用的基本原理及结构抗震的设计方法，通过对本课程的学习，学生应初步理解与掌握建筑结构抗震的概念、原则和方法，地震作用的计算原理，多层钢筋混凝土结构和砌体结构的抗震设计，为今后在实际工程

中进行抗震设计打下基础。

2.6.2　课程内容

"建筑结构抗震设计"课程的主要内容为地震对建筑结构的动力作用及结构抗震设计的方法。重点是结构抗震概念设计、地震作用的计算及钢筋混凝土框架结构抗震设计方法。本书作为该课程教材，共 8 章，分别阐述了建筑场地、地基与基础，建筑抗震设计概论，结构地震反应分析与抗震验算，钢结构抗震设计，多层砌体房屋和底部框架建筑抗震设计，单层厂房抗震设计，多层和高层钢筋混凝土房屋结构抗震设计和隔震、减震与结构控制。

2.6.3　课程教学的基本要求

考虑到土木工程专业学习建筑结构抗震设计课程的必要性，以及应用型本科和各学校分配学时等实际情况，讲授抗震内容不能像其他专业课那样面面俱到，要兼顾其学时分配情况，要对课程内容整合。讲授建筑结构抗震设计课程内容遵循方法：第一，鉴于建筑结构抗震设计课程通常难懂，开课第一课要求学生尽量遵循预习—听课—复习—作业的过程进行学习。第二，建议教师尽量以例题形式逐步讲授抗震设计及计算设计步骤，提出解题注意点，以达到应用型本科层次教学的目的；例题可以是工程实例、毕业设计相关知识内容；切勿进行"填鸭式"教学。第三，教师讲授各种结构的概念设计、构造设计和震害时，尽可能参照图片讲解，并尽可能以例题形式讲解所学内容；结构设计除了计算设计外，还包括概念设计和构造设计，让学生认识到各种结构概念设计、构造设计的重要性。第四，遇到抽象难懂的概念时，如有可能，可以搜集相关论文讲解并供学生课后消化；涉及难以理解的公式时，可直接写出公式，解释公式中的参数含义，尽可能通过例题讲解公式。

思　考　题

1. 地震按其成因分为哪几种类型？
2. 什么是地震波？地震波包含了哪几种波？
3. 什么是地震震级？什么是地震烈度、基本烈度和抗震设防烈度？
4. 震害主要表现在哪几个方面？
5. 简述建筑结构抗震设防的目标和方法。
6. 什么是基于性态的抗震设计？基于性态的抗震设计的基本思路是什么？

第3章 结构地震反应分析与抗震验算

3.1 概　　述

　　某一次地震释放出来的能量以地震波的形式向四周扩散，到达地面后引起地面运动，使地面上处于静止的建筑物受到动力作用而产生振动。由地震引起的结构位移、变形、内力及速度、加速度等反应统称为结构地震反应。若专指由地震动引起的结构位移，则称为结构地震位移反应。在进行建筑结构抗震设计时，需对结构进行地震反应分析。

　　结构地震反应分析属于结构动力学的范畴，地震反应的大小不仅与地面运动——地震动有关，还与结构动力特性（自振周期、振型和阻尼）有关。因此，结构地震反应分析是随着人们对这两方面认识的深入而不断提高和改进的。结构地震反应分析的发展可大致分为静力分析、反应谱分析、动力分析三个阶段，动力分析阶段又可分为弹性与弹塑性（或非线性）两个阶段，随机动力分析与确定性动力分析是这一阶段中并列出现的两种分析方法。

　　工程结构中"作用"一词指能引起结构内力、变形等反应的各种因素。按引起结构反应的方式不同，作用可分为直接作用和间接作用。各种荷载（如重力荷载、风荷载、土压力等）为直接作用，而各种非荷载作用（如温度、基础沉降等）是间接作用，结构地震反应是地震动通过结构惯性引起的，因此地震作用是间接作用，因而不称为荷载。

　　目前，世界各国广泛采用反应谱理论来确定地震作用的大小，其中以加速度反应谱应用最为普遍。加速度反应谱是指结构自振周期与结构质点体系最大反应加速度之间的关系曲线。对于单质点体系，若已知反应谱曲线，由结构的自振周期就可以确定作用在结构质点上的最大反应加速度，其与质点质量的乘积就是作用在质点上的地震作用。对于多质点体系，可以通过振型分解法，利用单质点体系的反应谱曲线求出多质点体系在各个振型下的地震作用，最后通过某种组合得出多质点体系的地震作用效应，最后将地震作用效应与其他荷载效应进行组合，验算结构和构件的抗震承载力及变形，以满足抗震设计要求。

　　弹性体系加速度反应谱方法主要是针对多遇地震下的第一阶段设计而言的。对于罕遇地震下的第二阶段设计，结构构件已进入弹塑性状态，就不能采用此方法了，一般采用考虑结构构件进入弹塑性阶段后的非线性动力时程分析方法。在选定地面运动加速度曲线后，通过数值积分求解运动方程，计算出每一时间分段处的结构位移、速度和加速度。

3.2　单自由度体系的弹性地震反应分析

3.2.1　单自由度弹性体系的地震反应分析

1. 运动方程的建立

如图 3-1 所示，单自由度弹性体系，质量为 m，弹性直杆的侧移刚度系数为 K。设地震时地面的水平位移为 $x_g(t)$，质点相对地面的水平位移为 $x(t)$，则质点的总位移为 $x_g(t) + x(t)$。取质点作为隔离体，由动力学原理可知，作用在质点上的水平力有三种：惯性力、弹性恢复力及阻尼力。

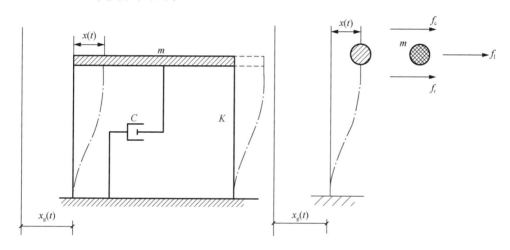

图 3-1　单自由度弹性体系在水平地震作用下的变形与受力简图

（1）惯性力 f_I。根据牛顿第二定理，可得

$$f_I = -m\left[\ddot{x}_g(t) + \ddot{x}(t)\right]$$

（2）弹性恢复力 f_r。根据胡克定律，弹性恢复力为

$$f_r = -Kx(t)$$

（3）阻尼力 f_c。阻尼力的计算有几种不同的理论，目前工程计算中应用最多的是黏滞阻尼理论，即

$$f_c = -c\dot{x}(t)$$

式中：c——阻尼系数。

根据达朗贝尔（d'Alembert）原理，在质点运动的任一瞬时，都有

$$f_r + f_c + f_I = 0$$

将 f_I、f_r、f_c 表达式代入上式后，可以推导出在水平地震作用下单自由度弹性体系的运动方程为

$$-m[\ddot{x}_{\mathrm{g}}(t) + \ddot{x}(t)] - c\dot{x}(t) - Kx(t) = 0 \qquad (3\text{-}1\mathrm{a})$$

或

$$m\ddot{x}(t) + c\dot{x}(t) + Kx(t) = -m\ddot{x}_{\mathrm{g}}(t) \qquad (3\text{-}1\mathrm{b})$$

为了将式（3-1）进一步简化，令

$$\begin{cases} \omega = \sqrt{\dfrac{K}{m}} \\[2mm] \zeta = \dfrac{c}{2\omega m} \end{cases} \qquad (3\text{-}2)$$

式中：ω——圆频率，只与结构固有参数 m 和 K 有关，与外荷载无关，因此也称为体系的固有频率；

　　　ζ——结构阻尼比，可以通过结构的振动试验确定，一般工程结构的阻尼比为 0.01～0.10。

将式（3-2）代入方程（3-1b）整理后得到

$$\ddot{x}(t) + 2\zeta\omega\dot{x}(t) + \omega^2 x(t) = -\ddot{x}_{\mathrm{g}}(t) \qquad (3\text{-}3)$$

式（3-3）为一常系数二阶非齐次常微分方程，其通解由两部分组成：一部分为齐次解，另一部分为特解。前者代表体系的自由振动，后者代表体系在地震作用下的强迫振动。

2. 运动方程的解

（1）方程的齐次解。对应式（3-3）的齐次方程为 $\ddot{x}(t) + 2\zeta\omega\dot{x}(t) + \omega^2 x(t) = 0$，即使式（3-3）等号右边的荷载项等于零，表示质点在振动过程中无外部干扰，体系做自由振动。

对于一般结构，由于其阻尼比较小（$\zeta < 1$），齐次方程的解可表示为

$$x(t) = \mathrm{e}^{-\zeta\omega t}(A\cos\omega' t + B\sin\omega' t)$$

式中：ω'——有阻尼单自由度弹性体系的圆频率，$\omega' = \omega\sqrt{1-\zeta^2}$；

　　　A，B——任意常数，由初始条件确定。

若假定 $t = 0$ 时体系的初始位移和初始速度分别为 $x(0)$ 和 $\dot{x}(0)$，则

$$A = x(0), B = \frac{\dot{x}(0) + \zeta\omega x(0)}{\omega'}$$

进一步得到

$$x(t) = \mathrm{e}^{-\zeta\omega t}\left[x(0)\cos\omega' t + \frac{\dot{x}(0) + \zeta\omega x(0)}{\omega'}\sin\omega' t \right] \qquad (3\text{-}4)$$

根据式（3-4）可以绘出有阻尼单自由度体系自由振动的位移时程曲线，如图 3-2 所示。可知，有阻尼自由振动的曲线是一条逐渐衰减的波动曲线。

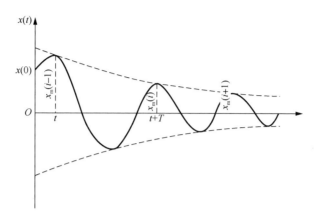

图 3-2 有阻尼状态下单自由度弹性体系的自由振动位移时程曲线

（2）自振周期与自振频率。当 $\zeta = 0$ 时，得到无阻尼单自由度体系自由振动位移表达式

$$x(t) = x(0)\cos\omega t + \frac{\dot{x}(0)}{\omega}\sin\omega t$$

由上式可知其为一周期函数，即如果给时间一个增量 $T = \dfrac{2\pi}{\omega}$，则位移 $x(t)$ 的数值不变，同时速度 $\dot{x}(t)$ 的数值也不变，也就是每隔一个 T 时间，质点又回到原来的运动状态。T 称为结构的自振周期，它是体系振动一次所需要的时间，单位为 s。

将式（3-2）代入 $T = \dfrac{2\pi}{\omega}$ 后得到

$$T = \frac{2\pi}{\omega} = 2\pi\sqrt{\frac{m}{K}} \tag{3-5}$$

自振周期的倒数即为单位时间内质点振动的次数，称为频率 f，即

$$f = \frac{1}{T} \tag{3-6}$$

频率 f 的单位为 1/s，或称为 Hz。

由式（3-5）和式（3-6）可得

$$\omega = \frac{2\pi}{T} \tag{3-7}$$

（3）方程的特解——杜哈曼（Duhamel）积分。设一荷载作用于单质点体系，荷载随时间的变化如图 3-3（a）所示。荷载 P 与其作用时间 Δt 的乘积称为冲量，当作用时间为瞬时 $\mathrm{d}t$ 时，则称 $P\mathrm{d}t$ 为瞬时冲量。根据动量定律，冲量等于动量的增量，即

$$P\mathrm{d}t = \dot{x}(t) - m\dot{x}(0)$$

设体系原先处于静止状态，则初速度 $\dot{x}(0) = 0$，故体系在瞬时冲量作用下获得的速度为

$$\dot{x}(t) = \frac{P\mathrm{d}t}{m}$$

而原本体系处于静止状态，故初位移 $x(0) = 0$。可以认为，在瞬时荷载作用后的瞬间，体系位移仍为零。这样，原来静止的体系在瞬时冲量的影响下将以初速度 $\dfrac{P\mathrm{d}t}{m}$ 做自由振动。根据自由振动的方程式，并令其中的 $x(0) = 0$ 和 $\dot{x}(0) = \dfrac{P\mathrm{d}t}{m}$，则可得到瞬时脉冲作用下单自由度体系的自由振动位移时程表达式［图 3-3（b）为时程曲线］，即

$$x(t) = \mathrm{e}^{-\zeta \omega t} \frac{P\mathrm{d}t}{m\omega'} \sin \omega' t \qquad (3\text{-}8)$$

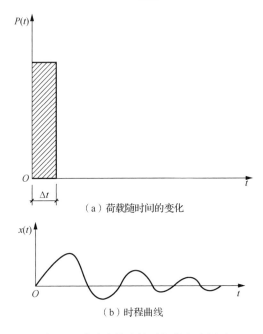

（a）荷载随时间的变化

（b）时程曲线

图 3-3　瞬时冲量及其引起的自由振动

　　运动方程（3-3）的特解就是质点由地震地面运动引起的强迫振动，因此可以从上述瞬时冲量的概念出发进行推导。将图 3-4（a）所示的地面运动加速度时程曲线看作由无穷多个连续作用的微分脉冲组成。图中的阴影部分就是一个微分脉冲，它在 $t = \tau - \mathrm{d}\tau$ 时刻开始作用在体系上，其作用时间为 $\mathrm{d}\tau$，大小为 $-\ddot{x}_\mathrm{g}(\tau)\mathrm{d}\tau$。在这一瞬时冲量作用下，质点的自由振动方程可由式（3-8）得到。只需将式中的 $P\mathrm{d}t$ 改为 $-\ddot{x}_\mathrm{g}(\tau)\mathrm{d}\tau$，并取 $m=1$，同时将 t 改为 $t-\tau$，即可得到体系由任意 $t = \tau$ 时刻的地面脉冲 $-\ddot{x}_\mathrm{g}(\tau)\mathrm{d}\tau$ 引起的自由振动

$$\mathrm{d}x(t) = \begin{cases} 0 & t < \tau \\ -\mathrm{e}^{-\zeta \omega (t-\tau)} \dfrac{\ddot{x}(\tau)\mathrm{d}\tau}{\omega'} \sin \omega'(t-\tau) & t \geqslant \tau \end{cases}$$

只要把这无穷多个脉冲作用后产生的自由振动叠加起来，即可求得体系在地震过程中的总位移反应，即对上式进行积分得

$$x(t) = \int_0^t \mathrm{d}x(t) = -\frac{1}{\omega'} \int_0^t \ddot{x}_\mathrm{g}(\tau) \mathrm{e}^{-\zeta \omega (t-\tau)} \sin \omega' t (t-\tau) \mathrm{d}\tau \qquad (3\text{-}9)$$

式（3-9）称为杜哈曼积分，它与式（3-4）之和构成了微分方程式（3-3）的通解，即

$$x(t) = \mathrm{e}^{-\zeta\omega(t-\tau)}\left[x(0)\cos\omega't + \frac{\dot{x}(0) + \zeta\omega x(0)}{\omega'}\sin\omega't \right]$$

$$-\frac{1}{\omega'}\int_0^t \ddot{x}_{\mathrm{g}}(\tau)\mathrm{e}^{-\zeta\omega(t-\tau)}\sin\omega't(t-\tau)\mathrm{d}\tau \qquad （3-10）$$

当体系初始处于静止状态时，其初位移 $x(0)$ 和初速度 $\dot{x}(0)$ 均等于零，则式（3-10）第一项自由振动项为零（即使体系初位移和初速度不为零，阻尼的存在使得体系自由振动很快衰减，通常也不需考虑此项），故杜哈曼积分式（3-9）即为单自由度体系地震位移反应的计算公式。考虑到实际工程结构阻尼比 ζ 很小，可近似取 $\omega' = \omega\sqrt{1-\zeta^2} \approx \omega$，故计算弹性体系的地震位移反应公式可写成

$$x(t) = -\frac{1}{\omega'}\int_0^t \ddot{x}_{\mathrm{g}}(\tau)\mathrm{e}^{-\zeta\omega(t-\tau)}\sin\omega(t-\tau)\mathrm{d}\tau \qquad （3-11）$$

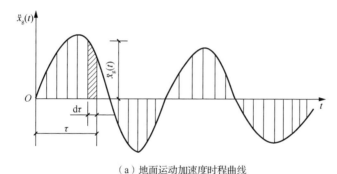

（a）地面运动加速度时程曲线

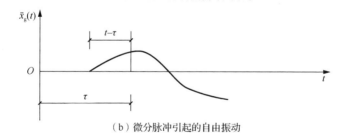

（b）微分脉冲引起的自由振动

图 3-4　有阻尼单自由度弹性体系地震作用下运动方程解答图示

3.2.2　单自由度弹性体系的水平地震作用及其反应谱

1. 单自由度弹性体系的水平地震作用

1）水平地震作用与地震加速度反应谱

当地面在地震作用下做水平运动时，作用于单自由度弹性体系质点上的惯性力 $-m[\ddot{x}_{\mathrm{g}}(t) + \ddot{x}(t)]$ 可以得到如下表达式

$$-m[\ddot{x}_{\mathrm{g}}(t) + \ddot{x}(t)] = Kx(t) + c\dot{x}(t)$$

上式等号右边的阻尼项相对于弹性恢复力项很小，可略去不计，故有

$$-m[\ddot{x}_g(t) + \ddot{x}(t)] = Kx(t) \tag{3-12}$$

这样，在地震作用下质点任一时刻的相对位移 $x(t)$ 将与该时刻的瞬时惯性力 $-m[\ddot{x}_g(t) + \ddot{x}(t)]$ 成正比。可以认为这一相对位移是由惯性力的作用引起的，虽然惯性力并不是真实作用于质点上的力，但惯性力对结构体系的作用和地震对结构体系的作用效果相当，所以通常把这一惯性力看作一种反映地震对结构体系影响的等效作用，称为水平地震作用。

由式（3-12）可知，水平地震作用是时间 t 的函数，可通过数值积分方法计算出在各个时刻的值。结构在地震过程中所受到的最大水平地震作用可以表示为

$$
\begin{aligned}
F &= \left| -m[\ddot{x}_g(t) + \ddot{x}(t)] \right|_{\max} \\
&= \left| Kx(t) \right|_{\max} \\
&= m\omega^2 \left| -\frac{1}{\omega'} \int_0^t \ddot{x}_g(\tau) e^{-\zeta\omega(t-\tau)} \sin\omega(t-\tau) d\tau \right|_{\max} \\
&= m\omega \left| \int_0^t \ddot{x}_g(\tau) e^{-\zeta\omega(t-\tau)} \sin\omega(t-\tau) d\tau \right|_{\max}
\end{aligned} \tag{3-13}
$$

令

$$
\begin{aligned}
a_{\max} &= \omega \left| \int_0^t \ddot{x}_g(\tau) e^{-\zeta\omega(t-\tau)} \sin\omega(t-\tau) d\tau \right|_{\max} \\
&= \frac{2\pi}{T} \left| \int_0^t \ddot{x}_g(\tau) e^{-\zeta\frac{2\pi}{T}(t-\tau)} \sin\frac{2\pi}{T}(t-\tau) d\tau \right|_{\max}
\end{aligned} \tag{3-14}
$$

式中：$a_{\max}$ ——单自由度弹性体系的最大绝对加速度。

若给定地震加速度记录和体系的阻尼比，则 $a_{\max}$ 是体系自振周期 T 的函数。以 T 为横坐标，以 $a_{\max}$ 为纵坐标可绘制出一条关系曲线，称这类曲线为地震加速度反应谱曲线（图 3-5）。

图 3-6 给出了不同场地条件下的平均加速度反应谱。

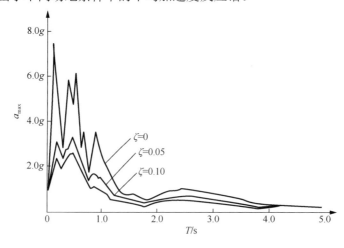

图 3-5 1940 年 El-Centro 地震加速度反应谱曲线

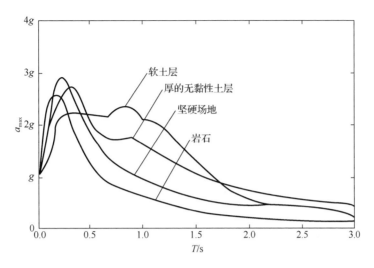

图 3-6　不同场地条件下的平均加速度反应谱 $\zeta = 0.05$

由式（3-13）和式（3-14）可知，水平地震作用的绝对最大值可表示为单自由度弹性体系的最大加速度 $a_{\max}$ 与质点质量 m 的乘积，即

$$F = ma_{\max} \tag{3-15}$$

利用地震加速度反应谱对结构进行地震作用计算，使得抗震计算这一动力问题转化为相当于静力荷载作用下的静力计算问题，这给结构地震反应分析带来了极大的简化。

2）地震系数、动力放大系数、水平地震影响系数

式（3-15）为计算水平地震作用的基本公式，为便于应用，在式中引入能表示地震动强弱的地面运动最大加速度 $\left| \ddot{x}_{\mathrm{g}}(t) \right|_{\max}$，而将其改写成如下形式：

$$F = ma_{\max} = mg \cdot \frac{\left| \ddot{x}_{\mathrm{g}}(t) \right|_{\max}}{g} \cdot \frac{a_{\max}}{\left| \ddot{x}_{\mathrm{g}}(t) \right|_{\max}} = Gk\beta = G\alpha \tag{3-16}$$

式中：G——重力荷载代表值；

k、β、α——地震系数、动力系数和水平地震影响系数。

G、k、β、α 都具有一定的工程意义，详述如下。

（1）重力荷载代表值 G。根据《建筑抗震设计规范（2016 年版）》（GB 50011—2010）规定，建筑的重力荷载代表值应取结构和配件自重标准值加上各可变荷载组合值，即

$$G = G_{\mathrm{k}} + \sum \psi_{Qi} Q_{ik} \tag{3-17}$$

式中：G_{k}——结构或构件的永久荷载标准值；

Q_{ik}——第 i 个可变荷载标准值；

ψ_{Qi}——第 i 个可变荷载的组合值系数。

（2）地震系数 k。地震系数指地面运动最大加速度与重力加速度的比值，即

$$k = \frac{\left|\ddot{x}_g(t)\right|_{max}}{g}$$

地震系数反映了该地区基本烈度的大小。根据统计分析，烈度每增加一度，地震系数 k 值大致增加一倍。

（3）动力放大系数 β。动力放大系数指单自由度弹性体系的最大加速度反应与地面运动最大加速度的比值，即

$$\beta = \frac{a_{max}}{\left|\ddot{x}_g(t)\right|_{max}} = \frac{1}{\left|\ddot{x}_g(t)\right|_{max}} \frac{2\pi}{T} \left| \int_0^t \ddot{x}_g(\tau) e^{-\zeta\frac{2\pi}{T}(t-\tau)} \sin\frac{2\pi}{T}(t-\tau) d\tau \right|_{max}$$

它是量纲为一的量，主要反映结构的动力效应，表示地震地面运动使得质点的最大绝对加速度比地面最大加速度放大了多少倍。用 β 作为纵坐标，以 T 作为横坐标，可绘制出一条 $\beta - T$ 曲线。它实际上就是相对于地面最大加速度的加速度反应谱，两者在形状上完全一致。

（4）水平地震影响系数 α。水平地震影响系数为单质点弹性体系在地震时以重力加速度为单位的质点最大加速度反应，即

$$\alpha = k\beta = \frac{\left|\ddot{x}_g(t)\right|_{max}}{g} \cdot \frac{a_{max}}{\left|\ddot{x}_g(t)\right|_{max}} = \frac{a_{max}}{g}$$

当基本烈度确定后，地震系数 k 为常数，α 仅随 β 值而变化。同样，$\alpha - T$ 曲线也与 $a_{max} - T$ 曲线的形状相同，只是纵坐标为 $\frac{a_{max}}{g}$。

2. 抗震设计反应谱

影响地震反应谱的因素很多，结构体系的阻尼、地震动的特性等都将影响地震反应谱曲线，并且地震是随机的，不同的加速度时程 $\ddot{x}_g(t)$ 可以算得不同的反应谱曲线。必须根据同一场地上所得到的大量强震地面运动加速度记录分别计算出相应的反应谱曲线，按照影响反应谱曲线形状的因素进行分类，然后按每种分类进行统计分析，求出其中最有代表性的平均反应谱曲线（通常称其为标准反应谱）。

抗震设计反应谱即是以标准反应谱为基础，基于可靠度理论而人为拟订的规则平滑反应谱。

1）地震影响系数谱曲线

GBJ 11—1989《建筑抗震设计规范》（简称《89 规范》）提出了反映地震和场地特征的地震影响系数 $\alpha - T$ 曲线。它是设计反应谱的具体表达，其周期范围是 0～3s，阻尼比为 0.05，适用于一般的砖石结构和钢筋混凝土结构。

2001 年我国对《89 规范》进行了修订，修订后的设计反应谱其范围由 3s 延伸到 6s，在 $5T_g$ 以内与《89 规范》相同，从 $5T_g$ 起改为倾斜下降段，斜率为 0.02，保持了规范的延续性，如图 3-7 所示。

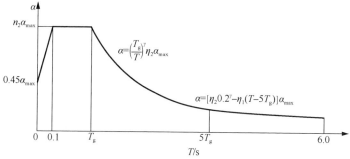

α_{max}—地震影响系数最大值；　α—地震影响系数；

η_1—直线下降段的下降斜率调整系数；　η_2—阻尼调整系数；

γ—衰减指数；　T_g—特征周期；　T—结构自振周期。

图 3-7　地震影响系数谱曲线

2）地震影响系数最大值 α_{max}

由 $\alpha = k\beta$ 知：当基本烈度确定后，地震系数 k 为常数，水平地震影响系数 α 仅随 β 值而变化。通过大量的计算分析表明，在相同阻尼比情况下，β 的最大值 β_{max} 的离散性不是很大。为简化计算，《建筑抗震设计规范（2016 年版）》（GB 50011—2010）取 $\beta_{max} = 2.25k$（对应 $\xi = 0.05$），进而有 $\alpha = k\beta_{max} = 2.25k$，由此可以得到水平影响系数最大值 α_{max} 与基本烈度的关系。

根据统计资料，多遇地震烈度比基本烈度低约 1.55 度，其对应的 k 值约为相应基本烈度 k 值的 1/3，相当于地震作用值乘以 0.35，从而得到用于第一阶段设计验算的水平地震影响系数最大值。而罕遇地震烈度比基本烈度高 1 度左右（在不同的基本烈度地区有所差别），其对应的 k 值相当于基本烈度对应 k 值的 1.5～2.2 倍，从而可以得到用于第二阶段设计验算的水平地震影响系数最大值。

在图 3-7 中，当自振周期 $T=0$ 时，结构视为一刚体，其最大反应加速度将与地面加速度相等，即 $\beta = 1$，故此时

$$\alpha = k = \frac{k\beta_{max}}{\beta_{max}} = \frac{\alpha_{max}}{2.25} = 0.45\alpha_{max}$$

即 $0.45\alpha_{max}$ 对应于 $\beta = 1$（不放大）时的地震动；α_{max} 对应于 $\beta = 2.25$ 时的地震动。

3）特征周期 T_g

宏观震害资料表明，在强震中距震中较远的高柔建筑，其震害比发生在同一地区的中、小地震中距震中较近的高柔建筑严重得多，这说明随着震源机制不同、震级大小、震中距远近的变化，在同样场地条件的反应谱形状有较大差别。

特征周期 T_g 是反应谱峰值拐点处的周期，反映了当结构的自振周期与场地自振周期相等或接近时，共振作用使得结构的地震反应放大。特征周期对应的反应谱的峰值位置与场地类别和震中距直接相关，在《89 规范》中，适当考虑了震级、震中距对谱形状的影响，区分为抗震设计近震和抗震设计远震两组地震影响系数曲线。我国新的地震动参数区划图已较好地考虑了地震震级大小、震中距和场地条件的影响，将同一类场地的反

应谱特征周期分为三个区。在《建筑抗震设计规范（2016 年版）》（GB 50011—2010）中分为三个组，分别为第一组、第二组和第三组。

特征周期 T_g 应根据场地类别和设计地震分组按表 3-1 采用。计算 8 度、9 度罕遇地震作用时，其值应增加 0.05s。

表 3-1　特征周期值 单位：s

设计地震分组	场地类别				
	I_0	I_1	II	III	IV
第一组	0.20	0.25	0.35	0.45	0.65
第二组	0.25	0.30	0.40	0.55	0.75
第三组	0.30	0.35	0.45	0.65	0.90

4）建筑结构地震影响系数曲线的阻尼调整和形状参数

（1）曲线下降段的衰减指数 γ 应按下式确定：

$$\gamma = 0.9 + \frac{0.05 - \zeta}{0.3 + 6\zeta}$$

（2）直线下降段的下降斜率调整系数 η_1 应按下式确定：

$$\eta_1 = 0.02 + \frac{0.05 - \zeta}{4 + 32\zeta}$$

当 $\eta_1 < 0$ 时，取 $\eta_1 = 0$。

（3）阻尼调整系数 η_2 应按下式确定：

$$\eta_2 = 1 + \frac{0.05 - \zeta}{0.08 + 1.6\zeta}$$

当 $\eta_2 < 0.55$ 时，取 $\eta_2 = 0.55$。

3.3　多自由度弹性体系的地震反应分析

在实际的建筑结构中，大量的多（高）层工业与民用建筑、工业厂房等，由于质量比较分散，都应简化为多自由度体系来分析，多自由度弹性体系的地震反应分析要比单自由度弹性体系复杂得多。本节将重点介绍两种基本方法：振型分解反应谱法和底部剪力法。

3.3.1　多自由度弹性体系的运动过程

对于大多数质量和刚度分布比较均匀和对称的多（高）层结构，往往不需要考虑地震作用转动分量的影响，只在结构的两个主轴方向分别考虑水平地震作用，所以，在单一方向水平地震作用下的一个 n 质点的结构体系自由度数为 n。

图 3-8 所示为多自由度体系在单向水平地震 $x_g(t)$ 作用下的变形示意图。取任意质点 i 为隔离体，m_i 为该质点的集中质量，则作用在其上的力有：惯性力 $f_{Ii}(t)$、弹性恢复力 $f_{ri}(t)$ 和阻尼力 $f_{ci}(t)$。

$$f_{1i}(t) = -m_i \left[\ddot{x}_i(t) + \ddot{x}_g(t) \right]$$

$$f_{ri}(t) = -\left[K_{i1}x_1(t) + K_{i2}x_2(t) + \cdots + K_{in}x_n(t) \right] = -\sum_{j=1}^{n} K_{ij}x_j(t)$$

$$f_{ci}(t) = -\left[C_{i1}\dot{x}_1(t) + C_{i2}\dot{x}_2(t) + \cdots + C_{in}\dot{x}_n(t) \right] = -\sum_{j=1}^{n} C_{ij}\dot{x}_j(t)$$

式中：$x_i(t)$、$\dot{x}_i(t)$、$\ddot{x}_i(t)$——质点 i 在 t 时刻相对于基础的位移、速度和加速度；

K_{ij}——刚度系数，即质点 i 产生单位侧移，而其他质点保持不动时，在质点 i 处引起的弹性反力；

C_{ij}——阻尼系数，即质点 i 产生单位速度，而其他质点保持不动时，在质点 i 处产生的阻尼力。

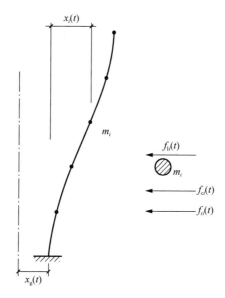

图 3-8 多自由度体系在单向水平地震作用下的变形示意图

根据达朗贝尔（d'Alembert）原理，以上作用在质点上的三种力在质点运动的任一瞬时都保持相互平衡，即

$$f_{1i}(t) + f_{ri}(t) + f_{ci}(t) = 0$$

进一步得到

$$m_i\ddot{x}_i(t) + \sum_{j=1}^{n} C_{ij}\dot{x}_j(t) + \sum_{j=1}^{n} K_{ij}x_j(t) = -m_i\ddot{x}_g(t)$$

体系有 n 个质点，可写出 n 个如上式的方程，将其组成微分方程组并用矩阵形式表示为

$$[M]\{\ddot{x}(t)\} + [C]\{\dot{x}(t)\} + [K]\{x(t)\} = -[M]\{I\}\ddot{x}_g(t) \qquad (3\text{-}18)$$

式中：$[M]$——质量矩阵，是一对角矩阵；

$[K]$、$[C]$——刚度矩阵和阻尼矩阵，两者均为 $n \times n$ 阶方阵；

$\{x(t)\}$、$\{\dot{x}(t)\}$、$\{\ddot{x}(t)\}$——各质点相对于基础的位移、速度和加速度的列矢量；

$\{I\}$——单位列矢量。

3.3.2 多自由度体系的自由振动

1. 自振周期及振型的计算

根据多自由度体系的自由振动分析可以得到体系的自振周期（自振频率）及相应的振型。由式（3-18）可以得到多自由度体系的无阻尼自由振动方程

$$[M]\{\ddot{x}(t)\} + [K]\{x(t)\} = 0 \tag{3-19}$$

设其解的形式为

$$\{x(t)\} = \{X\}\sin(\omega t + \phi)$$

式中：$\{X\}$——体系的振动幅值向量；

ϕ——初相角。

微分两次得到

$$\{\ddot{x}(t)\} = -\omega^2\{X\}\sin(\omega t + \phi) = -\omega^2\{x(t)\}$$

将 $\{x(t)\}$、$\{\ddot{x}(t)\}$ 的表达式代入式（3-19），因 $\sin(\omega t + \phi) \neq 0$，可以得到

$$([K] - \omega^2[M])\{X\} = 0 \tag{3-20}$$

由于体系振动过程中 $\{X\} \neq 0$（否则体系就不可能产生振动），因此，为了得到 $\{X\}$ 的非零解，根据线性代数理论，式（3-20）的系数行列式必须等于零，即

$$\left| [K] - \omega^2[M] \right| = \begin{vmatrix} K_{11} - \omega^2 m_1 & K_{12} & \cdots & K_{1i} & \cdots & K_{1n} \\ K_{21} & K_{22} - \omega^2 m_2 & \cdots & K_{2i} & \cdots & K_{2n} \\ \vdots & \vdots & & \vdots & & \vdots \\ K_{i1} & K_{i2} & \cdots & K_{ii} - \omega^2 m_i & \cdots & K_{in} \\ \vdots & \vdots & & \vdots & & \vdots \\ K_{n1} & K_{n2} & \cdots & K_{ni} & \cdots & K_{nn} - \omega^2 m_n \end{vmatrix} = 0 \tag{3-21}$$

式（3-21）称为体系的频率方程或特征方程。展开后是一个以 ω^2 为未知数的 n 次代数方程，求解可以得到方程的 n 个根（特征值），将其由小到大顺序地排列为 $\omega_1^2 < \omega_2^2 < \cdots < \omega_n^2$，即为体系的 n 个自振频率。利用式（3-5）可以求得 n 个自振周期，将其由大到小按顺序排列为 $T_2 > T_2 > \cdots > T_n$。自振频率 f 和自振周期 T 称为第一频率和第一周期（或基本频率和基本周期）。

将求得的自振频率值依次回代到式（3-20），便可得到对应于每一频率值时体系各质点的相对振幅值。在振动过程中的任意时刻，体系各个质点振幅之间的比例始终保持不变。用这些相对振幅值绘制的体系各质点的侧移曲线就是对应于该频率的主振型。

2. 主振型的正交性

多自由度弹性体系做自由振动时，各振型对应的频率各不相同，任意两个不同的振型之间存在着正交性。

（1）振型关于质量矩阵是正交的，即

$$\{X\}_j^{\mathrm{T}}[M]\{X\}_k = 0 \qquad (3\text{-}22)$$

式中：$\{X\}_j$——体系第 j 振型的振幅矢量；

$\{X\}_k$——体系第 k 振型的振幅矢量。

其物理意义是：某一振型在振动过程中所引起的惯性力不在其他振型上做功，这说明体系按某一振型做自由振动时不会激起该体系其他振型的振动。

当 $j=k$ 时，式（3-22）不等于零，可用 M_j^* 表示，称为体系第 j 振型的广义质量，则有

$$M_j^* = \{X\}_j^{\mathrm{T}}[M]\{X\}_j \qquad (3\text{-}23)$$

（2）振型关于刚度矩阵是正交的，即

$$\{X\}_j^{\mathrm{T}}[K]\{X\}_k = 0 \qquad \{j \neq k\} \qquad (3\text{-}24)$$

$[K]\{X\}_k$ 为体系阻尼振动时，在各质点处引起的弹性恢复力，式（3-24）表示该体系按 k 振型振动所引起的弹性恢复力在 j 振型位移上所做功之和等于零，即体系按某一振型振动时，它的势能不会转移到其他振型上去。

当 $j=k$ 时，式（3-24）不等于零，可用 K_j^* 表示，称为体系第 j 振型的广义刚度，则有

$$K_j^* = \{X\}_j^{\mathrm{T}}[K]\{X\}_j \qquad (3\text{-}25)$$

（3）振型关于阻尼矩阵是正交的，由于阻尼矩阵是质量矩阵和刚度矩阵的线性组合，运用振型关于质量和刚度矩阵的正交性原理，振型关于阻尼矩阵也是正交的，即

$$\{X\}_j^{\mathrm{T}}[C]\{X\}_k = 0 \qquad \{j \neq k\} \qquad (3\text{-}26)$$

同理，当 $j=k$ 时，可得 j 振型的广义阻尼 C_j^* 为

$$C_j^* = \{X\}_j^{\mathrm{T}}[C]\{X\}_j \qquad (3\text{-}27)$$

3. 振型分解

按照振型叠加原理，任一质点 m_i 在任一时刻的位移 $x_i(t)$ 可以通过振型的线性组合来表示，即

$$x_i(t) = \sum_{j=1}^n q_j(t) X_{ji} \qquad (3\text{-}28)$$

$q_j(t)$ 实际上表示在质点任一时刻的位移中第 j 振型所占的分量，称为第 j 振型的广义坐标，是以振型为坐标系的位移值，与 $x_i(t)$ 一样是时间的函数。

式（3-28）写成矩阵形式

$$\{x(t)\} = [X]\{q(t)\} \qquad (3\text{-}29a)$$

式中：

$$\{x(t)\} = \begin{Bmatrix} x_1(t) \\ x_2(t) \\ \vdots \\ x_i(t) \\ \vdots \\ x_n(t) \end{Bmatrix}, \quad \{q(t)\} = \begin{Bmatrix} q_1(t) \\ q_2(t) \\ \vdots \\ q_j(t) \\ \vdots \\ q_n(t) \end{Bmatrix}$$

$$[X] = \begin{Bmatrix} \{X\}_1 \\ \{X\}_2 \\ \vdots \\ \{X\}_i \\ \vdots \\ \{X\}_n \end{Bmatrix} = \begin{Bmatrix} X_{11} & X_{21} & \cdots & X_{j1} & \cdots & X_{n1} \\ X_{12} & X_{22} & \cdots & X_{j2} & \cdots & X_{n2} \\ \vdots & \vdots & \ddots & \vdots & \ddots & \vdots \\ X_{1i} & X_{2i} & \cdots & X_{j2} & \cdots & X_{ni} \\ \vdots & \vdots & \ddots & \vdots & \ddots & \vdots \\ X_{1n} & X_{2i} & \cdots & X_{jn} & \cdots & X_{nn} \end{Bmatrix}$$

同理，结构体系的速度列矢量、加速度列矢量可分别表示为

$$\{\dot{x}(t)\} = (X)\{\dot{q}(t)\} \tag{3-29b}$$

$$\{\ddot{x}(t)\} = [X]\{\ddot{q}(t)\} \tag{3-29c}$$

式（3-29）即为多自由度弹性体系的各种反应量按振型进行分解的表达式。

3.3.3 地震反应分析的振型分解法

将式（3-29）代入运动方程式（3-18），得到

$$[M][X]\{\ddot{q}(t)\} + [C][X]\{\dot{q}(t)\} + [K][X]\{q(t)\} = -[M]\{I\}\ddot{x}_g(t)$$

将上式等号两边各项左乘 $\{X\}_j^T$，得

$$\{X\}_j^T[M][X]\{\ddot{q}(t)\} + \{X\}_j^T[C][X]\{\dot{q}(t)\} + \{X\}_j^T[K][X]\{q(t)\}$$

$$= -\{X\}_j^T[M]\{I\}\ddot{x}_g(t) \tag{3-30}$$

根据振型关于质量矩阵、刚度矩阵和阻尼矩阵的正交性原理对式（3-30）进行化简，具体过程如下：

式（3-30）等号左边的第一项为

$$\{X\}_j^T[M][X]\{\ddot{q}(t)\} = \{X\}_j^T[M][\{X\}_1\{X\}_2 \cdots \{X\}_j \cdots \{X\}_n] \begin{Bmatrix} \ddot{q}_1(t) \\ \ddot{q}_2(t) \\ \vdots \\ \ddot{q}_j(t) \\ \vdots \\ \ddot{q}_n(t) \end{Bmatrix}$$

$$= \{X\}_j^T[M]\{X\}_1\ddot{q}_1(t) + \{X\}_j^T[M]\{X\}_2\ddot{q}_2(t) + \cdots$$

$$+ \{X\}_j^T[M]\{X\}_j\ddot{q}_j(t) + \cdots + \{X\}_j^T[M]\{X\}_n\ddot{q}_n(t)$$

可知上式中除了 $\{X\}_j^T[M]\{X\}_j\ddot{q}_j(t)$ 项以外，其余项均等于零，故得

$$\{X\}_j^T[M][X]\{\ddot{q}(t)\} = \{X\}_j^T[M]\{X\}_j\ddot{q}_j(t)$$

同理，式（3-30）等号左边第二项和第三项，利用振型对阻尼矩阵和刚度矩阵的正交性可写成

$$\{X\}_j^{\mathrm{T}}[C][X]\{\dot{q}(t)\} = \{X\}_j^{\mathrm{T}}[C]\{X\}_j\{\dot{q}_j(t)\}$$

$$\{X\}_j^{\mathrm{T}}[K][X]\{q(t)\} = \{X\}_j^{\mathrm{T}}[M]\{X\}_j q_j(t)$$

代回式（3-30），整理得到

$$\{X\}_j^{\mathrm{T}}[M]\{X\}_j \ddot{q}_j(t) + \{X\}_j^{\mathrm{T}}[C]\{X\}_j \dot{q}_j(t) + \{X\}_j^{\mathrm{T}}[M]\{X\}_j q_j(t)$$

$$= -\{X\}_j^{\mathrm{T}}[M]\{I\}_j \ddot{x}_{\mathrm{g}}(t)$$

再引入式（3-23）、式（3-25）、式（3-27）的广义质量、广义刚度和广义阻尼的符号，则上式可写成

$$M_j^* \ddot{q}_j(t) + C_j^* \dot{q}_j(t) + K_j^* q_j(t) = -\{X\}_j^{\mathrm{T}}[M]\{I\}_j \ddot{x}_{\mathrm{g}}(t) \tag{3-31}$$

广义阻尼、广义刚度与广义质量的关系为

$$\begin{cases} C_j^* = 2\zeta_j \omega_j M_j^* \\ K_j^* = \omega_j^2 M_j^* \end{cases} \tag{3-32}$$

式中：ζ_j——体系第 j 振型的阻尼比；

ω_j——体系第 j 振型的圆频率。

将式（3-32）代入式（3-31），并用 j 振型的广义质量除等式两端，得

$$\ddot{q}_j(t) + 2\zeta_j \omega_j \dot{q}_j(t) + \omega_j^2 q_j(t) = \frac{-\{X\}_j^{\mathrm{T}}[M]\{I\}}{\{X\}_j^{\mathrm{T}}[M]\{X\}_j} \ddot{x}_{\mathrm{g}}(t)$$

$$= -\gamma_j \ddot{x}_{\mathrm{g}}(t) \qquad (j = 1, 2, \cdots, n) \tag{3-33}$$

式中：γ_j—— j 振型的振型参与系数，表达式为

$$\gamma_j = \frac{\{X\}_j^{\mathrm{T}}[M]\{I\}}{\{X\}_j^{\mathrm{T}}[M]\{X\}_j} = \frac{\sum_{i=1}^{n} m_i X_{ji}}{\sum_{i=1}^{n} m_i X_{ji}^2} = \frac{\sum_{i=1}^{n} X_{ji} G_i}{\sum_{i=1}^{n} X_{ji}^2 G_i} \tag{3-34}$$

γ_j 实际上是当各质点位移 $x_1 = x_2 = \cdots = x_j = \cdots = x_n = 1$ 时的 q_j 值，满足以下关系式

$$\sum_{j=1}^{n} \gamma_j X_{ji} = 1 \qquad (j = 1, 2, \cdots, n) \tag{3-35}$$

在式（3-33）中，依次取 $j = 1, 2, \cdots, n$，可得 n 个独立微分方程，即在每一方程中仅含有一个未知量 q_j，由此可分别解得 $q_1, q_2, \cdots, q_n$。可以看到，式（3-33）与单自由度体系在地震作用下的运动微分方程式（3-3）在形式上基本相同，只是等号右边多了一个系数 γ_j，所以方程式（3-33）的解可以比照方程式（3-3）的解写出

$$q_j(t) = -\frac{\gamma_j}{\omega} \int_0^t \ddot{x}_{\mathrm{g}}(t)_{\max} \mathrm{e}^{-\zeta_j \omega_j(t-\tau)} \sin \omega_j(t-\tau) \mathrm{d}\tau \tag{3-36}$$

或

$$q_j(t) = \gamma_j \Delta_j(t) \tag{3-37}$$

式中:

$$\Delta_j(t) = -\frac{1}{\omega} \int_0^t \ddot{x}_g(t)_{\max} \mathrm{e}^{-\zeta_j \omega_j(t-\tau)} \sin \omega_j(t-\tau) \mathrm{d}\tau \qquad （3-38）$$

$\Delta_j(t)$ 即相当于阻尼比为 ζ_j、自振频率为 ω_j 的单自由度弹性体系在地震作用下的位移反应。

将式（3-36）代入式（3-28），得

$$x_i(t) = \sum_{j=1}^n q_j(t) X_{ji} = \sum_{j=1}^n \gamma_j \Delta_j(t) X_{ji} \qquad （3-39）$$

由式（3-39）可知，多自由度弹性体系在地震作用下任一质点的水平位移 $x_i(t)$ 可通过分解为各阶振型的地震反应来求解，故称振型分解法。

3.4　多自由度弹性体系的大地震反应与水平地震作用

3.4.1　振型分解反应谱法

多自由度弹性体系在地震时质点所受的惯性力就是质点的地震作用，因此质点 i 上的水平地震作用可表示为

$$F_i(t) = -m_i[\ddot{x}_g(t) + \ddot{x}_i(t)] \qquad （3-40）$$

由式（3-35）知 $\sum_{j=1}^n \gamma_j X_{ji} = 1$，故 $\ddot{x}_g(t)$ 可以写成如下形式:

$$\ddot{x}_g(t) = \sum_{j=1}^n \gamma_j \ddot{x}_g(t) X_{ji}$$

将上式及式（3-39）代入式（3-40），得

$$F_i(t) = -m_i \sum_{j=1}^n \gamma_j X_{ji}[\ddot{x}_g(t) + \ddot{\Delta}_j(t)] \qquad （3-41）$$

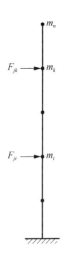

图 3-9　j 振型水平地震作用

$F_i(t)$ 的最大值即为作用在体系上的最大水平地震作用，但计算 $\left|F_i(t)\right|_{\max}$ 比较繁杂，工程中通常采用的方法是先求出对应于每一振型的最大地震作用及其相应的地震作用效应，然后将这些效应进行组合。具体计算过程如下。

作用在第 j 振型第 i 质点上的地震作用（图 3-9）最大值为

$$F_{ji} = \left|F_{ji}(t)\right|_{\max} = m_i \gamma_j X_{ji} \left|\ddot{x}_g(t) + \ddot{\Delta}_j(t)\right|_{\max} = m_i \gamma_j X_{ji} a_{\max}(\zeta_j, \omega_j) \qquad （3-42）$$

将 $\alpha_j = a_{\max}(\zeta_j, \omega_j) / g$ 和 $G_i = m_i g$ 代入式（3-42），得到利用振型分解反应谱法求解 j 振型 i 质点的水平地震作用标准值的计算公式:

的地震作用。

由式（3-47）可得

$$\alpha_1 \gamma_1 \eta = \frac{F_{Ek}}{\sum_{i=1}^{n} H_i G_i}$$

代入式（3-46），得

$$F_i = \frac{H_i G_i}{\sum_{i=1}^{n} H_i G_i} F_{Ek} \qquad （3-50）$$

需要注意的是，由于上述公式表达的地震作用分布仅考虑了第一振型的影响，故仅适用于基本周期 $T_1 \leqslant 1.4 T_g$（T_g 为特征周期）的结构。通过大量的地震反应动力分析发现，当结构基本周期 $T_1 > 1.4 T_g$ 时，按式（3-50）计算得到的结构顶部地震剪力偏小，这是高阶振型对结构反应的影响主要体现在结构上部的缘故，因此对于基本周期 $T_1 > 1.4 T_g$ 的结构必须考虑到高阶振型的影响，对式（3-50）进行调整。《建筑抗震设计规范（2016年版）》（GB 50011—2010）规定取顶部附加水平地震作用 ΔF_n 作为集中的水平力加在结构的顶部来加以修正（图 3-11）：

$$\Delta F_n = \delta_n F_{Ek} \qquad （3-51）$$

式中：δ_n——顶部附加地震作用系数，对于多层钢筋混凝土房屋和钢结构房屋，δ_n 可根据特征周期 T_g 及结构基本周期 T_1 由表 3-2 确定；对于多层内框架砖房可取 $\delta_n = 0.2$，其他房屋可采用 0.0。

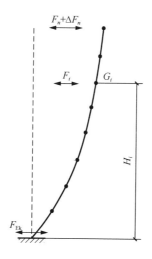

图 3-11 顶部附加水平地震作用修正

表 3-2　顶部附加地震作用系数

T_{g} /s	$T_1 > 1.4T_{\mathrm{g}}$	$T_1 < 1.4T_{\mathrm{g}}$
≤0.35	$0.08\,T_1 + 0.07$	
0.35～0.55	$0.08\,T_1 + 0.01$	0.0
>0.55	$0.08\,T_1 - 0.02$	

这样，修正后质点 i 的水平地震作用就成为

$$F_i = \frac{H_i G_i}{\sum\limits_{i=1}^{n} H_i G_i} F_{\mathrm{Ek}}\left(1 - \delta_n\right) \tag{3-52}$$

此时，结构的底部总剪力仍按式（3-49）计算。进而，可以确定各层层间剪力为

$$\begin{cases} V_1 = F_{\mathrm{Ek}} \\ V_i = \sum\limits_{j=i}^{n} F_j + \Delta F_n \end{cases}$$

底部剪力法适用于重量和刚度沿高度分布比较均匀的结构。当建筑物顶部有突出屋面的小建筑（如屋顶间、女儿墙、烟囱等）时，应将上述附加的集中水平地震作用 ΔF_n 置于主体房屋的顶层，而不应置于小建筑的顶部，且由于该部分的重量和刚度突然变小，将产生鞭梢效应，使其地震反应特别强烈，其程度取决于突出物与建筑物的质量比、刚度比及场地条件。为简化计算，《建筑抗震设计规范（2016 年版）》（GB 50011—2010）规定，计算这类小建筑的地震效应时宜乘以增大系数 3，且此增大部分不应往下传递。

3.4.3　结构基本周期的近似计算

多自由度体系的自振周期及相应的振型可通过频率方程 $\left|[K] - \omega^2 [M]\right| = 0$ 求得，但当结构的自由度较多（超过 3 个）时，手算就过于繁杂了。为此，在实际工程计算中常采用一些近似方法。而在利用底部剪力法计算水平地震作用时，仅需要知道结构的基本周期即可，本节将介绍两种常用的求解结构基本周期的近似方法：能量法和顶点位移法。

1. 能量法

能量法也称为瑞利（Rayleigh）法。此法的理论基础是能量守恒原理，即一个无阻尼的弹性体系自由振动时，任一时刻的动能与变形位能之和保持不变。

设一 n 质点体系在自由振动时，其中任一质点 i 的瞬时位移和瞬时速度分别为

$$x_i(t) = X_i \sin(\omega t + \varphi)$$
$$\dot{x}_i(t) = X_i \omega \cos(\omega t + \varphi)$$

故体系动能为

$$T = \frac{1}{2}\sum_{i=1}^{n} m_i \dot{x}_i^2(t) = \frac{1}{2}\omega^2 \cos^2(\omega t + \varphi)\sum_{i=1}^{n} m_i X_i^2$$

变形能为

$$U = \frac{1}{2}\sum_{i=1}^{n} K_i \dot{x}_i^2(t) = \frac{1}{2}\sin^2(\omega t + \varphi)\sum_{i=1}^{n} K_i X_i^2$$

最大动能为

$$T_{max} = \frac{\omega^2}{2}\sum_{i=1}^{n} m_i X_i^2$$

最大变形能为

$$U_{max} = \frac{1}{2}\sum_{i=1}^{n} K_i X_i^2$$

为简化计算，通常近似取当重力荷载水平作用于质点上时的结构变形曲线作为结构的一阶振型，即 $X_i \approx \Delta_i$。故体系的最大动能和最大变形能可以表示为

$$T_{max} = \frac{\omega^2}{2}\sum_{i=1}^{n} m_i \Delta_i^2 \tag{3-53}$$

$$U_{max} = \frac{1}{2}\sum_{i=1}^{n} m_i g \Delta_i \tag{3-54}$$

式中：Δ_i——当重力荷载水平作用于结构上时，第 i 层产生的水平位移。

在结构振动过程中，当位移达到最大时，其变形能达到最大值 U_{max}，而此时动能为零；当结构到达静平衡位置时，动能达到最大值 T_{max}，此时变形能为零。根据能量守恒原理，有

$$T_{max} = U_{max}$$

即

$$\frac{\omega^2}{2}\sum_{i=1}^{n} m_i \Delta_i^2 = \frac{1}{2}\sum_{i=1}^{n} m_i g \Delta_i$$

由上式可以求出 ω，进而确定结构的基本周期为

$$T_1 = \frac{2\pi}{\omega} = 2\pi\sqrt{\frac{\sum_{i=1}^{n} m_i \Delta_i^2}{\sum_{i=1}^{n} m_i g \Delta_i}} \approx 2\sqrt{\frac{\sum_{i=1}^{n} G_i \Delta_i^2}{\sum_{i=1}^{n} G_i \Delta_i}}$$

上述能量法中采用了近似的振型曲线来计算基本周期，因此所得的基本周期值也是近似的。

2. 顶点位移法

顶点位移法是利用均匀分布重力荷载水平作用下的结构顶点位移来确定体系基本周期的一种近似方法。

图 3-12（a）所示为一质量均匀的悬臂直杆，其单位长度的重力荷载为 q。当悬臂直杆发生弯曲振动时，其基本周期可表示为

$$T_b = 1.78\sqrt{\frac{qH^4}{gEI}}$$

当悬臂直杆发生剪切振动时，其基本周期可表示为

$$T_{\mathrm{b}} = 1.78\sqrt{\frac{\xi q H^2}{GA}}$$

式中：EI、GA——杆的弯曲刚度和剪切刚度；

　　　　ξ——切应力分布不均匀系数。

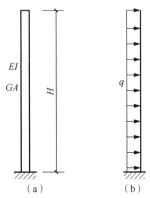

悬臂直杆在均布重力荷载水平作用下[图 3-12（b）]，发生弯曲变形时的顶点位移为 $\Delta_{\mathrm{b}} = \dfrac{qH^4}{8EI}$，发生剪切变形时的顶点位移为 $\Delta_{\mathrm{s}} = \dfrac{\xi q H^2}{2GA}$，则可得到杆分别按弯曲振动和剪切振动时用顶点位移表示的基本周期计算公式：

$$T_{\mathrm{b}} = 1.6\sqrt{\Delta_{\mathrm{b}}} \qquad\qquad (3\text{-}55)$$

$$T_{\mathrm{s}} = 1.8\sqrt{\Delta_{\mathrm{s}}} \qquad\qquad (3\text{-}56)$$

若杆按弯曲剪切振动，顶点位移为 Δ，则基本周期可按下式计算：

$$T = 1.7\sqrt{\Delta} \qquad\qquad (3\text{-}57)$$

图 3-12　顶点位移法计算基本周期

以上各公式中，顶点位移的单位为 m，周期的单位为 s。对于一般多层框架结构，只要求得框架在集中楼（屋）盖的重力荷载水平作用时的顶点位移，即可求出其基本周期值。

3. 基本周期的修正

在按能量法和顶点位移法求解基本周期时，没有考虑非承重构件（如填充墙）对结构刚度的影响，这将使得理论计算的周期偏大，导致地震作用偏小而趋于不安全。因此，为使计算结果更接近实际情况，应对理论分析结果进行折减，对式（3-54）和式（3-57）分别乘以折减系数，得到

$$T_1 = 2\psi_T \sqrt{\frac{\displaystyle\sum_{i=1}^{n} G_i \Delta_i^2}{\displaystyle\sum_{i=1}^{n} G_i \Delta_i}}$$

$$T = 1.7\psi_T \sqrt{\Delta}$$

式中：ψ_T——考虑非承重构件影响的周期折减系数，框架结构取 0.6～0.7，框架-抗震墙结构取 0.7～0.8，抗震墙结构取 1.0。

3.5　竖向地震作用的计算

地震时，地面运动的竖向分量引起建筑物的竖向振动。震害调查表明，在高烈度区，竖向地震作用的影响十分明显，尤其是对高柔结构。因此，《建筑抗震设计规范（2016

年版）》（GB 50011—2010）规定，8 度、9 度时的大跨度结构和长悬臂结构，以及 9 度时的高层建筑，应考虑竖向地震作用的影响。竖向地震作用的计算应根据结构的不同类型选用不同的计算方法：对于高层建筑、烟囱和类似的高耸结构，可采用反立谱法；对于平板网架、大跨度结构及长悬臂结构，一般采用静力法。

3.5.1　高层建筑和高耸结构的竖向地震作用计算

分析表明，高层建筑和高耸结构的竖向自振周期很短，其反应以第一振型为主，且该振型接近倒三角形，如图 3-13 所示。因此，竖向地震作用的简化计算可采用类似于水平地震作用计算的底部剪力法，先求出总竖向地震作用，然后在各质点上分配。故可得

$$F_{Evk} = \alpha_{vmax} G_{eq} \tag{3-58}$$

$$F_{vi} = \frac{G_i H_i}{\sum\limits_{j=1}^{n} G_j H_j} F_{Evk} \tag{3-59}$$

式中：F_{Evk} ——结构总竖向地震作用标准值；

　　　F_{vi} ——质点 i 的竖向地震作用标准值；

　　　α_{vmax} ——竖向地震影响系数的最大值，可取水平地震影响系数最大值的 65%；

　　　G_{eq} ——结构等效总重力荷载，可取其重力荷载代表值的 75%。其余符号意义同前。

对于 9 度时的高层建筑，楼层的竖向地震作用效应可按各构件承受的重力荷载代表值的比例分配，并宜乘以增大系数 1.5。这主要是根据中国台湾"9·21"大地震的经验而提出的要求，目的是使结构总竖向地震作用标准值在 8 度和 9 度时分别略大于重力荷载标准值的 10% 和 20%。

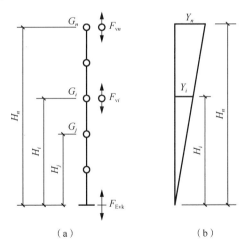

图 3-13　竖向地震作用与倒三角形振型简图

3.5.2　大跨度结构和长悬臂结构的竖向地震作用计算

研究表明，对于平板型网架、大跨度屋盖、长悬臂结构等大跨度结构的各主要构件，其竖向地震作用产生的内力与重力荷载作用下的内力比值比较稳定，因而可认为竖向地

震作用的分布与重力荷载的分布相同。因此,对于跨度小于 120m 的平板型网架屋盖和跨度大于 24m 的屋架、屋盖横梁及托架的竖向地震作用标准值,可用静力法计算,即

$$F_v = \alpha_{v\,max} G \qquad (3-60)$$

式中: F_v ——竖向地震作用标准值;

$\alpha_{v\,max}$ ——竖向地震作用系数,按表 3-3 采用;

G ——重力荷载代表值。

表 3-3　竖向地震作用系数 $\alpha_{v\,max}$

结构类型	烈度	场地类别		
		I	II	III、IV
平板型网架、钢屋架	8	可不计算（0.10）	0.08（0.12）	0.10（0.15）
	9	0.15	0.15	0.20
钢筋混凝土屋架	8	0.10（0.15）	0.13（0.19）	0.13（0.19）
	9	0.20	0.25	0.25

注: 括号中数值用于设计基本地震加速度为 0.30g 的地区。

除了上述高层建筑、高耸结构和屋盖结构外,对于长悬臂和其他大跨度结构在考虑竖向地震作用时,其竖向地震作用标准值仍可按式（3-60）计算,但烈度为 8 度和 9 度时, $\alpha_{v\,max}$ 分别为 0.10 和 0.20;设计基本地震加速度为 0.30g 时, $\alpha_{v\,max}$ 可取 0.15。

大跨度空间结构的竖向地震作用,还可按竖向振型分解反应谱法计算。其竖向地震影响系数可取水平地震影响系数的 65%,但特征周期可均按设计第一组采用。

3.6　结构抗震验算

为了实现"小震不坏,中震可修,大震不倒"的三水准抗震设防目标,《建筑抗震设计规范（2016 年版）》（GB 50011—2010）对建筑结构抗震采用了两阶段设计方法,其中包括结构构件截面抗震承载力和结构抗震变形验算。同时,《建筑抗震设计规范（2016 年版）》（GB 50011—2010）要求,结构抗震验算时应符合下列规定:

（1）6 度时的建筑（不规则建筑及建造于 IV 类场地上较高的高层建筑除外）,以及生土房屋和木结构房屋等,应允许不进行截面抗震验算,但应符合有关的抗震措施要求。

（2）6 度时不规则建筑及建造于 IV 类场地上较高的高层建筑（7 度和 7 度以上的建筑结构生土房屋和木结构房屋等除外）,应进行多遇地震作用下的截面抗震验算。

3.6.1　截面抗震验算

截面抗震验算应根据可靠度理论的分析结果,采用多遇地震时的地震作用效应与其他荷载效应组合的多系数表达式来进行结构构件的抗震承载力验算,具体按下式计算:

$$S = \gamma_G S_{GE} + \gamma_{Eh} S_{Ehk} + \gamma_{Ev} S_{Evk} + \psi_w \gamma_w S_{wk} \qquad (3-61)$$

式中: S ——结构构件内力（弯矩、轴力和剪力）组合的设计值;

γ_{G}——重力荷载分项系数，一般情况下采用 1.2，但当重力荷载效应对构件承载力有利时，不应大于 1.0；

γ_{Eh}、γ_{Ev}——水平、竖向地震作用分项系数，按表 3-4 采用；

γ_{w}——风荷载分项系数，应采用 1.4；

S_{GE}——重力荷载代表值的效应,但有吊车时,还应包括悬挂物重力标准值的效应；

S_{Ehk}——水平地震作用标准值的效应，还应乘以相应的增大系数或调整系数；

S_{Evk}——竖向地震作用标准值的效应，还应乘以相应的增大系数或调整系数；

S_{wk}——风荷载标准值的效应；

ψ_{w}——风荷载组合值系数，一般结构取 0.0,风荷载起控制作用的建筑应采用 0.2。

表 3-4　地震作用分项系数

地震作用	γ_{Eh}	γ_{Ev}
仅计算水平地震作用	1.3	0.0
仅计算竖向地震作用	0.0	1.3
同时计算水平与竖向地震作用（水平地震为主）	1.3	0.5
同时计算水平与竖向地震作用（竖向地震为主）	0.5	1.3

多遇地震作用下的构件截面抗震承载力验算，应按下式进行：

$$S \leqslant \frac{R}{\gamma_{RE}} \tag{3-62}$$

式中：R——结构构件承载力设计值；

γ_{RE}——承载力抗震调整系数，用以反映不同材料、不同受力状态的结构或构件所具有的不同抗震可靠度指标，除另有规定外，应按表 3-5 选用。当仅考虑竖向地震作用时，对各类构件均取 $\gamma_{RE}=1.0$。

表 3-5　承载力抗震调整系数

材料	结构构件	受力状态	γ_{RE}
钢	柱、梁、支撑、节点板件、螺栓、焊缝柱、支撑	强度	0.75
		稳定	0.80
砌体	两端均有构造柱、芯柱的抗震墙	受剪	0.9
	其他抗震墙	受剪	1.0
混凝土	梁	受弯	0.75
	轴压比小于 0.15 的柱	偏压	0.75
	轴压比不小于 0.15 的柱	偏压	0.80
	抗震墙	偏压	0.85
	各类构件	受剪、偏拉	0.85

3.6.2　抗震变形验算

结构抗震变形验算包括多遇地震作用下结构的弹性变形验算和罕遇地震作用下结

构的弹塑性变形验算。前者属于第一阶段的抗震设计要求，后者属于第二阶段的抗震设计要求。

1. 水平多遇地震作用下结构的弹性变形验算

在多遇地震作用下，结构一般不发生承载力破坏而保持弹性状态，抗震变形验算是为了保证结构弹性侧移在允许范围内，以防止围护墙、隔墙和各种装修等出现过重的损坏。根据各国规范的规定、震害经验、实验研究结果及工程实例分析，采用层间位移角作为衡量结构变形能力是否满足建筑功能要求的指标是合理的。因此，《建筑抗震设计规范（2016 年版）》（GB 50011—2010）规定，各类结构在其楼层内最大的弹性层间位移应符合下式要求：

$$\Delta u_e \leq [\theta_e]h \tag{3-63}$$

式中：　Δu_e——多遇地震作用标准值产生的楼层内最大的弹性层间位移。计算时，除了以弯曲变形为主的高层建筑外，可不扣除结构整体弯曲变形；应计入扭转变形，各作用分项系数均应采用 1.0；钢筋混凝土结构构件的截面刚度可采用弹性刚度。

$[\theta_e]$——弹性层间位移角限值，按表 3-6 采用。

h——计算楼层层高。

表 3-6　弹性层间位移角限值

结构类型	$[\theta_e]$
钢筋混凝土框架	1/550
钢筋混凝土框架-抗震墙、板柱-抗震墙、框架-核心筒	1/800
钢筋混凝土抗震墙、筒中筒	1/1000
钢筋混凝土框支层	1/1000
多、高层钢结构	1/250

2. 水平罕遇地震作用下结构的弹塑性变形验算

结构抗震设计要求，在罕遇地震作用下，结构不发生倒塌。水平罕遇地震的地面运动加速度峰值一般是多遇地震的 4～6 倍，所以在多遇地震烈度下处于弹性阶段的结构，在水平罕遇地震烈度下将进入弹塑性阶段，结构接近或达到屈服。此时，结构的承载能力已不能满足抵抗大震的要求，而是依靠结构的延性（即塑性变形能力）来吸收和耗散地震输入结构的能量。若结构的变形能力不足，势必会由于薄弱层（部位）弹塑性变形过大而发生倒塌。因此，为了满足"大震不倒"的要求，需进行罕遇地震作用下结构的弹塑性变形验算。

1）验算范围

由于大震作用下，结构的弹塑性变形并不是均匀分布在每个楼层上，而是主要分布在结构的薄弱层或薄弱部位，这些地方在大震作用下一般首先屈服，产生较大的弹塑性变形，严重时会发生倒塌破坏，这应该避免。为此，《建筑抗震设计规范（2016 年版）》

（GB 50011—2010）规定，下列结构应进行罕遇地震作用下薄弱层（部位）的弹塑性变形验算：

（1）8 度Ⅲ、Ⅳ类场地和 9 度时，高大的单层钢筋混凝土柱厂房的横向排架。

（2）7～9 度时楼层屈服强度系数小于 0.5 的钢筋混凝土框架结构和钢框架结构。

（3）高度大于 150m 的结构。

（4）甲类建筑和 9 度时乙类建筑中的钢筋混凝土结构和钢结构。

（5）采用隔震和消能减震设计的结构。

另外，《建筑抗震设计规范（2016 年版）》（GB 50011—2010）还规定，对下列结构宜进行罕遇地震作用下薄弱层的弹塑性变形验算：

（1）7 度时Ⅲ、Ⅳ类场地和 8 度时乙类建筑中的钢筋混凝土结构和钢结构。

（2）板柱-抗震墙结构和底部框架砌体房屋。

（3）高度不大于 150m 的其他高层钢结构。

（4）不规则的地下建筑结构及地下空间综合体。

2）验算方法

结构在罕遇地震作用下的弹塑性变形计算是一个比较复杂的问题，且计算工作量较大。因此，《建筑抗震设计规范（2016 年版）》（GB 50011—2010）建议，验算结构在罕遇地震作用下薄弱层（部位）弹塑性变形时，可采用下列方法：

（1）不超过 12 层且层间刚度无突变的钢筋混凝土框架结构和框排架结构、单层钢筋混凝土柱厂房可采用"3）简化计算方法"。

（2）除上述第（1）款以外的建筑结构，可采用静力弹塑性分析方法或弹塑性时程分析法等。

（3）规则结构可采用弯剪层模型或平面杆系模型，不规则结构应采用空间结构模型。

3）简化计算方法

按简化方法计算时，首先需要确定结构薄弱层（部位）的位置。

（1）楼层屈服强度系数与结构薄弱层（部位）的确定。楼层屈服强度系数，是指按钢筋混凝土构件实际配筋和材料强度标准值计算的楼层受剪承载力和按罕遇地震作用计算的楼层弹性地震剪力的比值；对排架柱，指按实际配筋面积、材料强度标准值和轴向力计算的正截面受弯承载力与按罕遇地震作用计算的弹性地震弯矩的比值。

楼层屈服强度系数按下式计算：

$$\xi_y(i) = \frac{V_y(i)}{V_e(i)} \tag{3-64}$$

式中：$\xi_y(i)$——第 i 层的楼层屈服强度系数；

　　　$V_y(i)$——按构件实际配筋和材料强度标准值计算的第 i 层受剪承载力；

　　　$V_e(i)$——罕遇地震作用下弹性分析所得的第 i 层弹性地震剪力。

楼层屈服强度系数 ξ_y 反映了结构的楼层实际承载能力与该楼层所受弹性地震剪力的相对关系。计算分析表明，罕遇地震作用下对于 ξ_y 沿高度分布不均匀的结构，其 ξ_y 最小或相对较小的楼层（称为结构的薄弱层或薄弱部位），往往首先屈服并形成较大的弹塑性层间位移（Δ），而其他楼层的层间位移相对较小且接近弹性反应的计算结果，如

图 3-14 所示。因此，在抗震设计中，只要控制好结构的薄弱层或薄弱部位在罕遇地震作用下的弹塑性变形，就能实现抗震设防的目标。

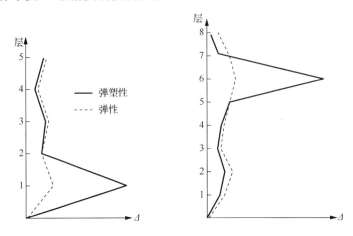

图 3-14　结构在罕遇地震作用下的层间变形分布

另外，《建筑抗震设计规范（2016 年版）》（GB 50011—2010）规定，对于 ξ_y 沿高度分布均匀的结构，薄弱层（部位）可取底层；对于 ξ_y 沿高度分布不均匀的结构，薄弱层（部位）可取在 ξ_y 为最小的楼层（部位）和相对较小的楼层（部位），一般不超过 3 处；对于单层厂房，薄弱层（部位）可取上柱。

（2）薄弱层（部位）弹塑性层间位移的简化计算。薄弱层（部位）弹塑性层间位移 Δu_p 可由罕遇地震作用下按弹性分析的层间位移 Δu_e 乘以弹塑性层间位移增大系数 η_p 计算：

$$\Delta u_p = \eta_p \Delta u_e \tag{3-65}$$

$$\Delta u_e = \frac{V_e}{k} \tag{3-66}$$

式中：V_e——罕遇地震作用下薄弱层（部位）的弹性地震剪力；

　　　k——薄弱层（部位）的层间弹性剪切刚度；

　　　η_p——弹塑性层间位移增大系数。当薄弱层（部位）的屈服强度系数 ξ_y 不小于相邻层（部位）该系数平均值的 0.8 时，按表 3-7 选用；当不大于该平均值的 0.5 时，可按表内相应数值的 1.5 倍选用；其他情况可采用内插法取值。

表 3-7　弹塑性层间位移增大系数

结构类型	总层数 n 或部位	ξ_y		
		0.5	0.4	0.3
多层均匀框架结构	2～4	1.30	1.40	1.60
	5～7	1.50	1.65	1.80
	8～12	1.80	2.00	2.20
单层厂房	上柱	1.30	1.60	2.00

（3）薄弱层（部位）的抗震变形验算。《建筑抗震设计规范（2016 年版）》（GB 50011—2010）要求，结构薄弱层（部位）的弹塑性层间位移应符合下式要求：

$$\Delta u_p \leqslant [\theta_p]h \tag{3-67}$$

式中：$[\theta_p]$——弹塑性层间位移角限值；

　　　　h——薄弱层（部位）的楼层高度或单层厂房上柱高度。

弹塑性层间位移角限值 $[\theta_p]$ 可按表 3-8 选用。对于钢筋混凝土框架结构，当轴压比小于 0.40 时，可提高 10%；当柱子全高的箍筋构造比《建筑抗震设计规范（2016 年版）》（GB 50011—2010）规定的体积配箍率大 30%时，可提高 20%，但累计不超过 25%。

表 3-8　弹塑性层间位移角限值

结构类型	$[\theta_p]$
单层钢筋混凝土柱排架	1/30
钢筋混凝土框架	1/50
底部框架砌体房屋中的框架-抗震墙	1/100
钢筋混凝土框架-抗震墙、板柱-抗震墙、框架-核心筒	1/100
钢筋混凝土抗震墙、筒中筒	1/120
多、高层钢结构	1/50

思　考　题

1. 简述结构地震反应的概念。
2. 简述单自由度弹性体系运动方程的建立过程。
3. 影响反应谱的因素有哪些？如何设计反应谱？
4. 简述多自由度弹性体系的运动过程。
5. 哪些结构需进行竖向地震作用计算？简述其计算方法。
6. 结构的抗震变形验算包括哪些内容？哪些结构应进行罕遇地震作用下薄弱层的弹塑性变形验算？

第4章 钢结构抗震设计

4.1 钢结构震害特点及其分析

4.1.1 钢结构建筑的震害特点

同混凝土结构相比，钢结构具有优越的强度、韧性或延性、强度重量比，总体上看，抗震性能好、抗震能力强。尽管如此，由于焊接、连接、冷加工等工艺技术及腐蚀环境的影响，钢材的性能将受到影响。如果在设计、施工、维护等方面出现问题，就会造成损害或破坏。震害调查表明（表4-1），钢结构出现倒塌破坏的情况较少，主要震害表现为节点连接的破坏、构件的破坏及结构的整体倒塌三种形式。

表 4-1 唐山钢铁厂震害调查资料

结构形式	统计参数		
	总建筑面积/万 m²	倒塌和严重破坏比例/%	中等破坏比例/%
钢结构	3.67	0	9.3
钢筋混凝土结构	4.06	23.2	47.9
砌体结构	3.09	41.2	20.9

1. 节点连接的破坏

节点传力集中、构造复杂，施工难度大，容易造成应力集中、强度不均衡现象，再加上可能出现的焊缝缺陷、构造缺陷，就更容易出现节点破坏。节点域的破坏形式比较复杂，主要有加劲板的屈曲和开裂、加劲板焊缝出现裂缝、腹板的屈曲和裂缝。

（1）框架梁柱节点破坏。图4-1是美国诺斯里奇地震时，H形截面的梁柱节点的典型破坏形式。由图中可见，大多数节点破坏发生在梁端下翼缘处的柱中，这可能是由于混凝土楼板与钢梁共同作用，使下翼缘应力增大，而下翼缘与柱的连接焊缝又存在较多缺陷造成的。图4-2显示出了焊接连接处的多种失效模式。保留施焊时设置的衬板，造成下翼缘坡口熔透焊缝的根部不能清理和补焊，在衬板和柱翼缘板之间形成了一条"人工缝"，如图 4-3 所示，在该处形成的应力集中促进了脆性破坏的发生，这可能是造成破坏的重要施工工艺原因。

图 4-4（a）是阪神地震中带有外伸横隔板的箱形柱与 H 型钢梁刚性节点的破坏形式；图 4-4（b）中的 1 代表梁翼缘断裂模式，2 及 3 代表焊缝热影响区的断裂模式，4 代表柱横隔板断裂模式。上述连接破坏时，梁翼缘已有显著的屈服或局部屈曲现象。此外，连接裂缝主要向梁的一侧扩展，其主要原因和采用外伸的横隔板构造有关。

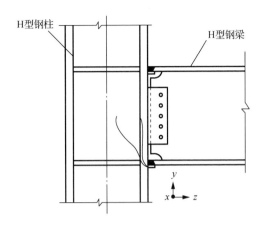

图 4-1　美国诺斯里奇地震中的梁柱连接裂缝

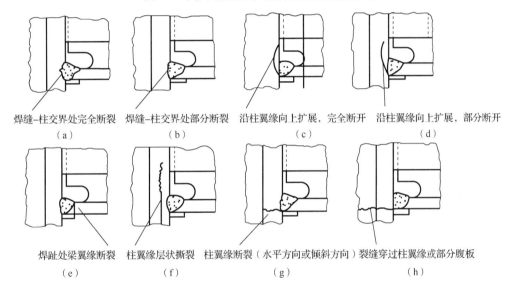

焊缝-柱交界处完全断裂 　焊缝-柱交界处部分断裂　沿柱翼缘向上扩展，完全断开　沿柱翼缘向上扩展，部分断开
（a）　　　　　　　　　（b）　　　　　　　　　（c）　　　　　　　　　（d）

焊趾处梁翼缘断裂　　柱翼缘层状撕裂　　柱翼缘断裂（水平方向或倾斜方向）裂缝穿过柱翼缘或部分腹板
（e）　　　　　　　（f）　　　　　　　（g）　　　　　　　（h）

图 4-2　美国诺斯里奇地震中梁柱焊接连接处的失效模式

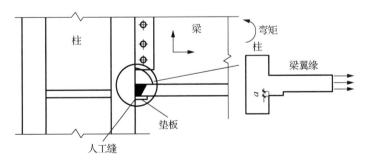

图 4-3　人工裂缝

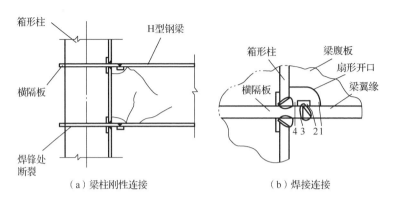

（a）梁柱刚性连接　　　　　　　　（b）焊接连接

图 4-4　阪神地震中的连接破坏模式

（2）支撑连接破坏。在多次地震中都出现过支撑与节点板的连接破坏或支撑与柱的连接破坏。1980 年在日本的宫城县大地震中，一栋两层的框架-支撑结构（两层仓库），由于支撑节点的断裂，仓库的第一层完全倒塌。

采用螺栓连接的支撑破坏形式如图 4-5 所示，包括支撑截面削弱处的断裂、节点板端部剪切滑移破坏及支撑杆件螺孔间剪切滑移破坏。

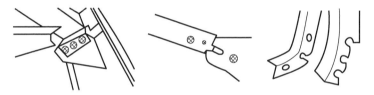

图 4-5　采用螺栓连接的支撑破坏形式

支撑是框架-支撑结构中最主要的抗侧力部分，一旦地震发生，它将首当其冲承受水平地震作用，如果某层的支撑发生破坏，将使该层成为薄弱楼层，造成严重后果。

2. 构件的破坏

（1）支撑压屈。地震时支撑所受的压力超过其屈曲临界力时，即发生压屈破坏（图 4-6）。

（2）梁柱局部失稳。梁或柱在地震作用下反复受弯，在弯矩最大截面处附近由于过度弯曲可能发生翼缘局部失稳现象，进而引发低周疲劳和断裂破坏（图 4-7），这在以往的震害中并不少见。试验研究表明，要防止板件在往复塑性应变作用下发生局部失稳，进而引发低周疲劳破坏，必须对支撑板件的宽厚比进行限制，且应比塑性设计得还要严格。

（3）钢柱脆性断裂。1995 年阪神地震中，位于芦屋市海滨城高层住宅小区的 21 栋巨型钢框架结构的住宅楼中，共有 57 根钢柱发生了断裂，所有箱形截面柱的断裂均发生在 14 层以下的楼层里，且均为脆性受拉断裂，断口呈水平状。分析认为：①竖向地震及倾覆力矩在柱中产生较大的拉力；②箱形截面柱的壁厚达 50mm，厚板焊接时过热，使焊缝附近钢材延性降低；③钢柱暴露于室外，当时正值日本的严冬，钢材温度低于零度；④有的钢柱断裂发生在拼接焊缝附近，这里可能正是焊接缺陷构成的薄弱部位。

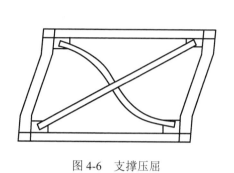

图 4-6　支撑压屈

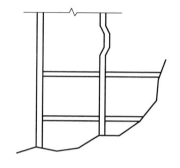

图 4-7　柱的局部失稳

3. 结构的整体倒塌

1985 年墨西哥大地震中，墨西哥市的 Pino Suarez 综合大楼的 3 栋 22 层的钢结构塔楼之一倒塌，其余两栋也发生了严重破坏，其中一栋已接近倒塌。这 3 栋塔楼的结构体系均为框架-支撑结构，细部构造也相同，其结构的平面布置如图 4-8 所示。

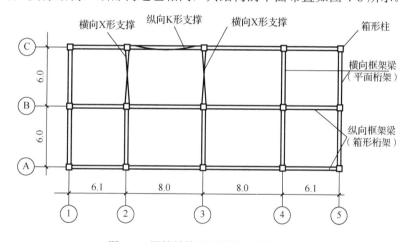

图 4-8　塔楼结构平面布置（单位：m）

分析表明，塔楼发生倒塌和严重破坏的主要原因之一，是由于纵横向垂直支撑偏位设置，导致刚度中心和质量重心相距太大，在地震中产生了较大的扭转效应，致使钢柱的作用力大于其承载力，引发了 3 栋完全相同的塔楼的严重破坏或倒塌。由此可见，规则对称的结构体系对抗震十分有利。

4.1.2　钢结构建筑的抗震性能分析

钢结构建筑的抗震性能好坏取决于结构体系构造、构件及其连接的抗震性能。常用的钢结构体系有框架结构、框架-支撑结构、框架-抗震墙板结构及筒体结构、巨型框架结构等。常用的构件有梁、柱、支撑、剪力墙、桁架等。常见的构件连接方式有刚性连接、单向铰接、多向铰接等。

1. 框架结构体系

钢框架结构构造简单、传力明确，侧移刚度沿高分布均匀，结构整体侧向变形为剪切型（多层）或弯剪型（高层），抗侧移能力主要取决于框架梁、柱的抗弯能力。如构造设计合理，在强震发生时，结构陆续进入屈服的部位是框架节点域、梁、柱构件。结构的抗震能力取决于塑性屈服机制，以及梁（图 4-9）、柱（图 4-10）、节点（图 4-11）的耗能及延性性能（图 4-12）。需要注意的是，重力荷载及 $P-\delta$ 效应对结构抗震承载力和结构延性有较大影响（图 4-12 和图 4-13），当层数较多时，控制结构性能的设计参数不再是构件的抗弯能力，而是结构的抗侧移刚度和延性。因此，从经济角度看，这种结构体系适合于建造 20 层以下的中低层房屋。另外，研究及震害调查表明，以梁铰屈服机制设计的框架结构抗震性能较好，易于实现"小震不坏、大震不倒"的经济型抗震设防目标。

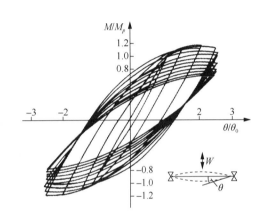

图 4-9 弯剪构件的滞回曲线

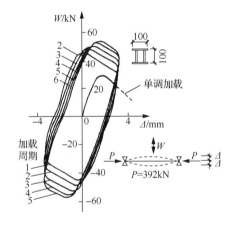

图 4-10 压弯剪构件的滞回曲线

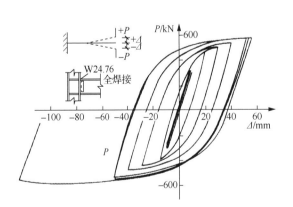

图 4-11 梁柱节点的荷载-变形曲线

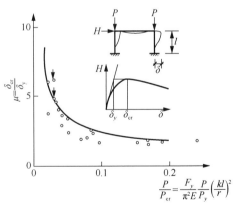

图 4-12 结构延性与压力的关系

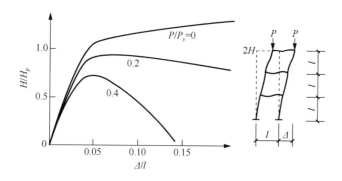

图 4-13 结构 $P-\delta$ 效应及其对结构抗震承载力的影响

2. 框架-支撑结构体系

钢框架-支撑体系可分为中心支撑类型（图 4-14）和偏心支撑类型（图 4-15）。中心支撑结构使用中心支撑构件，增加了结构抗侧移刚度，可更有效地利用构件的强度，提高抗震能力，适合于建造更高的房屋结构。在强烈地震作用下，支撑结构率先进入屈服，可以保护或延缓主体结构的破坏，这种结构具有多道抗震防线。中心支撑框架结构构造简单，实际工程应用较多。但是，由于支撑构件刚度大，受力较大，容易发生整体或局部失稳，导致结构总体刚度和强度下降较快（图 4-16），不利于结构抗震能力的发挥，必须注意其构造设计。带有偏心支撑的框架-支撑结构，具备中心支撑体系侧向刚度大、具有多道抗震防线的优点，还适当减小了支撑构件的轴向力，进而减小了支撑失稳的可能性。由于支撑点位置偏离框架节点，便于在横梁内设计用于消耗地震能量的消能梁段（图 4-15 中"c"所示）。强震发生时，耗能梁段率先屈服，消耗大量地震能量，保护主体结构，形成新的抗震防线，使得结构整体抗震性能，特别是结构延性大大加强。这种结构体系适合于在高烈度地区建造高层建筑。

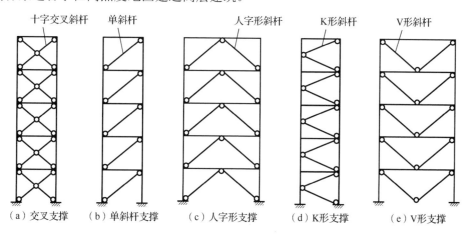

图 4-14 中心支撑的类型

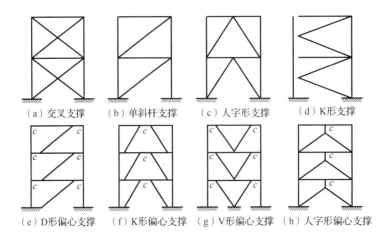

（a）交叉支撑　　　（b）单斜杆支撑　　　（c）人字形支撑　　　（d）K形支撑

（e）D形偏心支撑　　（f）K形偏心支撑　　（g）V形偏心支撑　　（h）人字形偏心支撑

图 4-15　偏心支撑的类型

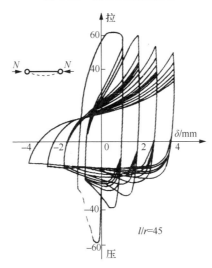

图 4-16　支撑杆件强度与刚度退化

3. 框架-抗震墙板结构体系

钢框架-抗震墙板结构，使用带竖缝的钢筋混凝土剪力墙板或带水平缝的钢筋混凝土剪力墙板、内藏钢板的钢筋混凝土剪力墙板、钢抗剪力墙墙板等，提供需要的侧向刚度。

（1）带竖缝的钢筋混凝土剪力墙板。带竖缝的钢筋混凝土剪力墙板（图 4-17）式预制板，其仅承担水平荷载产生的水平剪力，不承担或基本不承担竖向荷载产生的压力。墙板的竖缝宽度约为 100mm，缝的竖向长度约为墙板净高的 1/2，墙板内竖缝的水平间距约为墙板净高的 1/4。缝的填充材料一般采用延性好、易滑动的耐火材料（如石棉板等）。墙板与框架柱之间有缝隙，无任何连接，在墙板的上边缘以连接件与钢框架梁用高强螺栓连接（高强螺栓在楼面荷载施加之后再连接牢固），墙板下边缘留有齿槽，可将钢梁上的栓钉嵌入其中，并沿下边缘全长埋入现浇混凝土楼板内。

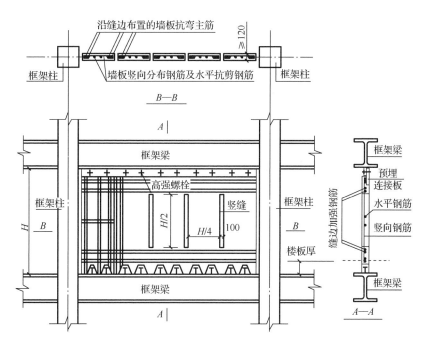

图 4-17　带竖缝的钢筋混凝土剪力墙板

其中，带缝剪力墙板在弹性状态下具有较大的抗侧移刚度，在强震下可进入屈服阶段并耗能（图 4-18）。这种结构具有多道抗震防线，同实体剪力墙板相比，其特点是刚度退化过程平缓，整体延性好。这种结构体系在日本使用较多。

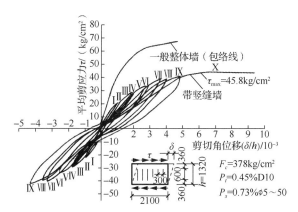

图 4-18　带缝剪力墙的抗震性能

多遇地震作用时，墙板处于弹性阶段，侧向刚度大，墙板如同由竖肋组成的框架板承担水平剪力。墙板中的竖肋既承担剪力，又如同对称配筋的大偏心受压柱。在罕遇地震作用时，墙板处于弹塑性阶段而产生裂缝，竖肋弯曲后刚度降低，变形增大，起抗震耗能作用。

（2）内藏钢板的钢筋混凝土剪力墙板。内藏钢板的钢筋混凝土剪力墙板（图 4-19）以钢板支撑为基本支撑、外包钢筋混凝土的预制板。基本支撑可以是中心支撑或偏心支撑，高烈度地区宜采用偏心支撑。预制墙板仅钢板支撑的上下端点与钢框架梁相连，其他各处与钢框架梁、框架柱均不连接，并留有缝隙（北京京城大厦预留缝隙为25mm）。实际上是一种受力明确的钢支撑，由于钢支撑有外包混凝土，可不考虑其平面内和平面外的屈曲。

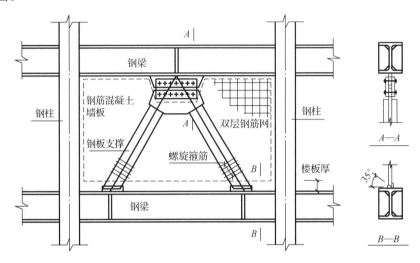

图 4-19　内藏钢板的钢筋混凝土剪力墙板

墙板仅承受水平剪力，不承担竖向荷载。由于墙板外包混凝土，相应地提高了结构的初始刚度，减小了水平位移。罕遇地震时混凝土开裂，侧向刚度减小，也起到了抗震耗能作用，同时钢板支撑仍能提供必要的承载力和侧向刚度。

（3）钢板剪力墙墙板。钢板剪力墙墙板（图4-20）一般采用厚钢板，抗震设防烈度为7度及7度以上时需在钢板两侧焊接纵向及横向加劲肋（非抗震及6度时可不设），以增强钢板的稳定性和刚度。钢板剪力墙的周边与框架梁、框架柱之间一般可采用高强螺栓连接。钢板剪力墙墙板承担沿框架梁、柱周边的剪力，不承担框架梁上的竖向荷载（可采用后连接）。

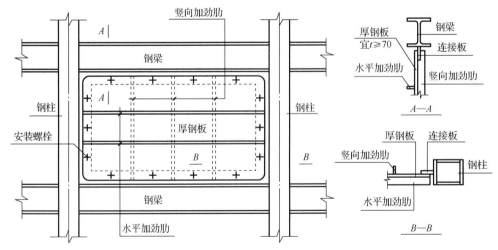

图 4-20　钢板剪力墙墙板

4. 筒体结构体系

筒体结构体系因其具有较大的刚度和较强的抗侧力能力，能形成较大的使用空间，对于超高层建筑是一种经济有效的结构形式。根据筒体的布置、组成、数量的不同，筒体结构体系可分为框筒（图 4-21）、桁架筒、筒中筒及束筒（图 4-22）等。

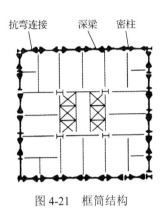

图 4-21　框筒结构

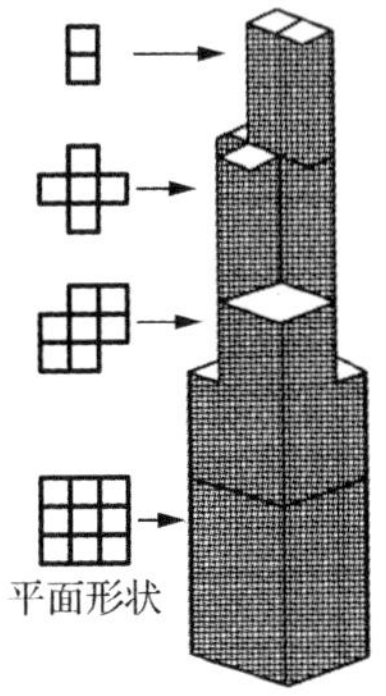

图 4-22　束筒结构

4.2　多层与高层钢结构建筑抗震设计的一般规定

4.2.1　钢结构建筑的结构选型

结构类型的选择关系到结构的安全性、实用性和经济性，可根据结构总体高度和抗震设防烈度确定结构类型和最大使用高度。表 4-2 为《建筑抗震设计规范（2016 年版）》（GB 50011—2010）规定的多层钢结构民用房屋适用的最大高度。

表 4-2　钢结构建筑适用的最大高度

单位：m

结构类型	设防烈度				
	6、7 度 （0.10g）	7 度 （0.15g）	8 度		9 度 （0.40g）
			（0.20g）	（0.30g）	
框架	110	90	90	70	50
框架-中心支撑	220	200	180	150	120
框架-偏心支撑（延性墙板）	240	220	200	180	160
筒体（框筒，筒中筒，桁架筒，束筒）和巨型框架	300	280	260	240	180

注：1. 房屋高度指室外地面到主要屋面板板顶的高度（不包括局部突出屋顶部分）；

　　2. 超过表内高度的房屋，应进行专门研究和论证，采取有效的加强措施。

　　3. 表内的筒体不包括混凝土筒。

影响结构宏观性能的另一个尺度是结构高宽比，即房屋总高度与结构平面最小宽度的比值，这一参数对结构刚度、侧移、振动模态有直接影响。《建筑抗震设计规范（2016 年版）》（GB 50011—2010）规定，钢结构民用房屋的最大高宽比不宜超过表 4-3 的限定。

表 4-3　钢结构民用房屋适用的最大高宽比

烈度	6 度、7 度	8 度	9 度
最大高宽比	6.5	6.0	5.5

注：计算高宽比的高度应从室外地面算起。

　　根据抗震概念设计的思想，多高层钢结构要根据安全性和经济性的原则按多道防线设计。在上述结构类型中，框架结构一般设计成梁铰机制，有利于消耗地震能量、防止倒塌，梁是这种结构的第一道抗震防线；框架-支撑（抗震墙板）体系以支撑或者抗震墙板作为第一道抗震防线；偏心支撑体系是以梁的消能段作为第一道防线。在选择结构类型时，除考虑结构总高度和高宽比之外，还要根据各结构类型抗震性能的差异及设计需求加以选择。一般情况下，对不超过 12 层的钢结构建筑可采用框架结构、框架-支撑结构或其他结构类型；超过 12 层的钢结构建筑，烈度为 8 度、9 度时，宜采用偏心支撑、带竖缝钢筋混凝土抗震墙板、内藏钢支撑钢筋混凝土墙板或其他消能支撑及筒体结构。

　　钢结构建筑应根据设防分类、烈度和房屋高度采用不同的抗震等级，并应符合相应的计算和构造措施要求。丙类建筑的抗震等级应按表 4-4 确定。

表 4-4　丙类建筑的抗震等级

房屋高度	烈度			
	6	7	8	9
≤50m		四	三	二
>50m	四	三	二	一

注：1. 高度接近或等于高度分界时，应允许结合房屋不规则程度和场地、地基条件确定抗震等级；
　　2. 一般情况，构件的抗震等级应与结构相同；当某个部位各构件的承载力均满足 2 倍地震作用组合下的内力要求时，7~9 度的构件抗震等级应允许按降低一度确定。

4.2.2　结构的平、立面布置

1. 平面布置

　　多高层钢结构的平面布置宜符合下列要求：

　　（1）建筑平面宜简单、规则，并使结构各层的抗侧力刚度中心与质量中心接近或重合，同时各层刚心和质心接近在同一竖直线上；建筑的开间、进深宜统一。

　　（2）为避免地震作用下发生强烈的扭转振动或水平地震力在建筑平面上的不均匀分布，建筑平面的尺寸关系应符合表 4-5 和图 4-23 的要求。当钢框筒结构采用矩形平面时，其长宽比不宜大于 1.5∶1，不能满足此项要求时，宜采用多束筒结构。

表 4-5　L、l、l'、B' 的限值

L/B	L/B_{max}	l/b	l'/B_{max}	B'/B_{max}
≤5	≤4	≤1.5	≥1	≤0.5

　　（3）由于钢结构可承受的结构变形比混凝土结构大，故高层建筑钢结构不宜设置防震缝，但薄弱部位应采取措施提高抗震能力。当建筑平面尺寸大于 90m 时，可考虑设温度伸缩缝，抗震设防的结构伸缩缝应同时满足防震缝要求。需要设置防震缝时，缝宽应不

小于相应钢筋混凝土结构房屋的 1.5 倍，框架-支撑体系结构的防震缝宽度可取此数值的70%；筒体体系及巨型结构体系结构的防震缝宽度可取此数值的50%，但均不宜小于70mm。

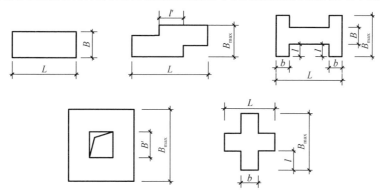

图 4-23　表 4-5 中的尺寸

（4）结构平面应尽量避免扭转不规则、凹凸不规则、楼板局部不连续等布置形式。在平面布置上具有下列情况之一者，也属平面不规则结构。

① 任一层的偏心率大于 0.15。偏心率可按下列公式计算：

$$\varepsilon_x = e_y / r_{ex}, \quad \varepsilon_y = e_x / r_{ey} \tag{4-1}$$

$$r_{ex} = \sqrt{K_T / \sum K_x}, \quad r_{ey} = \sqrt{K_T / \sum K_y} \tag{4-2}$$

式中：ε_x、ε_y——所计算楼层在 x 和 y 方向的偏心率；

　　　e_x、e_y——x 和 y 方向水平作用合力线到结构刚心的距离；

　　　r_{ex}、r_{ey}——x 和 y 方向的弹性半径；

　　　$\sum K_x$、$\sum K_y$——所计算楼层各抗侧力构件在 x 和 y 方向的侧向刚度之和；

　　　K_T——所计算楼层的扭转刚度；

　　　x、y——以刚心为原点的抗侧力构件坐标。

② 结构平面形状有凹角，凹角的伸出部分在一个方向的长度，超过该方向建筑总尺寸的 25%。

③ 楼面不连续或刚度突变，包括开洞面积超过该层总面积的 50%。

④ 抗水平力构件既不平行于又不对称于抗侧力体系的两个互相垂直的主轴。

属于上述第①、④项者应计算结构扭转的影响，属于第③项者应采用相应的计算模型，属于第②项者应采用相应的构造措施。

2. 竖向布置

抗震设防的高层建筑钢结构，宜采用竖向规则的结构。在竖向布置上具有下列情况之一者，为竖向不规则结构。

（1）楼层刚度小于其相邻上层刚度的 70%，且连续三层总的刚度降低超过 50%。

（2）相邻楼层质量之比超过 1.5（建筑为轻屋盖时，顶层除外）。

（3）立面收进尺寸的比例为 $L_1 / L < 0.75$（图 4-24）。

（4）竖向抗侧力构件不连续。

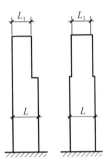

图 4-24 立面收进

（5）任一楼层抗侧力构件的总受剪承载力，小于其相邻上层的80%。

抗震设防的框架-支撑结构中，支撑（剪力墙板）宜竖向连续布置。除底部楼层和外伸刚臂所在楼层外，支撑的形式和布置在竖向宜保持一致。

3. 支撑、加强层的设置要求

在框架-支撑体系中，可使用中心支撑或偏心支撑。不论是哪一种支撑，均可提供较大的抗侧移刚度，因此，其结构平面布局应遵循抗侧移刚度中心与结构质量中心尽可能接近的原则，以减小结构可能出现的扭转。支撑框架之间楼盖的长宽比不宜大于 3，以防止楼盖平面内变形影响对支撑抗侧刚度的准确估计。另外，还可以使用支撑构件改进结构刚度中心与质量中心偏差较大的情况（图 4-25）。

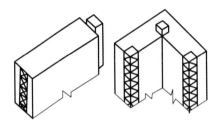

图 4-25 用支撑调整结构抗侧刚度分布

中心支撑构造简单、设计施工方便。在大震作用下支撑可能失稳，所产生的非线性变形可消耗一定的地震能量，但由于其力-位移曲线并不饱满，耗能并不理想。偏心支撑系统在小震及正常使用条件下与中心支撑体系具有相当的抗侧刚度，在大震条件下靠梁的受弯段耗能，具有与强柱弱梁型框架相当的耗能能力，但构造相对复杂。因此，对不超过 12 层的钢结构宜采用中心支撑，有条件时也可采用偏心支撑等消能支撑；超过12 层的钢结构，宜采用偏心支撑，但在顶层可采用中心支撑。

中心支撑框架宜采用交叉支撑、人字形支撑、斜杆支撑，不宜采用 K 形支撑，因后者对柱子易形成抗剪集中现象。支撑的轴线应交汇于梁柱构件轴线的交点，确有困难时，偏离中心不应超过支撑杆件的宽度，并计入由此产生的附加弯矩。

偏心支撑框架的每根支撑至少有一根与框架梁相连接，消能梁段应设计成具有饱满滞回能力的塑性铰消能机构。

设置加强层可提高结构总体抗侧刚度，减小侧移，增强周边框架对抵抗地震倾覆力矩的贡献，改善筒体、剪力墙的受力。图 4-26 说明，如使用简单的竖向支撑体系，对减小结构侧移的效果是有限的 [图 4-26（b）]；采取措施发挥边框架的作用对提高侧移刚度有效 [图 4-26（c）]；如果配合加强型桁架 [图 4-26（d）] 或设置加强层 [图 4-26（e）]，便能充分发挥周边框架对抵抗倾覆力矩的作用，抗侧刚度将大大加强。加强层可以使用筒体外伸臂或由加强桁架组成，可根据需要沿结构高度设置多处，工程上一般可结合防灾避难层设置。

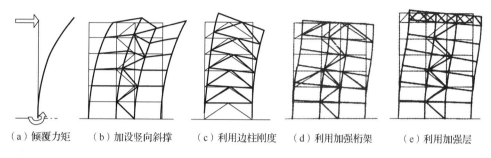

（a）倾覆力矩   （b）加设竖向斜撑   （c）利用边柱刚度   （d）利用加强桁架   （e）利用加强层

图 4-26 支撑、支撑+加强层对抵抗侧移的作用

4.2.3 结构布置的其他要求

1. 钢结构建筑的楼板

钢结构建筑的楼板主要有在压型钢板上现浇混凝土形成的组合楼板（图 4-27）和非组合楼板、装配整体式钢筋混凝土楼板、装配式楼板等。一般宜采用组合楼板或者非组合楼板；对不超过 12 层的钢结构尚可采用装配整体式钢筋混凝土楼板，亦可采用装配式楼板或者其他轻型楼盖。

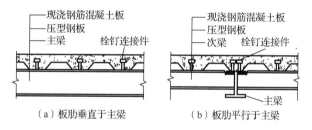

（a）板肋垂直于主梁   （b）板肋平行于主梁

图 4-27 压型钢板组合楼板

采用压型钢板钢筋混凝土组合楼板和现浇钢筋混凝土楼板时，应与钢梁有可靠连接。采用装配式、装配整体式或轻型楼板时，应将楼板预埋件与钢梁焊接，或采取其他保证楼盖整体性的措施。

2. 钢结构建筑的地基、基础和地下室

（1）高层建筑钢结构的基础形式应根据上部结构、工程地质条件、施工条件等因素综合确定，宜选用筏基、箱基、桩基或复合基础。当基岩较浅、基础埋深不符合要求时，应采用岩石锚杆基础。

（2）钢结构高层建筑宜设地下室。抗震设防建筑的高层结构部分，基础埋深宜一致，不宜采用局部地下室。为保证连接刚度、传力可靠、方便结构构件的构造连接，设置地下室时，框架-支撑（抗震墙板）结构中竖向连续布置的支撑（抗震墙板）应延伸至基础，框架柱应至少延伸至地下一层。

（3）设置地下室的钢结构建筑的基础埋深，当采用天然地基时不宜小于房屋总高度的 1/15；当采用桩基时，桩承台埋深不宜小于房屋总高度的 1/20。

（4）当主楼与裙房之间设置沉降缝时，应采用粗砂等松散材料将沉降缝地面以下部分填实，以确保主楼基础四周的可靠侧向约束；当不设沉降缝时，在施工中宜预留后浇带。

（5）在高层建筑钢结构与钢筋混凝土基础或地下室的钢筋混凝土结构层之间，宜设置钢骨混凝土结构层。

4.3　多层与高层钢结构建筑抗震计算

4.3.1　地震作用下的内力计算

1. 多遇地震作用下

结构在第一阶段多遇地震作用下的抗震设计中，其地震作用效应采用弹性方法计算。可根据不同情况，采用底部剪力法、震型分解反应谱法及时程分析法。

实测研究表明，钢结构建筑的阻尼比小于钢筋混凝土结构，对于超过 12 层的钢结构，阻尼比可采用 0.002；对于不超过 12 层的钢结构可采用 0.035；对于单层钢结构仍可采用 0.05。

钢结构在进行内力和位移计算时，对于框架、框架-支撑、框架-抗震墙板及框筒等结构常采用矩阵位移法，但计算时应按第 3 章的有关规定计入重力二阶效应。对于工字形截面柱，宜计入梁柱节点域剪切变形对结构侧移的影响；对中心支撑框架不超过 12 层的钢结构，其层间位移计算可不计入梁柱节点域剪切变形的影响。框架-支撑结构的斜杆可按端部铰接杆计算；中心支撑框架的斜杆轴线偏离梁柱轴线交点不超过支撑杆件的宽度时，仍可按中心支撑框架分析，但应计及由此产生的附加弯矩。

对于筒体结构，可将其按位移相等原则转化为连续的竖向悬臂筒体，采用有限条法对其进行计算。

在预估截面时，内力和位移的分析方法近似，在水平荷载作用下，框架结构可采用 D 值法进行简化计算；框架-支撑（抗震墙）可简化为平面抗侧力体系，分析时将所有框架合并为总框架，所有竖向支撑（抗震墙）合并为总支撑（抗震墙），然后进行协同工作分析。此时，可将总支撑（抗震墙）当作悬臂梁。

2. 罕遇地震作用下

高层钢结构第二阶段的抗震验算应采用时程分析法对结构进行弹塑性时程分析，其结构计算模型可以采用杆系模型、剪切型层模型、剪弯型模型或剪弯协同工作模型。在采用杆系模型分析时，柱、梁的恢复力模型可采用二折线型，其滞回模型可不考虑刚度退化。钢支撑和消能梁段等构件的恢复力模型，应按杆件特性确定。采用层模型分析时，应计入有关构件弯曲、轴向力、剪切变形影响的等效层剪切刚度，层恢复力模型的骨架曲线可采用静力弹塑性方法进行计算，一并可简化为二折线或三折线，并尽量与计算所得骨架曲线接近。在对结构进行静力弹塑性计算时，应同时考虑水平地震作用与重力荷载。构件所用材料的屈服强度和极限强度应采用标准值。对新型、特殊的杆件和结构,其恢复力模型宜通过实验确定。分析时结构的阻尼比可取 0.05,并应考虑二阶段效应对侧移的影响。

4.3.2　结构计算模型的技术要点

1. 阻尼比的取值

传统结构的抗震是以结构或构件的塑性变形来耗散地震能量的,而在结构中利用赘余构件设置阻尼器(图 4-28),赘余构件作为结构的分灾子系统,是耗散地震能量的主体,其在正常使用极限状态下,不起作用或基本不起作用,但在大震时,则可以最大限度吸收地震能力,而赘余结构的破坏或损伤不影响或基本不影响主体结构的安全,从而起到保护主体结构安全的作用。

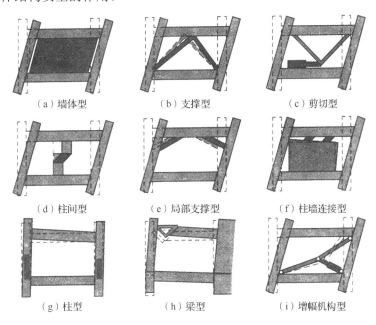

(a)墙体型　　　　　　　(b)支撑型　　　　　　　(c)剪切型

(d)柱间型　　　　　　(e)局部支撑型　　　　　　(f)柱墙连接型

(g)柱型　　　　　　　(h)梁型　　　　　　　(i)增幅机构型

图 4-28　带阻尼的支撑

在多遇烈度地震下进行地震计算时,结构的黏弹性阻尼比可采用 0.035(不超过 12 层)或 0.02（12 层以上）;在罕遇烈度地震下进行地震计算时,结构的黏弹性阻尼比可采用 0.05。

2. 构件、支撑、连接的模型

当对钢结构进行非弹性分析时,应根据杆件、连接、节点域的受力特点采用相应的滞回模型。

杆件模型要按实际设计构造确定计算单元之间的连接方式(如刚接、单向铰接、双向铰接)及边界条件(图 4-29),应考虑重力二阶效应。对不设中心支撑或结构总高度超过 12 层的工字形截面柱,宜考虑节点域剪切变形的影响。当考虑计入节点域剪切变形（图 4-30）对多层和高层建筑钢结构位移的影响时，可将梁柱节点域当作一个单独的单元进行结构分析，该单元的刚度特性应根据实际情况确定。

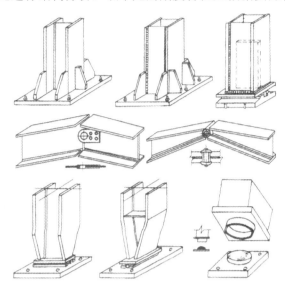

图 4-29　支座及构件连接方式　　　　　图 4-30　节点域剪切变形

支撑-框架结构的支撑斜杆需按刚接设计，但可按端部铰接杆计算。内藏钢支撑钢筋混凝土墙板和带竖缝钢筋混凝土墙板可按仅考虑承受水平荷载、不承受竖向荷载建立计算模型（包括单元连接构造和非弹性滞回关系）。偏心支撑框架中的耗能梁段应按单独的计算单元设置，并根据实际情况确定弹性刚度及非弹性滞回模型。

3. 对楼盖作用的考虑

计算模型对楼盖的模拟要区别不同情况：当楼板开洞较大、有错层、有较长外伸段、有脱开柱或整体性较差时，按实际情况建模；一般如无上述情况，可使用楼盖平面内绝对刚性的假定或分块刚度无穷大的假定。

对于钢-混凝土组合楼盖，在保证混凝土楼板与钢梁有可靠连接措施的情况下，可考虑混凝土楼板与钢梁的共同工作。这时楼板的有效宽度（图 4-31）可按下式计算：

$$b_e = b_0 + b_1 + b_2 \tag{4-3}$$

式中：b_0——钢梁上翼缘宽度；

b_1、b_2——梁外侧、内侧的翼缘计算宽度，各取梁计算跨度的 1/6 和 6 倍翼缘板厚度的最小值，但 b_1 不应超过翼板实际外伸宽度 s_1，b_2 不应超过相邻梁板托间净距 s_0 的 1/2。

在进行罕遇烈度下地震反应分析时，可不考虑楼板与梁的共同作用，但应计入楼盖的质量效应。

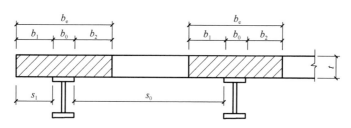

图 4-31 楼板的有效宽度

4.3.3 结构抗震设计要点

1. 地震作用效应的调整

由于《建筑抗震设计规范（2016 年版）》（GB 50011—2010）规定了任一结构楼层水平地震剪力的最低要求，对于低于这一要求的计算结果，需将相应的地震作用效应按此要求进行调整。

对框架-支撑等多重抗侧力体系，应按多道防线的设计原则进行地震作用的调整。框架部分的内力按计算得到的地震内力乘以调整系数，使其达到结构底部总地震剪力的 25% 和框架部分计算地震剪力最大值的 1.8 倍中的最小值。这样可以做到在第一道防线（如支撑）失效后，框架仍可提供相当的抗剪能力。

当中心支撑框架的斜杆轴线偏离梁柱轴线交点，且在计算模型中没有考虑这种偏离而按中心支撑框架计算时，所计算的杆件内力应考虑实际偏离产生的附加弯矩。对人字形和 V 形支撑组合的内力设计值应乘以增大系数 1.5。

为确保带有偏心支撑的框架仅在消能梁段内屈服，要考虑消能梁段材料的实际有效超强系数，考虑的方法是对非消能段的杆件内力设计值按下述规定调整：

（1）支撑斜杆的轴力设计值应取与支撑斜杆相连接的消能段达到受剪承载力时支撑斜杆轴力与增大系数的乘积。当地震烈度为 8 度及以下时，其值不小于 1.4；当地震烈度为 9 度时，其值不小于 1.5。

（2）位于消能梁段同一跨的框架梁内力设计值，应取消能梁段达到受剪承载力时框架梁内力与增大系数的乘积。当地震烈度为 8 度及以下时，其值不应小于 1.5；当地震烈度为 9 度时，其值不小于 1.6。

（3）框架柱的内力设计值，应取消能梁段达到受剪承载力时柱内力与增大系数的乘积。当地震烈度为 8 度及以下时，其值不小于 1.5；当地震烈度为 9 度时，其值不小于 1.6。

对转换层以下的钢框架柱，地震内力应乘以增大系数 1.5。

2. 承载力和稳定性验算

钢框架的承载能力和稳定性与梁柱构件、支撑构件、连接件、梁柱节点域都有直接关系。结构设计要体现强柱弱梁的原则，保证节点可靠性，实现合理的耗能机制。为此，需进行构件、节点承载力和稳定性验算。验算的主要内容有框架梁柱承载力和稳定验算、节点承载力与稳定性验算、支撑构件的承载力验算、偏心支撑框架构件的抗震承载力验算、构件及其连接的极限承载力验算。当钢框架梁的上翼缘采用抗剪连接件与组合楼板连接时，可不验算地震作用下的整体稳定。

1）框架柱抗震验算

框架柱抗震验算包括截面强度验算、平面内和平面外整体稳定验算。

（1）截面强度验算。截面强度验算考虑轴力和双向弯矩的作用，按下式进行：

$$\frac{N}{A_n} + \frac{M_x}{\gamma_x W_{nx}} + \frac{M_y}{\gamma_y W_{ny}} \leqslant \frac{f}{\gamma_{RE}} \tag{4-4}$$

式中：N、M_x、M_y ——构件的轴向力和绕 x 轴、y 轴的弯矩设计值；

A_n ——构件静截面面积；

W_{nx}、W_{ny} ——对 x 轴和对 y 轴的静截面抵抗矩；

γ_x、γ_y ——构件截面塑性发展系数，按照国家标准《钢结构设计标准》（GB 50017—2017）取用；

f ——钢材抗拉强度设计值；

γ_{RE} ——框架柱承载力抗震调整系数，取 0.75。

（2）平面内整体稳定验算。框架柱平面内整体稳定验算按下式进行：

$$\frac{N}{\varphi_x A} + \frac{\beta_{mx} M_x}{\gamma_x W_{lx}(1 - 0.8N/N_{Ex})} \leqslant \frac{f}{\gamma_{RE}} \tag{4-5}$$

式中：A ——构件毛截面面积；

φ_x ——弯矩作用平面内轴心受压构件稳定系数；

β_{mx} ——平面内等效弯矩系数，按照国家标准《钢结构设计标准》（GB 50017—2017）取用；

W_{lx} ——弯矩作用平面内较大受压纤维的毛截面抵抗矩，按照国家标准《钢结构设计标准》（GB 50017—2017）取用；

N_{Ex} ——构件的欧拉临界力。

（3）平面外整体稳定验算。框架柱平面外整体稳定验算按下式进行：

$$\frac{N}{\varphi_y A} + \frac{\beta_{tx} M_x}{\varphi_b W_{lx}} \leqslant \frac{f}{\gamma_{RE}} \tag{4-6}$$

式中：β_{tx} ——平面外等效弯矩系数，按照国家标准《钢结构设计标准》（GB 50017—2017）取用；

φ_y ——弯矩作用平面内轴心受压构件稳定系数；

φ_b ——均匀弯曲的受弯构件整体稳定系数，按照国家标准《钢结构设计标准》（GB 50017—2017）取用。

2）框架梁抗震验算

框架梁抗震验算包括抗弯强度验算、抗剪强度验算及整体稳定验算。

（1）抗弯强度验算。框架梁的抗弯强度验算按下式进行：

$$\frac{M_x}{\gamma_x W_{nx}} \leqslant \frac{f}{\gamma_{RE}} \tag{4-7}$$

式中：M_x ——构件的 x 轴弯矩设计值；

W_{nx} ——梁静截面对 x 轴的抵抗矩；

f ——钢材抗拉强度设计值；

γ_{RE} ——框架梁承载力抗震调整系数，取 0.75。

（2）抗剪强度验算。框架梁的抗剪强度验算按下式进行：

$$\tau = \frac{VS}{It_w} \leqslant \frac{f_v}{\gamma_{RE}} \tag{4-8}$$

式中：V ——计算截面沿腹板平面作用的剪力；

S ——计算点处的截面面积矩；

I ——截面的毛截面惯性矩；

t_w ——梁腹板厚度；

f_v ——钢材抗剪强度设计值。

梁端部截面的抗剪强度还需满足下式：

$$\tau = \frac{V}{A_{wn}} \leqslant \frac{f_v}{\gamma_{RE}} \tag{4-9}$$

式中：A_{wn} ——梁端腹板的静截面面积。

（3）整体稳定验算。框架梁的整体稳定验算按下式进行：

$$\frac{M_x}{\varphi_b W_x} \leqslant \frac{f}{\gamma_{RE}} \tag{4-10}$$

式中：W_x ——梁对 x 轴的毛截面抵抗矩；

φ_b ——均匀弯曲的受弯构件整体稳定系数，按照国家标准《钢结构设计标准》（GB 50017—2017）取用。

当梁上设置刚性铺板时，整体稳定验算可以省略。

3）节点承载力与稳定性验算

节点是保证框架结构安全工作的前提。在梁柱节点处，要按强柱弱梁的原则验算节点承载力，保证强柱设计。同时，还要合理设计节点域，使其既具备一定的耗能能力，又不会引起过大的侧移。节点板厚度或柱腹板在节点域范围内的厚度的取值对此有较大影响。一般来说，在罕遇地震发生时框架屈服的顺序是节点域首先屈服，然后是梁出现塑性铰。

（1）节点承载力验算。节点左右梁端和上下柱端的全塑性承载力应符合下式的要求，以保证强柱设计：

$$\sum W_{pc}\left(f_{yc} - \frac{N}{A_c} \right) \geqslant \eta \sum W_{pb} f_{yb} \tag{4-11}$$

式中：W_{pc}、W_{pb} ——柱和梁的塑性截面模量；

N ——柱轴向压力设计值；

A_c ——柱截面面积；

f_{yc}、f_{yb} ——柱和梁的钢材屈服强度；

η ——强柱系数，超过 6 层的钢框架结构，烈度为 6 度的IV类场地和烈度为 7 度时可取 1.0，烈度为 8 度时可取 1.05，烈度为 9 度时可取 1.15。

当柱所在楼层的受剪承载力比上一层的受剪承载力高出 25%，或柱轴向力设计值与柱抗拉承载力设计值之比不超过 0.4（即 $N \leqslant 0.4 A_c f_{yc}$）时，或作为轴心受压构件在 2 倍地震力下稳定性得到保证时，可不按式（4-11）验算。

（2）节点域承载力验算。节点域的屈服承载力应符合下式要求，以选择合理的节点域厚度：

$$\frac{\Psi \left(M_{pb1} + M_{pb2} \right)}{V_p} \leqslant \frac{4 f_v}{3} \tag{4-12}$$

式中：V_p ——节点域体积，对工字形截面柱 $V_p = h_b h_c t_w$，对箱形截面柱 $V_p = 1.8 h_b h_c t_w$，其中 h_b、h_c 为梁、柱腹板高度，t_w 为柱在节点域的腹板厚度；

　　　　Ψ ——折减系数，烈度为 6 度的Ⅳ类场地和烈度为 7 度时可取 0.6，烈度为 8 度、9 度时可取 0.7；

　　　　M_{pb1}、M_{pb2} ——节点域两侧梁的全塑性受弯承载力；

　　　　f_v ——钢材抗剪强度设计值。

（3）节点域稳定性验算。工字形截面柱和箱形截面柱的节点域应按下列公式验算节点域的稳定性：

$$t_w \geqslant \left(h_b + h_c \right) / 90 \tag{4-13}$$

$$\frac{M_{b1} + M_{b2}}{V_p} \leqslant \frac{4 f_v}{3 \gamma_{RE}} \tag{4-14}$$

式中：M_{b1}、M_{b2} ——节点域两侧梁的弯矩设计值；

　　　　γ_{RE} ——节点域承载力抗震调整系数，取 0.85。

当柱节点域腹板厚度不小于梁、柱截面高度之和的 1/70 时，可不验算节点域的稳定性。

4）支撑构件承载力验算

支撑构件的承载力验算，应符合下列规定：

（1）支撑斜杆的受压承载力要考虑反复拉压加载下承载能力的降低，可按下式验算：

$$\frac{N}{\varphi A_{br}} \leqslant \frac{\Psi f}{\gamma_{RE}} \tag{4-15}$$

$$\Psi = \frac{1}{1 + 0.35 \lambda_n} \tag{4-16}$$

$$\lambda_n = \frac{\lambda}{\pi} \sqrt{\frac{f_{ay}}{E}} \tag{4-17}$$

式中：N ——支撑斜杆的轴向力设计值；

　　　　A_{br} ——支撑斜杆的截面面积；

　　　　φ ——轴心受压构件的稳定系数；

　　　　Ψ ——受循环荷载时的强度降低系数；

　　　　f ——支撑斜杆强度设计值；

　　　　λ_n ——支撑斜杆的正则化长细比；

λ——梁的剪跨比；

E——支撑斜杆材料的弹性模量；

f_{ay}——钢材屈服强度；

γ_{RE}——支撑承载力抗震调整系数。

（2）人字形支撑和 V 形支撑在大震下屈曲后，将在横梁上产生不平衡集中力，引起横梁变形。故在构造上，横梁在支撑连接处应保持连续，不应断开连接。该横梁应承受支撑斜杆传来的内力，并应按简支梁（不计入支撑作用）验算在重力荷载和受压支撑屈曲后产生的不平衡力共同作用下的承载力。对顶层和塔屋的梁可不执行本款规定。

5）偏心支撑框架构件抗震承载力验算

（1）消能梁段的承载能力。偏心支撑消能梁段的受剪承载力应按下列公式验算：

当 $N \leqslant 0.15Af$ 时，

$$V \leqslant \frac{\beta V_l}{\gamma_{RE}} \tag{4-18}$$

V_l 取 $0.58A_w f_{ay}$ 和 $2M_{lp}/a$ 中的较小值，

$$A_w = \left(h - 2t_f\right)t_w$$

$$M_{lp} = W_p f$$

当 $N > 0.15Af$ 时，

$$V \leqslant \frac{\beta V_{lc}}{\gamma_{RE}} \tag{4-19}$$

$$V_{lc} = 0.58A_w f_{ay} \sqrt{1 - \frac{N}{\left(Af\right)^2}} \tag{4-20}$$

或

$$V_{lc} = 2.4M_{lp}\left(1 - \frac{N}{Af}\right)\Big/a \tag{4-21}$$

两者取小值。

式中：β——系数，可取 0.9；

V、N——消能梁段的剪力设计值和轴力设计值；

V_l、V_{lc}——消能梁段的受剪承载力和计入轴力影响的受剪承载力；

M_{lp}——消能梁段的全塑性受弯承载力；

a、h、t_w、t_f——消能梁段的长度、截面高度、腹板厚度和翼缘厚度；

A、A_w——消能梁段的截面面积和腹板截面面积；

W_p——消能梁段的塑性截面模量；

f、f_{ay}——消能梁段的抗拉强度设计值和屈服强度；

γ_{RE}——消能梁段承载力抗震调整系数，取 0.85。

（2）支撑斜杆。支撑斜杆与消能梁段连接的承载能力不得小于支撑的承载能力。若支撑需抵抗弯矩，支撑与梁的连接应按抗压弯连接设计。

6）构件及其连接的极限承载力验算

构件及连接的设计，应遵循强连接弱构件的原则。因此，构件连接应按地震组合内力进行弹性设计，并进行极限承载力验算。

（1）进行梁与柱连接的弹性设计时，梁上下翼缘的端截面应满足连接的弹性设计要求，梁腹板应计入剪力和弯矩。梁与柱连接的极限受弯、受剪承载力，应符合下列要求：

$$M_u \geqslant 1.2M_p \qquad (4\text{-}22)$$

$$V_u \geqslant 1.3(2M_p / l_n) \qquad (4\text{-}23)$$

且

$$V_u \geqslant 0.58h_w t_w f_{ay} \qquad (4\text{-}24)$$

式中：M_u——梁上下翼缘全熔透坡口焊缝的极限受弯承载力；

V_u——梁腹板连接的极限受剪承载力，垂直于角焊缝受剪时，可提高 1.22 倍；

M_p——梁（梁贯通时为柱）的全塑性受弯承载力；

l_n——梁的净跨（梁贯通时取该楼层柱的净高）；

h_w、t_w——梁腹板的高度和厚度；

f_{ay}——钢材屈服强度。

（2）支撑与框架的连接及支撑拼接的极限承载力，应符合下列要求：

$$N_{ubr} \geqslant 1.2A_n f_{ay} \qquad (4\text{-}25)$$

式中：N_{ubr}——螺栓连接和节点板连接在支撑轴线方向的极限承载力；

A_n——支撑的截面净面积；

f_{ay}——支撑钢材的屈服强度。

（3）梁、柱构件拼接的弹性设计，腹板应计入弯矩，且受剪承载力不应小于构件截面受剪承载力的 50%；拼接的极限承载力应符合下列要求：

$$V_u \geqslant 0.58h_w t_w f_{ay}$$

无轴向力时，

$$M_u \geqslant 1.2M_p \qquad (4\text{-}26)$$

有轴向力时，

$$M_u \geqslant 1.2M_{pc} \qquad (4\text{-}27)$$

式中：M_u、V_u——构件拼接的极限受弯、受剪承载力；

M_{pc}——构件有轴向力时的全截面受弯承载力；

h_w、t_w——拼接构件截面腹板的高度和厚度；

f_{ay}——被拼接构件的钢材屈服强度。

拼接采用螺栓连接时，还应符合下列要求：

翼缘：

$$nN_{cu}^b \geqslant 1.2A_f f_{ay} \qquad (4\text{-}28)$$

且

$$nN_{vu}^b \geqslant 12A_f f_{ay} \qquad (4\text{-}29)$$

腹板：

$$N_{cu}^b \geqslant \sqrt{(V_u / n)^2 + (N_M^b)^2} \qquad (4\text{-}30)$$

且

$$N_{vu}^b \geqslant \sqrt{(V_u / n)^2 + (N_M^b)^2} \qquad (4\text{-}31)$$

式中：N_{cu}^b、N_{vu}^b——一个螺栓的极限受剪承载力和对应的板件极限承压力；

A_f——翼缘的有效截面面积；

N_M^b——腹板拼接中弯矩引起的一个螺栓的最大剪力；

n——翼缘拼接或腹板拼接一侧的螺栓数。

（4）梁、柱构件有轴力时的全截面受弯承载力，应按下列公式计算：

工字形截面（绕强轴）和箱形截面：

当 $N / N_y \leqslant 0.13$ 时，

$$M_{pc} = M_p \qquad (4\text{-}32)$$

当 $N / N_y > 0.13$ 时，

$$M_{pc} = 1.15(1 - N / N_y)M_p \qquad (4\text{-}33)$$

工字形截面（绕弱轴）：

当 $N / N_y \leqslant A_w / A$ 时，

$$M_{pc} = M_p \qquad (4\text{-}34)$$

当 $N / N_y > A_w / A$ 时，

$$M_{pc} = \{1 - [(N - A_w f_{ay}) / (N_y - A_w f_{ay})]^2\}M_p \qquad (4\text{-}35)$$

式中：N_y——构件轴向屈服承载力，取 $N_y = A_n f_{ay}$。

（5）焊缝的极限承载力应按下列公式计算：

对接焊缝受拉：

$$N_u = A_f^w f_u \qquad (4\text{-}36)$$

角焊缝受剪：

$$V_u = 0.58 A_f^w f_u \qquad (4\text{-}37)$$

式中：A_f^w——焊缝的有效受力面积；

f_u——构件母材的抗拉强度最小值。

（6）高强度螺栓的极限受剪承载力，应取下列两式计算的较小者：

$$N_{vu}^b = 0.58 n_f A_e^b f_u^b \qquad (4\text{-}38)$$
$$N_{cu}^b = d f_{cu}^b \sum t \qquad (4\text{-}39)$$

式中：N_{vu}^b、N_{cu}^b——一个高强度螺栓的极限受剪承载力和对应的板件极限承压力；

n_f——螺栓连接的剪切面数量；

A_e^b——螺栓螺纹处的有效截面面积；

f_u^b ——螺栓钢材的抗拉强度最小值；

d ——螺栓杆直径；

$\sum t$ ——同一受力方向的钢板厚度之和；

f_{cu}^b ——螺栓连接板的极限承压强度，取 $1.5f_u$。

4.4　钢结构建筑抗震构造措施

4.4.1　纯框架结构抗震构造措施

1. 框架柱的长细比

在一定的轴力作用下，柱的弯矩转角关系如图 4-32 所示。研究发现，由于几何非线性（$P-\delta$ 效应）的影响，柱的弯曲变形能力与其轴压比（图 4-33）及其长细比（图 4-34）有关，柱的轴压比与长细比越大，弯曲变形能力越小。因此，为保障钢框架抗震的变形能力，需对框架柱的轴压比及长细比进行限制。

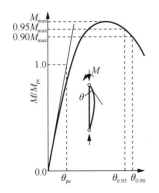

图 4-32　柱的弯矩转角关系

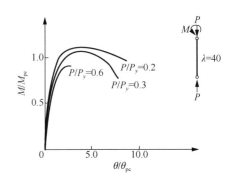

图 4-33　柱的变形能力与其轴压比的关系

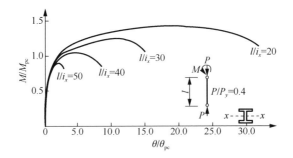

图 4-34　柱的变形能力与其长细比的关系

我国现行规范目前对框架柱的轴压比没有提出要求，建议按重力荷载代表值作用下框架柱的地震组合轴力设计值计算的轴压比不大于 0.7。

框架柱的长细比，则应符合下列规定：

一级不应大于 $60\sqrt{235/f_y}$ ，二级不应大于 $80\sqrt{235/f_y}$ ，三级不应大于 $100\sqrt{235/f_y}$ ，四级不应大于 $120\sqrt{235/f_y}$ 。

2. 梁、柱板件宽厚比

图 4-35 所示是日本做的一组梁柱试件，在反复加载下的受力变形情况。由图可见，随着构件板件宽厚比的增大，构件反复受载的承载能力与耗能能力将降低。其原因是，板件宽厚比越大，板件越易发生局部屈曲，从而影响后继承载性能。

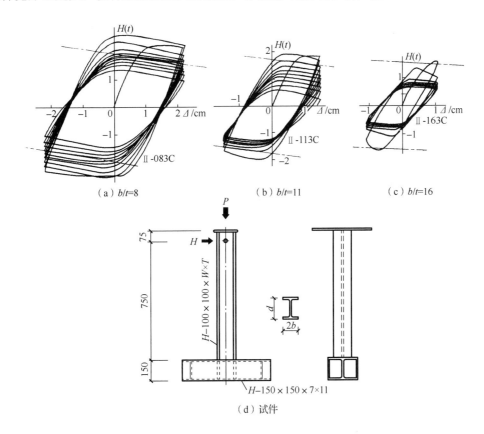

（a）$b/t=8$　　　　　（b）$b/t=11$　　　　　（c）$b/t=16$

（d）试件

图 4-35　梁柱试件反复加载试验

板件的宽厚比限制是构件局部稳定性的保证，考虑到"强柱弱梁"的设计思想，即要求塑性铰出现在梁上，框架柱一般不出现塑性铰。因此梁的板件宽厚比限值要求满足塑性设计要求，梁的板件宽厚比限值相对严些，框架柱的板件宽厚比限值相对松点。《建筑抗震设计规范（2016 年版）》（GB 50011—2010）规定柱、梁的板件宽厚比应符合表 4-6 和表 4-7 的规定。

表 4-6　框架的柱板件宽厚比限值

板件名称		抗震等级			
		一级	二级	三级	四级
柱	工字形截面翼缘外伸部分	10	11	12	13
	工字形截面腹板	43	45	48	52
	箱形截面壁板	33	36	38	40

注：表列数值适用于 Q235 钢，采用其他牌号钢材应乘以 $\sqrt{235/f_{ay}}$ 。

表 4-7　框架的梁板件宽厚比限值表

板件名称		抗震等级			
		一级	二级	三级	四级
梁	工字形截面和箱形截面翼缘外伸部分	9	9	10	11
	箱形截面翼缘在两腹板之间部分	30	30	32	36
	工字形截面和箱形截面腹板	72-120 $N_b/(Af)$ ≤60	72-100 $N_b/(Af)$ ≤65	80-110 $N_b/(Af)$ ≤70	85-120 $N_b/(Af)$ ≤75

注：1. 工字形梁和箱形梁的腹板宽厚比，对一、二、三、四级分别不宜大于 60、65、70、75；

2. 表列数值适用于 Q235 钢，采用其他牌号钢材应乘以 $\sqrt{235/f_{ay}}$ ；

3. $N_b/(Af)$ 为梁轴压比。

3. 梁与柱的连接构造

（1）梁与柱的连接宜采用柱贯通型。

（2）柱在两个互相垂直的方向都与梁刚接时宜采用箱形截面，并在梁翼缘连接处设置隔板；隔板采用电渣焊时，柱壁板厚度不宜小于 16mm，小于 16mm 时可改用工字形柱或采用贯通式隔板。当柱仅在一个方向与梁刚接时，宜采用工字形截面，并将柱腹板置于刚接框架平面内。

（3）工字形柱（绕强轴）和箱形柱与梁刚接时（图 4-36），应符合下列要求：

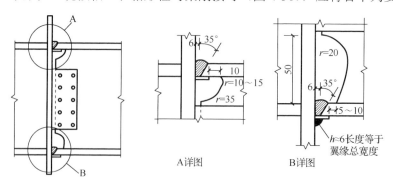

图 4-36　框架梁与柱的现场连接

① 梁翼缘与柱翼缘间应采用全熔透坡口焊缝；一、二级时，应检验焊缝的 V 形切口冲击韧性，其冲击韧性在-20℃时不低于 27J。

② 柱在梁翼缘对应位置应设置横向加劲肋（隔板），加劲肋（隔板）厚度不应小于梁翼缘厚度，强度与梁翼缘相同。

③ 梁腹板宜采用摩擦型高强度螺栓与柱连接板连接（经工艺试验合格能确保现场焊接质量时，可用气体保护焊进行焊接）；腹板角部应设置焊接孔，孔形应使其端部与梁翼缘和柱翼缘间的全熔透坡口焊缝完全隔开。

④ 腹板连接板与柱的焊接，当板厚不大于 16mm 时应采用双面角焊缝，焊缝有效厚度应满足等强度要求，且不小于 5mm；板厚大于 16mm 时采用 K 形坡口对接焊缝。该焊缝宜采用气体保护焊，且板端应绕焊。

⑤ 一级和二级时，宜采用能将塑性铰自梁端外移的端部扩大形连接、梁端加盖板或骨形连接。

（4）框架梁采用悬臂梁段与柱刚性连接时（图 4-37），悬臂梁段与柱应采用全焊接连接，此时上下翼缘焊接孔的形式宜相同；梁的现场拼接可采用翼缘焊接腹板螺栓连接，如图 4-37（a）所示，或全部螺栓连接，如图 4-37（b）所示。

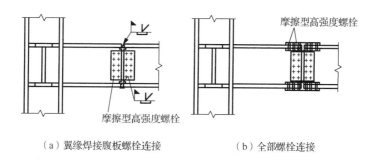

（a）翼缘焊接腹板螺栓连接　　　　　　（b）全部螺栓连接

图 4-37　框架柱与梁悬臂段的连接

（5）箱形柱在与梁翼缘对应位置设置的隔板，应采用全熔透对接焊缝与壁板相连。工字形柱的横向加劲肋与柱翼缘，应采用全熔透对接焊缝连接，与腹板可采用角焊缝连接。

（6）梁与柱刚性连接时，柱在梁翼缘上下各 500mm 的范围内，柱翼缘与柱腹板间或箱形柱壁板间的连接焊缝应采用全熔透坡口焊缝。

（7）框架柱的接头距框架梁上方的距离，可取 1.3m 和柱净高一半的较小值。上下柱的对接接头应采用全熔透焊缝，柱拼接接头上下各 100mm 范围内，工字形柱翼缘与腹板间及箱形柱角部壁板间的焊缝，应采用全熔透焊缝。

（8）钢结构的刚接柱脚宜采用埋入式，也可采用外包式；烈度为 6 度、7 度且钢结构高度不超过 50m 时也可采用外露式。

（9）在烈度为 8 度的Ⅲ、Ⅳ场地和烈度为 9 度场地等强震地区，梁柱刚性连接可采用能将塑性铰自梁端外移的狗骨式节点（图 4-38）。

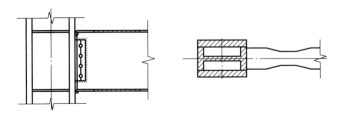

图 4-38　狗骨式节点

4. 梁柱构件的侧向支承

梁柱构件的侧向支承应符合下列要求：

（1）梁柱构件受压翼缘应根据需要设置侧向支承。

（2）梁柱构件在出现塑性铰的截面，上下翼缘均应设置侧向支承。

（3）相邻两侧向支承点间的构件长细比，应符合国家标准《钢结构设计标准》（GB 50017—2017）的有关规定。

当梁上翼缘与楼板有可靠连接时，简支梁可不设置侧向支承，固端梁下翼缘在梁端 0.15 倍梁跨附近宜设置隔撑。梁端采用骨形连接或梁端扩大时，应在塑性区外设置竖向加劲肋，隔撑与偏置的竖向加劲肋相连。梁端翼缘宽度较大，对梁下翼缘侧向约束较大时，也可不设隔撑。首先验算钢梁受压区长细比 λ_y 是否满足

$$\lambda_y \leqslant 60\sqrt{235/f_y}$$

若不满足，可按图 4-39 所示的方法设置侧向约束。

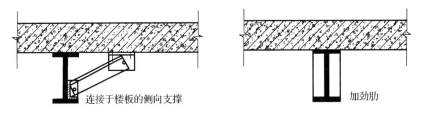

图 4-39　钢梁受压翼缘侧向约束

4.4.2　刚接柱脚的构造措施

高层钢结构刚性柱脚主要有埋入式（图 4-40）、外包式（图 4-41）及外露式三种。考虑到在 1995 年日本阪神大地震中，埋入式柱脚的破坏较少，性能较好，所以《建筑抗震设计规范（2016 年版）》（GB 50011—2010）建议：钢结构的刚接柱脚宜采用埋入式，也可采用外包式；烈度为 6 度、7 度且钢结构高度不超过 50m 时也可采用外露式。

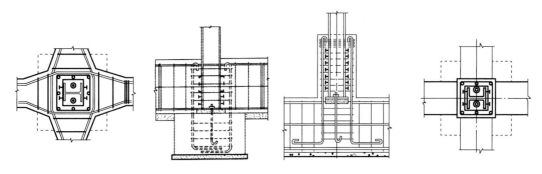

図 4-40　埋入式柱脚　　　　　　　　　　　　図 4-41　外包式柱脚

1. 埋入式柱脚

埋入式柱脚就是将钢柱埋置于混凝土基础梁中。上部结构传递下来的弯矩和剪力通过柱翼缘对混凝土的承压作用传递给基础；上部结构传递下来的轴向压力或轴向拉力由柱脚底板或锚栓传给基础。其弹性设计阶段的抗弯强度和抗剪强度要满足下列公式的要求。

$$\frac{M}{W} \leqslant f_{cc} \tag{4-40}$$

$$\left(\frac{2h_0}{d}+1\right)\left[1+\sqrt{1+\frac{1}{(2h_0/d+1)^2}}\right]\frac{V}{Bd} \leqslant f_{cc} \tag{4-41}$$

$$W = Bd^2/6$$

式中：M、V——柱脚的弯矩设计值和剪力设计值；

　　　B、h_0、d——钢柱埋入深度、柱反弯点至柱脚底板的距离和钢柱翼缘宽度；

　　　f_{cc}——混凝土轴心抗压强度设计值。

其设计中还应满足以下构造要求：

（1）柱脚的埋入深度对轻型工字形柱，不得小于钢柱截面高度的 2 倍；对大截面 H 型钢柱和箱形柱，不得小于钢柱截面高度的 3 倍。

（2）埋入式柱脚在钢柱埋入部分的顶部，应设置水平加劲肋或隔板，加劲肋或隔板的宽厚比应符合国家标准《钢结构设计标准》（GB 50017—2017）关于塑性设计的规定。柱脚在钢柱的埋入部分应设置栓钉，栓钉的数量和布置可按外包式柱脚的有关规定确定。

（3）柱脚钢柱翼缘的保护层厚度，对中间柱不得小于 180mm，对边柱和角柱的外侧不宜小于 250mm，如图 4-42 所示。

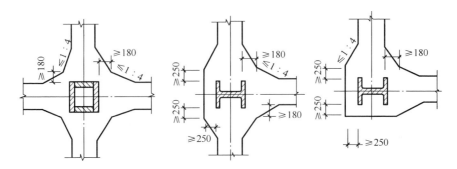

图 4-42 埋入式柱脚的保护层厚度

（4）柱脚钢柱四周，应按下列要求设置主筋和箍筋。

① 主筋的截面面积应按下列公式计算：

$$\begin{cases} A_s = \dfrac{M_0}{d_0 f_{sy}} \\ M_0 = M + Vd \end{cases} \tag{4-42}$$

式中：M_0——作用于钢柱脚底部的弯矩；

d_0——受拉侧与受压侧纵向主筋合力点间的距离；

f_{sy}——钢筋抗拉强度设计值。

② 主筋的最小配筋率为 0.2%，且不宜少于 $4\phi22$，并上端弯钩。主筋的锚固长度不应小于 $35d$（d 为钢筋直径），当主筋的中心距大于 200mm 时，应设置 $\phi16$ 的架立筋。

③ 箍筋宜为 $\phi10$，间距 100mm；在埋入部分的顶部，应配置不少于 $3\phi12$、间距 50mm 的加强箍筋。

2. 外包式柱脚

外包式柱脚就是在钢柱外面包以钢筋混凝土的柱脚。上部结构传递下来的弯矩和剪力全部是通过外包混凝土承受的；上部结构传递下来的轴向压力或轴向拉力是由柱脚底板或锚栓传给基础的。其弹性设计阶段的抗弯强度和抗剪强度要满足下列公式的要求。

$$M \leqslant nA_s f_{sy} d_0 \tag{4-43}$$

$$V - 0.4N \leqslant V_{rc} \tag{4-44}$$

工字形截面：

$V_{rc} = b_{rc}h_0\left(0.07f_{cc} + 0.5f_{ysh}\rho_{sh}\right)$ 或 $V_{rc} = b_{rc}h_0\left(0.14f_{cc}b_e / b_{rc} + f_{ysh}\rho_{sh}\right)$，取较小值

箱形截面：

$$V_{rc} = b_e h_0\left(0.07f_{cc} + 0.5f_{ysh}\rho_{sh}\right) \tag{4-45}$$

式中：M、V、N——柱脚弯矩设计值、剪力设计值和轴力设计值；

A_s——受拉主筋截面面积；

n——受拉主筋的根数；

V_{rc}——外包钢筋混凝土所分配到的受剪承载力，由混凝土黏结破坏或剪切破坏的最小值决定；

b_{rc}——外包钢筋混凝土的总宽度；

b_e——外包钢筋混凝土的有效宽度，$b_e = b_{e1} + b_{e2}$，如图 4-43 所示；

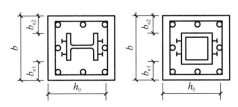

图 4-43　外包式柱脚截面

f_{cc}——混凝土轴心抗压强度设计值；

f_{sy}、f_{ysh}——受拉主筋和水平箍筋的抗拉强度设计值；

ρ_{sh}——水平箍筋配筋率；

d_0——受拉主筋重心至受压区主筋重心间的间距；

h_0——混凝土受压区边缘至受拉钢筋重心的距离。

其设计中还应满足以下主要构造要求：

（1）柱脚钢柱的外包高度，对于工字形截面柱可取钢柱截面高度的 2.2～2.7 倍，对于箱形截面柱可取钢柱截面高度的 2.7～3.2 倍。

（2）柱脚钢柱翼缘外侧的钢筋混凝土保护层厚度，一般不应小于 180mm，同时应满足配筋的构造要求。

（3）柱脚底板的长度、宽度、厚度，可根据柱脚轴力计算确定，但柱脚底板的厚度不宜小于 20mm。

（4）锚栓的直径，通常根据其与钢柱板件厚度和底板厚度相协调的原则确定，一般可取 29～42mm，不宜小于 20mm。当不设锚板或锚梁时，柱脚锚栓的锚固长度要大于 30 倍锚栓直径；当设有锚板或锚梁时，柱脚锚栓的锚固长度要大于 25 倍锚栓直径。

4.4.3　钢框架–中心支撑结构抗震构造措施

1. 受拉斜杆布置

当中心支撑采用只能受拉力的斜杆体系时，应同时设置不同倾斜方向的两组斜杆，且每组中不同方向单斜杆的截面面积在水平方向的投影面积之差不得大于 10%。

2. 中心支撑构件长细比、板件宽厚比

（1）支撑杆件的长细比，不宜大于表 4-8 的限值。

表 4-8 钢结构中心支撑杆件长细比限值

类型		烈度		
		6 度、7 度	8 度	9 度
不超过 12 层	按压杆设计	150	120	120
	按拉杆设计	200	150	150
超过 12 层		120	90	60

注：表列数值适用于 Q235 钢，采用其他牌号钢材应乘以 $\sqrt{235/f_{ay}}$ 。

（2）支撑杆件板件的宽厚比，不应大于表 4-9 的限值。采用节点板连接时，应注意节点板的强度和稳定。

表 4-9 钢结构中心支撑板件宽厚比限值

板件名称	一级	二级	三级	四级
翼缘外伸部分	8	9	10	13
工字形截面腹板	25	26	27	33
箱形截面壁板	18	20	25	30
圆管外径与壁厚比	38	40	40	42

注：表列数值适用于 Q235 钢，采用其他牌号钢材应乘以 $\sqrt{235/f_{ay}}$ ，圆管应乘以 $235/f_{ay}$ 。

3. 中心支撑节点构造要求

（1）超过 12 层时，支撑宜采用轧制 H 型钢制作，两端与框架可采用刚接构造，梁柱与支撑连接处应设置加劲肋；烈度为 8 度、9 度采用焊接工字形截面的支撑时，其翼缘与腹板的连接宜采用全熔透连续焊缝。

（2）支撑与框架连接处，支撑杆端宜做成圆弧形。

（3）在梁与 V 形支撑或人字形支撑相交处，应设置侧向支承；该支撑点与梁端支撑点间的侧向长细比及支承力，应符合国家标准关于塑性设计的规定。

（4）不超过 12 层时，若支撑与框架采用节点板连接，应符合国家标准关于节点板在连接杆件每侧有不小于 30°夹角的规定；支撑端部至节点板嵌固点在沿支撑杆件方向的距离（由节点板与框架构件焊缝的起点垂直于支撑杆轴线的直线至支撑端部的距离），不应小于节点板厚度的两倍。

4. 框架部分的结构抗震措施

框架-中心支撑结构的框架部分，当房屋高度不高于 100m 且框架部分承担的地震作用不大于结构底部总地震剪力的 25%时，烈度为 8 度、9 度的抗震构造措施可按框架结构降低度的相应要求采用。

4.4.4 钢框架-偏心支撑结构抗震构造措施

图 4-44 为钢框架-偏心支撑构造示意图。抗震构造设计思路是保证消能梁段延性、

消能能力及板件局部稳定性，保证消能梁段在反复荷载作用下的滞回性能，保证偏心支撑杆件的整体稳定性、局部稳定性。另外，偏心支撑的斜杆中心线与梁中心线的交点，一般在消能梁段的端部或在消能梁段内（图 4-44），此时将产生与消能梁段端部弯矩方向相反的附加弯矩，从而减少消能梁段和支撑杆件的弯矩，对抗震有利。

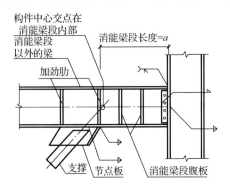

图 4-44　钢框架-偏心支撑构造示意图

1. 保证消能梁段延性及局部稳定

为使消能梁段有良好的延性和消能能力，偏心支撑框架消能梁段的钢材屈服强度不应大于 345MPa。消能梁段及与其在同跨内的非消能梁段，板件的宽厚比限值不应大于表 4-10 的规定。

表 4-10　偏心支撑框架梁板件宽厚比限值

板件名称		宽厚比限值
翼缘外伸部分		8
腹板	当 $N/Af \leqslant 0.14$ 时	$90\left[1-1.65N/(Af)\right]$
	当 $N/Af > 0.14$ 时	$33\left[2.3-N/(Af)\right]$

注：表列数值适用于 Q235 钢，采用其他牌号钢材时应乘以 $\sqrt{235/f_{ay}}$。

2. 保证偏心支撑构件稳定性

为保证偏心支撑构件的稳定性，偏心支撑框架的支撑杆件的长细比不应大于 $120\sqrt{235/f_{ay}}$，支撑杆件的板件宽厚比不应超过国家标准规定的轴心受压构件在弹性设计时的宽厚比限值。

3. 消能梁段构造要求

（1）为保证消能梁段具有良好的滞回性能，考虑消能梁段的轴力，限制该梁段的长度，当 $N > 0.16Af$ 时，消能梁段的长度 a 应符合下列规定：

当 $\rho(A_w/A) < 0.3$ 时，

$$a < 1.6M_{lp}/V_l$$

当 $\rho\left(A_w / A\right) \geqslant 0.3$ 时，

$$a \leqslant 1.6\left[1.15 - 0.5\rho\left(A_w / A\right)\right]M_{lp} / V_l$$

式中：a ——消能梁段的长度；

$\quad\quad\rho$ ——消能梁段轴向力设计值与剪力设计值之比，$\rho = N / V$。

（2）消能梁段的腹板不得贴焊补强板，也不得开洞，以保证塑性变形的发展。

（3）消能梁段与支撑连接处，应在其腹板两侧配置加劲肋，加劲肋的高度应为梁腹板高度，一侧的加劲肋宽度不应小于（$bt / 2 - t_w$），厚度不应小于 $0.75t_w$ 和 10mm 的较大值。这是保证剪力传递、防止梁腹板屈曲的构造措施。

4.5　多层与高层钢结构建筑抗震设计实例

4.5.1　工程概况

某高层钢结构办公楼，建筑总高度为 57.6m，设防烈度为 8 度，设计基本地震加速度 0.2g，设计地震为第一组，Ⅲ类场地，采用钢框架-中心支撑结构，其中支撑采用人字形布置，结构的几何尺寸如图 4-45 所示。结构中柱采用箱形柱，梁采用焊接 H 型钢，支撑采用轧制 H 型钢，具体的构件截面尺寸见表 4-11。钢材型号：梁柱采用 Q345 钢，支撑采用 Q235 钢，楼板为 120mm 厚的压型钢板组合楼盖。试对该框架结构进行抗震验算。

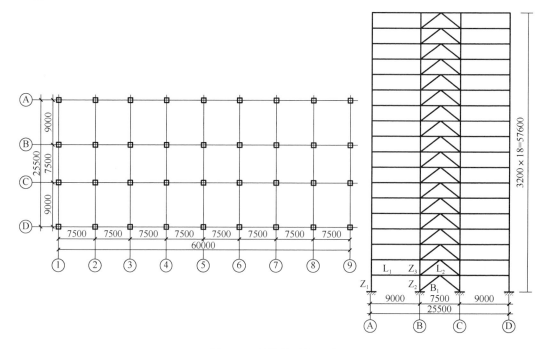

图 4-45　结构的几何尺寸

表 4-11　结构构件的截面尺寸　　　　　　　　　单位：mm

边柱		中柱		框架梁		框架支撑	
层数	截面尺寸	层数	截面尺寸	层数	截面尺寸	层数	截面尺寸（轧制）
1～6	450×450×32	1～6	450×450×36	1～9	600×250×12×25	1～18	250×250×9×14
7～12	450×450×28	7～12	450×450×32	10～18	600×250×12×20	—	—
13～18	450×450×24	13～18	450×450×28	—	—	—	—

4.5.2　计算模型

本工程为规则结构，计算时考虑楼板与梁的共同作用，计算模型中梁的截面惯性矩取 $1.5I_b$（I_b 为钢梁的截面惯性矩）。

1. 地震影响系数曲线的基本参数

水平地震影响系数最大值为 $\alpha_{max}=0.16$，场地特征周期值为 $T_g=0.45s$，阻尼比为 $\xi=0.03$，则地震影响系数曲线下降段的衰减指数为

$$\gamma = 0.9+\frac{0.05-\xi}{0.3+6\xi}=0.94$$

直线下降段的下降斜率调整系数为

$$\eta_1 = 0.02+(0.05-\xi)/(4+32\xi)=0.024$$

阻尼调整系数为

$$\eta_2 = 1.0+(0.05-\xi)/(0.08+1.6\xi)=1.156$$

2. 重力荷载代表值

楼板、管道、吊顶及压型钢板自重为 $3.5kN/m^2$，活荷载为 $2.0kN/m^2$，梁、柱、支撑等构件自重由截面尺寸确定。

4.5.3　构件内力计算及抗震验算

本例题结构层数较多，计算较为复杂，考虑篇幅原因，框架内力及位移均采用了中国建筑科学研究院 PKPM 系列软件（STS 模块）的分析计算结果。本工程为烈度 8 度设防，且高度大于 50m，其抗震等级应为二级。

1. 各种内力调整系数

本例因采用的是中心框架结构体系，只需对框架构件地震剪力进行调整。由计算结果可知，底层框架柱和支撑所承担的地震剪力分别为

$$V_{框架}=345200N，\quad V_{支}=615658N$$

$$V_{框架}/(V_{框架}+V_{支})=345200/(345200+615658)\approx0.4>0.25$$

故地震剪力调整系数取 1.0。

2. 构件抗震验算

因篇幅所限，仅对图 4-45 中的 Z_1、Z_2、Z_3、L_1、L_2 和 B_1 等少数构件和节点域进行抗震验算，表 4-12 所列为这些构件组合的内力设计值。因为本工程是位于III类场地、烈度 8 度设防、平面布置规则且风荷载不起控制作用的钢框架-中心支撑结构，所以构件的组合内力设计值中不考虑竖向地震作用和风荷载的作用。

构件的组合内力设计值 S 按下式进行组合计算：

$$S = \gamma_G S_{GE} + \gamma_{Eh} S_{Ehk}$$

式中：γ_G——重力荷载分项系数，取 1.2；

$\quad\quad \gamma_{Eh}$——水平地震作用分项系数，取 1.3；

$\quad\quad S_{GE}$——重力荷载代表值的效应；

$\quad\quad S_{Ehk}$——水平地震作用标准值的效应，还应乘以相应的增大系数或调整系数。

表 4-12　部分构件的组合内力设计值和截面参数

构件编号	轴力/kN	剪力/kN	弯矩/(kN·m)	截面面积/m²	W_{nx} / m³	W_{ny} / m³	$W_{pc}\left(W_{pb}\right)$ / m³	承载力抗震调整系数
Z_1	3251.7	120.9	264.4	0.0535	6.96×10^{-3}	6.96×10^{-3}	8.403×10^{-3}	0.75
Z_2	3027.1	176.8	334.5	0.0596	7.63×10^{-3}	7.63×10^{-3}	9.279×10^{-3}	0.75
Z_3	2049	170.4	328.4	0.0596	7.63×10^{-3}	7.63×10^{-3}	9.279×10^{-3}	0.375
L_1	—	133	339	0.0191	4.00×10^{-3}	5.22×10^{-4}	9.279×10^{-3}	0.75
L_2	—	159	308	0.0191	4.00×10^{-3}	5.22×10^{-4}	4.500×10^{-3}	0.75
B_1	536.2	—	—	9.218×10^{-3}	—	—	—	0.80

1）框架柱 Z_1 的截面抗震验算

（1）强度验算。假定 $A_n = 0.94A$，$W_{nx} = W_{ny} = 0.9W_x = 0.9W_y$，则

$$\frac{N}{A_n} + \frac{M_x}{\gamma_x M_{nx}} + \frac{M_y}{\gamma_x M_{ny}} = \frac{3251.7 \times 10^3}{0.94 \times 0.0535} + \frac{264.4 \times 10^6}{1.05 \times 0.9 \times 6.96}$$

$$\approx 1.049 \times 10^8 \, (\text{N/m}^2)$$

$$\leqslant f / \gamma_{RE} = 295 \times 10^6 / 0.75 \approx 3.93 \times 10^8 \, (\text{N/m}^2)$$

（2）平面内稳定性验算。框架柱 Z_1 为结构的底层柱。根据 Z_1 顶端所连框架梁的线刚度与柱线刚度的关系，查《钢结构设计标准》（GB 50017—2017）可得，柱 Z_1 的计算长度系数 $\mu = 1.5$，则

$$\lambda_x = \frac{\mu H}{i_x} = \frac{1.5 \times 3.2}{0.1711} = 28, \quad \varphi_x = 0.922$$

$$N'_{Ex} = \pi^2 EA / (1.1\lambda_x^2) = \pi^2 \times 2.06 \times 10^5 \times 0.0535 \times 10^6 / (1.1 \times 28^2) = 1.26 \times 10^5 \, (\text{kN})$$

$$\beta_{\max} = 1.0$$

$$\frac{N}{\varphi_x A} + \frac{\beta_{mx} M_x}{\gamma_x W_{1x}(1 - 0.8N / N'_{Ex})}$$

$$= \frac{3251.7 \times 10^3}{0.922 \times 0.0535 \times 10^6} + \frac{1.0 \times 264.4 \times 10^6}{1.05 \times 6.69 \times 10^6 \times \left(1 - \frac{0.8 \times 3251.7 \times 10^3}{1.26 \times 10^8}\right)}$$

$$= 102.8 < f / \gamma_{RE} = 369 (\text{N/mm}^2)$$

（3）平面外稳定性验算。本例假定平面外的计算长度系数也为 1.5，实际工程要根据实际情况计算，则

$$\varphi_y = \varphi_x = 0.922, \quad \beta_{tx} = 0.65 + 0.35 M_2 / M_1 = 0.86, \quad \varphi_b = 1.0, \quad \eta = 0.7$$

$$\frac{N}{\varphi_y A} + \eta \frac{\beta_{tx} M_X}{\varphi_b W_{1x}} = 96.6 < f / \gamma_{RE} = 369 (\text{N/mm}^2)$$

故框架柱 Z_1 满足抗震要求。

2）框架梁 L_1 截面抗震验算

因本例中结构的楼盖采用的是 120mm 厚的压型钢板组合楼盖，并与钢梁有可靠的连接，故不必验算整体稳定性，只需分别验算其抗弯强度和抗剪强度。

（1）抗弯强度验算。假定 $W_{nx} = 0.9$，则

$$W_x \frac{M_x}{\gamma_x W_x} = \frac{339 \times 10^6}{1.05 \times 0.9 \times 4.0 \times 10^6} = 89.68 \leqslant f / \gamma_{RE} = 369 (\text{N/mm}^2)$$

（2）抗剪强度验算。假定 $A_{wn} = 0.85 A_w$，则

$$\frac{V}{A_{wn}} = \frac{133 \times 10^3}{0.85 \times (600 - 50) \times 12} = 23.7 (\text{N/mm}^2) < f_v / \gamma_{RE} = \frac{170 \times 10^6}{0.75} = 226.7 (\text{N/mm}^2)$$

则框架梁 L_1 满足抗震要求。

3）支撑受压承载力验算

支撑的抗震验算要进行受压承载力验算。支撑杆件所受轴力 $N = 536.2 \text{kN}$。

因 $i_y = 60.8\text{mm} < i_x = 103\text{mm}$，则 $\lambda = \dfrac{\sqrt{3.75^2 + 3.2^2}}{0.0608} = 81$，$\varphi = 0.681$。

$$\lambda_n = (\lambda / \pi)\sqrt{f_{ay} / E} = (81 / 3.14\sqrt{235 / 2.06 \times 10^5}) \approx 0.87$$

$$\varphi = 1 / (1 + 0.3\lambda_n 5) = 0.766$$

$$N / (\varphi A_{br}) = \frac{536.2 \times 10^3}{0.681 \times 9.218 \times 10^3} = 85.42 (\text{N/mm}^2)$$

$$< \frac{\varphi f}{\gamma_{RE}} = 205.9 (\text{N/mm}^2)$$

则支撑构件 B_1 满足要求。

4）与人字形支撑相连的横梁 L_2 验算

横梁的验算按中间无支座的简支梁计算。

受压支撑的最大屈曲承载力为

$$N_{压} = \varphi A_{br} f_{ay} = 1475.2 (\text{kN})$$

受拉支撑的最小屈服承载力为

$$N_{拉} = A_{br} f_{ay} = 2166.2(\text{kN})$$

支撑不平衡力为

$$F = (N_{拉} - 0.3N_{压}) \times 3.2 / \sqrt{3.75^2 + 3.2^2} = 1.119 \times 10^3 (\text{kN})$$

构件自重为 $q_{G1} = 1.47 \times 10^3 (\text{N/m})$，楼板、吊顶等的等效重力荷载代表值为 $q_{G2} = 3.15 \times 10^4 (\text{N/m})$，则

$$M_{\max} = (q_{G1} + q_{G2})l^2 / 8 + Fl / 4 = 2.330 \times 10^3 (\text{kN/m})$$

$$V_{\max} = (q_{G1} + q_{G2})l / 2 + F / 2 = 6.83 \times 10^5 (\text{N})$$

$$\frac{M_x}{\gamma_x W_x} = 554.76 > f / \gamma_{\text{RE}} = 369 (\text{N/mm}^2)$$

$$V / A_w = 103.48 (\text{N/mm}^2) < f_v / \gamma_{\text{RE}} = 226.7 (\text{N/mm}^2)$$

所以横梁 L_2 抗弯强度不满足抗震要求，需采取一定的构造措施，如人字形支撑与 V 形支撑交替设置或设置拉链柱。

5）钢框架梁柱节点全塑性承载力验算

本例仅对与 Z_2、L_1、L_2 等构件所连节点进行全塑性承载力验算。

$$\sum W_{pc}(f_{yc} - N / A_c) = 5.61 \times 10^9 (\text{N·mm}) > \eta \sum W_{pb} f_{yb} = 3.41 \times 10^9 (\text{N·mm})$$

所以该节点满足全塑性承载力要求。

6）节点域的抗剪强度、屈服承载力和稳定性验算

本例仅对与 Z_1、Z_2、L_1、L_2 等构件所连节点域进行抗震验算，其他节点域的验算方法与此相同。具体内容应对节点域进行抗剪强度、屈服承载力和稳定性验算。

（1）抗剪强度验算：

$$V_p = 1.8 h_{b1} h_{c1} t_w = 0.0135 (\text{m}^3)$$

$$(M_{b1} + M_{b2}) / V_p = 47.9 (\text{N/mm}^2) \leqslant (4 / 3) f_v / \gamma_{\text{RE}} = 320 (\text{N/mm}^2)$$

（2）屈服承载力和稳定性验算：

$$M_{pb1} = M_{pb2} = 1.55 \times 10^6 (\text{N·m})$$

$$\frac{\psi(M_{pb1} + M_{pb2})}{V_p} = 160 (\text{N/mm}^2) \leqslant (4 / 3) f_{yv} = 266.8 (\text{N/mm}^2)$$

$$t_w = 0.036 \geqslant \frac{h_c + h_b}{90} = 0.01$$

故该节点域满足抗震要求。

7）抗震变形验算

根据 PKPM 软件计算结果，最大层间位移为 0.00343m，则

$$\Delta u_{e\max} = 0.00343\text{m} < [\theta_e]h = 0.0128\text{m}$$

故该结构在多遇地震作用下的变形满足抗震要求。

思　考　题

1. 钢结构建筑的主要震害现象有哪些?
2. 多层与高层钢结构建筑抗震设计的一般规定有哪些?
3. 简述结构计算模型的技术要点。
4. 纯框架结构抗震构造措施有哪些?
5. 刚接柱脚的构造措施有哪些?
6. 钢框架-中心支撑结构抗震构造措施有哪些?
7. 钢框架-偏心支撑结构抗震构造措施有哪些?

第5章 多层砌体房屋和底部框架建筑抗震设计

5.1 多层砌体结构建筑的震害特点

震害资料表明，多层砌体房屋的破坏主要发生在墙体转角处、内外墙连接处、预制楼盖处及凸出屋面的屋顶结构（如电梯机房、水箱间、小烟囱、女儿墙）等部位。

1. 房屋倒塌

当房屋墙体特别是底层墙体整体抗震强度不足时，易造成房屋整体倒塌（图 5-1）；当房屋局部或上层墙体抗震强度不足或个别部位构件间连接强度不足时，易造成局部倒塌。

图 5-1　砌体房屋倒塌

2. 墙体的破坏

砌体房屋墙体开裂如图 5-2 所示。墙体出现斜裂缝主要是由于抗剪强度不足，墙体出现水平裂缝的主要原因是墙体平面外受弯，墙体出现竖向裂缝的主要原因可能是纵墙交接处的连接不好。

3. 墙体转角处的破坏

由于墙角位于房屋尽端，房屋对它的约束作用弱，因此该处抗震能力相对较低。在地震过程中，如果房屋发生扭转，墙角处位移反应比其他部位大。

图 5-2　砌体房屋墙体开裂

4. 纵横墙连接破坏

纵横墙连接处受力比较复杂，如果施工时纵横墙没有很好地咬槎和连接，地震时易出现竖向裂缝、拉脱，甚至造成外纵墙整片倒塌。

5. 其他破坏

其他破坏主要包括建筑非结构构件的破坏，围护墙、隔墙、室内装饰的开裂及倒塌；防震缝宽度不够，导致强震时缝两侧墙体碰撞造成损坏等。

5.2　多层砌体结构选型与布置

5.2.1　结构布置

1. 平、立面布置

房屋的平、立面布置应尽可能简单、规则、对称，避免采用不规则的平、立面。

2. 结构体系

纵墙承重的结构体系，由于横向支承少，纵墙易产生平面外弯曲破坏而导致结构倒塌，因此，对多层砌体房屋应优先采用横墙承重结构方案，其次考虑纵横墙共同承重的结构方案，尽可能避免纵墙承重方案。

砌体墙和混凝土墙混合承重时，由于两种材料性能不同，因此整体工作性能差，故应避免。

结构框架体系有以下几种：

（1）框架-支撑体系（图 5-3、图 5-4）。

（2）框架-抗震墙板体系。

（3）筒体体系（图 5-5、图 5-6）。

（4）巨型框架结构体系（图 5-7）。

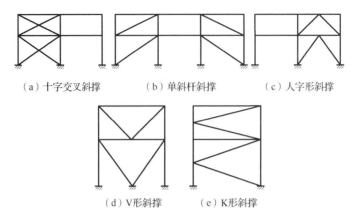

（a）十字交叉斜撑　　　（b）单斜杆斜撑　　　（c）人字形斜撑

（d）V形斜撑　　　（e）K形斜撑

图 5-3　各种框架-中心支撑结构支撑体系

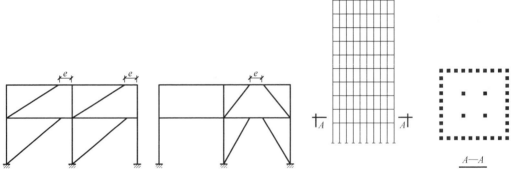

图 5-4　框架-偏心支撑结构体系　　　　　　　　图 5-5　筒体体系

图 5-6　桁架筒体体系

图 5-7　巨型框架结构体系

3. 纵横墙的布置

砌体房屋纵横墙的布置要求如图 5-8 所示。

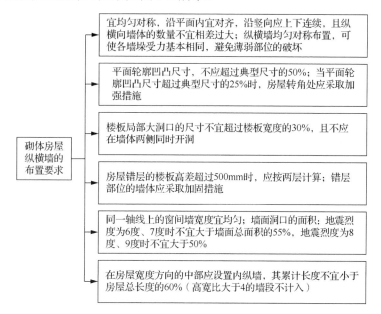

图 5-8　砌体房屋纵横墙的布置要求

4. 防震缝的设置

房屋立面高差在 6m 以上或者房屋有错层，且楼板高差大于层高的 1/4 时应设置防震缝，缝两侧均应设置墙体，缝宽应根据地震烈度和房屋高度确定，一般为 70～100mm。

5.2.2　房屋的总高度与层数

历次震害调查表明，砌体房屋的高度越高、层数越多，震害越严重，破坏和倒塌率也越高。因此，对这类房屋的总高度和层数应予以限制，不应超过表 5-1 的限值，且砖房层高不宜超过 4m，砌块房屋层高不宜超过 3.6m。

医院、教学楼及横墙较少的多层砌体房屋等总高度，应比表 5-1 规定的降低 3m，层数相应减少一层。

表 5-1　房屋的层数和总高度限值

房屋类型		最小抗震墙厚度/mm	烈度											
			6 度		7 度				8 度				9 度	
			设计基本地震加速度											
			0.05g		0.10g		0.15g		0.20g		0.30g		0.40g	
			高度/m	层数	高度/m	层数	高度/m	层数	高度/m	层数	高度/m	层数	高度/m	层数
多层砌体房屋	普通砖	240	21	7	21	7	21	7	18	6	15	5	12	4
	多孔砖	240	21	7	21	7	18	6	18	6	15	5	9	3
	多孔砖	190	21	7	18	6	15	5	15	5	12	4		
	小砌块	190	21	7	21	7	18	6	18	6	15	5	9	3

续表

房屋类型		最小抗震墙厚度/mm	烈度										
			6度		7度				8度				9度	
			设计基本地震加速度											
			0.05g		0.10g		0.15g		0.20g		0.30g		0.40g	
			高度/m	层数	高度/m	层数	高度/m	层数	高度/m	层数	高度/m	层数	高度/m	层数
底部框架-抗震墙房屋	普通砖、多孔砖	240	22	7	22	7	19	6	16	5				
	多孔砖	190	22	7	19	6	16	5	13	4				
	小砌块	190	22	7	22	7	19	6	16	5				

5.2.3 房屋的高宽比

随着高宽比增大，多层砌体房屋变形中弯曲效应增加，因此在墙体水平截面产生的弯曲应力也将增大，而砌体的抗拉强度较低，故很容易出现水平裂缝，发生明显的整体弯曲破坏。为此，多层砌体房屋的最大高宽比应符合表 5-2 的规定，以限制弯曲效应，保证房屋的稳定性。

表 5-2 房屋最大高宽比

烈度	6度	7度	8度	9度
最大高宽比	2.5	2.5	2.0	1.5

5.2.4 抗震横墙的间距

房屋的抗震横墙间距大、数量少，房屋结构的空间刚度就小，同时纵墙的侧向支撑就少，房屋的整体性降低，因而其抗震性能就差。此外，横墙间距过大，楼盖刚度可能不足以传递水平地震作用到相邻墙体，可能使纵墙发生较大的出平面弯曲而导致破坏，如图 5-9 所示。因此，应对砌体房屋抗震横墙间距作限制，表 5-3 所示为《建筑抗震设计规范（2016 年版）》（GB 50011—2010）对砌体房屋抗震横墙间距的限值。

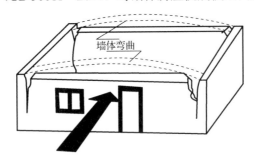

墙体弯曲

图 5-9 横墙间距过大引起的破坏

表 5-3 砌体房屋抗震横墙间距的限值

单位：m

房屋类别		烈度			
		6度	7度	8度	9度
多层砌体房屋	现浇或装配整体式钢筋混凝土楼、屋盖	15	15	11	7
	装配式钢筋混凝土楼、屋盖	11	11	9	4
	木屋盖	9	9	4	—

续表

房屋类别		烈度			
		6 度	7 度	8 度	9 度
底部框架-抗震墙砌	上部各层	同多层砌体房屋			—
体房屋	底层或底部两层	18	15	11	—

5.2.5　房屋的局部尺寸

为避免砌体房屋出现薄弱部位，防止因局部破坏而造成整栋房屋结构的破坏甚至倒塌，应对多层砌体房屋的局部尺寸作限制，其限值见表 5-4。

表 5-4　房屋的局部尺寸限值　　　　　　　　　单位：m

部位	烈度			
	6 度	7 度	8 度	9 度
承重窗间墙最小宽度	1.0	1.0	1.2	1.5
承重外墙尽端至门窗洞边的最小距离	1.0	1.0	1.2	1.5
非承重外墙尽端至门窗洞边的最小距离	1.0	1.0	1.0	1.0
内墙阳角至门窗洞边的最小距离	1.0	1.0	1.5	2.0
无锚固女儿墙（非出入口处）的最大高度	0.5	0.5	0.5	0.0

5.3　多层砌体结构的抗震计算

5.3.1　计算简图

在计算多层砌体房屋地震作用时，应以防震缝划分的结构单元作为计算单元。可将多层砌体结构房屋的重力荷载代表值分别集中于各楼层及屋盖处，下端为固定端。

重力荷载代表值（G_i）包括第 i 层楼盖自重、作用在该层楼面上的可变荷载和以该楼层为中心上下各半层的墙体自重（门窗自重）之和。图 5-10 所示为多层砌体房屋的计算简图。

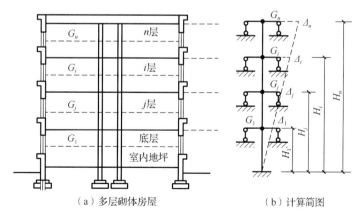

（a）多层砌体房屋　　　　　　（b）计算简图

图 5-10　多层砌体房屋的计算简图

5.3.2　地震作用的计算

结构底部总水平地震作用的标准值 F_{EK} 为

$$F_{EK} = \alpha_1 G_{eq} \tag{5-1}$$

一般采用 $\alpha_1 = \alpha_{max}$ ，α_{max} 为动水平地震影响系数最大值。这是偏于安全的。

计算质点 i 的水平地震作用标准值 F_i 时，考虑到多层砌体房屋的自振周期短，地震作用采用倒三角形分布，其顶部误差不大，取 $\delta_n = 0$ ，则 F_i 的计算公式为

$$F_i = \frac{G_i H_i}{\displaystyle\sum_{j=1}^{n} G_j H_j} F_{EK} \tag{5-2}$$

如图 5-11 所示，作用在第 i 层的地震剪力 V_i 为 i 层以上各层地震作用之和，即

$$V_i = \sum_{j=i}^{n} F_j \tag{5-3}$$

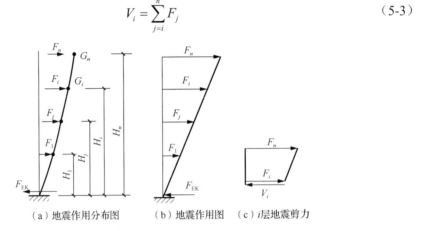

（a）地震作用分布图　　（b）地震作用图　（c）i层地震剪力

图 5-11　多层砌体房屋地震作用分布图

5.3.3　楼层地震剪力在墙体中的分配

1．墙体的侧向刚度

假定各层楼盖仅发生平移而不发生转动，将各层墙体视为下端固定、上端嵌固的构件，墙体在单位水平力作用下的总变形包括弯曲变形和剪切变形，如图 5-12 所示。

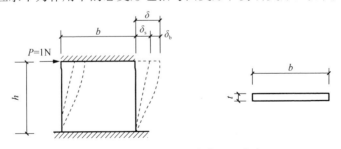

图 5-12　墙体在单位水平力作用下的变形

弯曲变形 δ_b 、剪切变形 δ_s 和总变形 δ 分别为

$$\delta_{b} = \frac{h^{3}}{12EI} = \frac{1}{Et}\frac{h}{b}\left(\frac{h}{b}\right)^{2} \tag{5-4}$$

$$\delta_{s} = \frac{\xi h}{AG} = 3\frac{1}{Et}\frac{h}{b} \tag{5-5}$$

$$\delta = \delta_{b} + \delta_{s} \tag{5-6}$$

式中：h、b、t——墙体高度、宽度和厚度；

A——墙体的水平截面面积，$A = bt$；

I——墙体的水平截面惯性矩，$I = tb^{3}/12$；

ξ——截面剪应力分布不均匀系数，对矩形截面取 $\xi = 1.2$；

E——砌体弹性模量；

G——砌体剪切模量，一般取 $G = 0.4E$。

将 A、I、G 的表达式和 ξ 代入式（5-6），可得到构件在单位水平力作用下的总变形 δ，即构件的侧移柔度为

$$\delta = \frac{1}{Et}\frac{h}{b}\left(\frac{h}{b}\right)^{2} + 3\frac{1}{Et}\frac{h}{b} \tag{5-7}$$

图 5-13 给出了不同高宽比 h/b 的墙体，其剪切变形和弯曲变形的数量关系及在总变形中所占的比例。可以看出：当 $h/b < 1$ 时，墙体变形以剪切变形为主，弯曲变形仅占总变形的 10% 以下；当 $h/b > 4$ 时，墙体变形以弯曲变形为主，剪切变形在总变形中所占的比例很小，墙体侧移柔度值很大；当 $1 \leqslant h/b \leqslant 4$ 时，剪切变形和弯曲变形在总变形中均占有相当的比例。为此，《建筑抗震设计规范（2016 年版）》（GB 50011—2010）规定：

（1）$h/b < 1$ 时，确定墙体侧向刚度可只考虑剪切变形的影响，即

$$K_{s} = \frac{1}{\delta_{s}} = \frac{Et}{3h/b} \tag{5-8}$$

（2）$1 \leqslant h/b \leqslant 4$ 时，应同时考虑弯曲变形和剪切变形的影响，即

$$K = \frac{1}{\delta} = \frac{Et}{\dfrac{h}{b}\left[3 + \left(\dfrac{h}{b}\right)^{2}\right]} \tag{5-9}$$

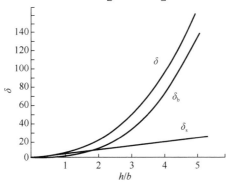

图 5-13　不同高宽比墙体的剪切变形和弯曲变形

（3）$h/b > 4$ 时，侧移柔度值很大，可不考虑其侧向刚度，即取 $K = 0$。

墙段高宽的取值如图 5-14 所示。

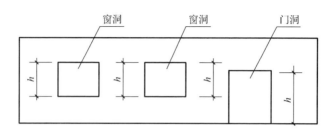

图 5-14　墙段高度的取值

对设置构造柱的小开口墙段按毛墙面计算的侧向刚度，可根据开洞率乘以表 5-5 所示的墙段洞口影响系数。

表 5-5　墙段洞口影响系数

开洞率	0.10	0.20	0.30
影响系数	0.98	0.94	0.88

2. 楼层地震剪力 V_i 的分配

1）楼层横向地震剪力 V_i 的分配

V_i 在横向各抗侧力墙体间的分配，不仅取决于每片墙体的侧向刚度，而且取决于楼盖的水平刚度。下面就实际工程中常用的三种楼盖类型：刚性楼盖、柔性楼盖和中等刚性楼盖分别进行讨论。

（1）刚性楼盖。刚性楼盖是指楼盖平面内刚度为无穷大，如抗震横墙间距符合表 5-3 所示的现浇或装配整体式钢筋混凝土楼、屋盖。在水平地震作用下，认为刚性楼盖在其水平面内无变形，仅发生刚体位移，可视为在其平面内绝对刚性的水平连续梁，而横墙视为该梁的弹性支座，如图 5-15 所示。当忽略扭转效应时，楼盖仅发生刚体平动，则各横墙产生的侧移相等。地震作用通过刚性梁作用于支座的力即为抗震横墙所承受的地震剪力，它与支座的弹性刚度成正比，支座的弹性刚度即为该抗震横墙的侧向刚度。

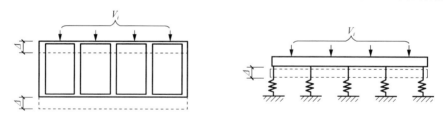

图 5-15　刚性楼盖抗震横墙的水平位移

设第 i 层有 m 片抗震横墙，各片横墙所分担的地震剪力 V_{ij} 之和即为该层横向地震剪力 V_i，即

$$\sum_{j=1}^{m} V_{ij} = V_i \qquad (i=1,2,\cdots,n) \tag{5-10}$$

式中：V_{ij}——第 i 层第 j 片横墙所分担的地震剪力，可表示为该片墙的侧移值 Δ_{ij} 与其侧向刚度 K_{ij} 的乘积，即

$$V_{ij} = \Delta_{ij} K_{ij} \qquad (5\text{-}11)$$

因为 $\Delta_{ij} = \Delta_i$，则由式（5-10）和式（5-11），可得

$$\Delta_i = \frac{V}{\sum\limits_{j=1}^{m} K_{ij}} \qquad (5\text{-}12)$$

$$V_{ij} = \frac{K_{ij}}{\sum\limits_{j=1}^{m} K_{ij}} V_i \qquad (5\text{-}13)$$

式（5-13）表明，对刚性楼盖，楼层横向地震剪力可按抗震横墙的侧向刚度比例分配于各片抗震横墙。计算墙体的侧向刚度 E_{ij} 时，可只考虑剪切变形的影响，按式（5-8）计算。

若第 i 层各片墙的高度 h_{ij} 相同，材料相同，则 E_{ij} 相同，将式（5-8）代入式（5-13）得

$$V_{ij} = \frac{A_{ij}}{\sum\limits_{j=1}^{m} A_{ij}} V_i \qquad (5\text{-}14)$$

式中：A_{ij}——第 i 层第 j 片墙的净横截面面积。

式（5-14）表明，对于刚性楼盖，当各抗震墙的高度、材料相同时，其楼层水平地震剪力可按各抗震墙的横截面面积比例进行分配。

（2）柔性楼盖。柔性楼盖是假定其平面内刚度为零（如木屋盖），从而各抗震横墙在横向水平地震作用下的变形是自由的，不受楼盖的约束。此时，楼盖变形除平移外还有弯曲变形，在各横墙处的变形不同，变形曲线有转折，可近似地将整个楼盖视为多跨简支梁，各横墙为梁的弹性支座，如图 5-16 所示。各横墙承担的水平地震作用，为该墙从属面积上的重力荷载所产生的水平地震作用，故各横墙承担的地震剪力 V_{ij} 可按各墙所承担的上述重力荷载代表值的比例进行分配，即

$$V_{ij} = \frac{G_{ij}}{G_i} V_i \qquad (5\text{-}15)$$

式中：G_i——第 i 层楼盖所承担的总重力荷载代表值；

G_{ij}——第 i 层第 j 片墙从属面积所承担的重力荷载代表值。

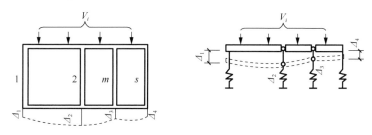

图 5-16　柔性楼盖抗震横墙的水平位移

当楼盖上重力荷载均匀分布时，上述计算可简化为按各墙体从属面积比例进行分配，即

$$V_{ij} = \frac{S_{ij}}{S_i} V_i \qquad (5\text{-}16)$$

式中：S_{ij}——第 i 层第 j 片墙体从属面积，取该墙与左右两侧相邻横墙之间各一半楼盖建筑面积之和；

S_i——第 i 层楼盖的建筑面积。

（3）中等刚性楼盖。中等刚性楼盖是指楼盖的刚度介于刚性楼盖与柔性楼盖之间，如装配式钢筋混凝土楼盖。在这种情况下，各抗震横墙承担的地震剪力计算比较复杂，在一般多层砌体房屋的设计中，可近似取上述两种地震剪力分配方法的平均值，即第 i 层第 j 片横墙所承担的地震剪力 V_{ij} 为

$$V_{ij} = \frac{1}{2}\left(\frac{K_{ij}}{\sum_{j=1}^{m} K_{ij}} + \frac{G_{ij}}{G_i}\right) V_i \qquad (5\text{-}17)$$

当第 i 层各片墙的高度相同、材料相同、楼盖上重力荷载均匀分布时，V_{ij} 也可表示为

$$V_{ij} = \frac{1}{2}\left(\frac{A_{ij}}{\sum_{j=1}^{m} A_{ij}} + \frac{S_{ij}}{S_i}\right) V_i \qquad (5\text{-}18)$$

2）楼层纵向地震剪力的分配

不管什么类型楼盖的砌体房屋，一律采用刚性楼盖假定，楼层纵向地震剪力在各纵墙间的分配按式（5-13）计算。

3）同一片墙上各墙段（墙肢）间的地震剪力分配

砌体房屋中，对于某一片纵墙或横墙，如果开设有门窗，则该片墙体被门窗洞口分为若干墙段（墙肢），如图 5-14 所示。即使该片墙的抗震强度满足规范要求，其墙段的抗震强度也仍有可能不满足规范要求，因此还需计算各墙段所承担的地震剪力，并进行抗震强度验算。

在同一片墙上，由于圈梁和楼盖的约束作用，一般认为其各墙段的侧向位移相同，因而各墙段所承担的地震剪力可按各墙段的侧向刚度比例进行分配。设第 i 层第 j 片墙共划分出 n 个墙段，则其中第 r 个墙段分配到的地震剪力为

$$V_{ijr} = \frac{K_{ijr}}{\sum_{r=1}^{n} K_{ijr}} V_{ij} \qquad (5\text{-}19)$$

5.3.4　墙体抗震承载力验算

砌体房屋的抗震强度验算，可归结为一片墙或一个墙段的抗震强度验算，而不必对每一片墙或每一个墙段都进行抗震验算。根据通常的设计经验，抗震强度验算时，只是对纵、横向的不利墙段进行截面抗震强度的验算，而不利墙段为：①承担地震作用较大

的墙段；②竖向压应力较小的墙段；③局部截面较小的墙段。

1. 砌体抗震抗剪强度

在大量墙片试验基础上，结合震害调查资料进行综合估算后，《建筑抗震设计规范（2016 年版）》（GB 50011—2010）规定，各类砌体沿阶梯形截面破坏的抗震抗剪强度设计值应按下式确定：

$$f_{vE} = \zeta_N f_v \qquad (5-20)$$

式中：f_{vE}——砌体沿阶梯形截面破坏的抗震抗剪强度设计值；

　　　　f_v——非抗震设计的砌体抗剪强度设计值；

　　　　ζ_N——砌体抗震抗剪强度的正应力影响系数，按表 5-6 取值。

表 5-6　砌体强度的正应力影响系数

砌体类别	σ_0/f_v							
	0.0	1.0	3.0	5.0	7.0	10.0	12.0	≥16.0
普通砖，多孔砖	0.80	0.99	1.25	1.47	1.65	1.90	2.05	
小砌块		1.23	1.69	2.15	2.57	3.02	3.32	3.92

2. 普通砖、多孔砖墙体的抗震强度验算

一般情况下，普通砖、多孔砖墙体的截面抗震受剪承载力应按下式验算：

$$V \leqslant f_{vE} A / \gamma_{RE} \qquad (5-21)$$

式中：V——墙体剪力设计值；

　　　　A——墙体横截面面积，多孔砖取毛截面面积；

　　　　γ_{RE}——承载力抗震调整系数，对自承重墙取 0.75。

采用水平配筋的墙体，截面抗震受剪承载力应按下式验算：

$$V \leqslant \frac{1}{\gamma_{RE}} \left(f_{vE} A + \zeta_s f_{yh} A_{sh} \right) \qquad (5-22)$$

式中：f_{yh}——水平钢筋抗拉强度设计值；

　　　　A_{sh}——层间墙体竖向截面的总水平钢筋面积，其配筋率应不小于 0.07%且不大于 0.17%；

　　　　ζ_s——钢筋参与工作系数，可按表 5-7 采用。

表 5-7　钢筋参与工作系数

墙体高宽比	0.4	0.6	0.8	1.0	1.2
ζ_s	0.10	0.12	0.14	0.15	0.12

当按式（5-21）、式（5-22）验算不满足要求时，可计入基本均匀设置于墙段中部、截面不小于 240mm×240mm 且间距不大于 4m 的构造柱对受剪承载力的提高作用，按下列简化方法验算：

$$V \leqslant \frac{1}{\gamma_{RE}} \left[\eta_c f_{vE} \left(A - A_c \right) + \zeta_c f_t A_c + 0.8 f_{yc} A_{sc} + \zeta_s f_{yh} A_{sh} \right] \qquad (5-23)$$

式中：A_c——中部构造柱的横截面总面积。对于横墙和内纵墙，$A_c > 0.15A$ 时，取 $0.15A$；
对于外纵墙，$A_c > 0.25A$ 时，取 $0.25A$。

　　f_t——中部构造柱的混凝土轴心抗拉强度设计值。

　　A_{sc}——中部构造柱的纵向钢筋截面总面积（配筋率不小于 0.6%，大于 1.4% 时取 1.4%）。

　　f_{yh}、f_{yc}——墙体水平钢筋、构造柱钢筋抗拉强度设计值。

　　ζ_c——中部构造柱参与工作系数，居中设一根时取 0.5，多于一根时取 0.4；

　　η_c——墙体约束修正系数，一般情况取 1.0，构造柱间距不大于 3.0m 时取 1.1。

3. 小砌块墙体的抗震强度验算

小砌块墙体的截面抗震受剪承载力应按下式验算：

$$V \leqslant \frac{1}{\gamma_{RE}}\left[f_{vE}A + \left(0.3f_tA_c + 0.05f_yA_s\right)\zeta_c\right] \tag{5-24}$$

式中：f_t——芯柱混凝土轴心抗拉强度设计值；

　　f_y——墙体钢筋抗拉强度设计值；

　　A_c——芯柱截面总面积；

　　A_s——芯柱钢筋截面总面积；

　　ζ_c——芯柱参与工作系数，可按表 5-8 采用。

表 5-8　芯柱参与工作系数

填孔率 ρ	$\rho < 0.15$	$0.15 \leqslant \rho < 0.25$	$0.25 \leqslant \rho < 0.5$	$\rho \geqslant 0.5$
ζ_c	0.0	1.0	1.10	1.15

5.4　多层砌体结构抗震构造措施

房屋抗震设计的基本原则是小震不坏、大震不倒。对于多层砌体房屋一般不进行罕遇地震作用下的变形验算，而是通过采取加强房屋整体性及加强连接等一系列构造措施来提高房屋的变形能力，确保房屋大震不倒。根据构造措施设置的主要目的，构造措施可分成如下五部分。

5.4.1　设置钢筋混凝土构造柱

钢筋混凝土构造柱或芯柱的抗震作用在于和圈梁一起对砌体墙片乃至整幢房屋产生一种约束作用，使墙体在侧向变形下仍具有良好的竖向及侧向承载力，提高墙片的往复变形能力，从而提高墙片及整幢房屋的抗倒塌能力。

对于砖房可设置钢筋混凝土构造柱，而对于混凝土空心砌块房屋，可利用空心砌块孔洞设置钢筋混凝土芯柱。

对于多层砖房，应按表 5-9 所示要求设置钢筋混凝土构造柱。

表 5-9　砖房构造柱设置要求

房屋层数				设置部位	
6 度	7 度	8 度	9 度		
4、5	3、4	2、3		楼、电梯间四角，楼梯斜梯段上下端对应的墙体处；外墙四角和对应转角；错层部位横墙与外纵墙交接处；大房间内外墙交接处；较大洞口两侧	隔 12m 或单元横墙与外纵墙交接处；楼梯间对应的另一侧内横墙与外纵墙交接处
6	5	4	2		隔开间横墙（轴线）与外墙交接处；山墙与内纵墙交接处
7	≥6	≥5	≥3		内墙（轴线）与外墙交接处；内墙局部较小墙垛处；内纵墙与横墙（轴线）交接处

多层砖房钢筋混凝土构造柱的设置要求与构造要求如图 5-17 所示。

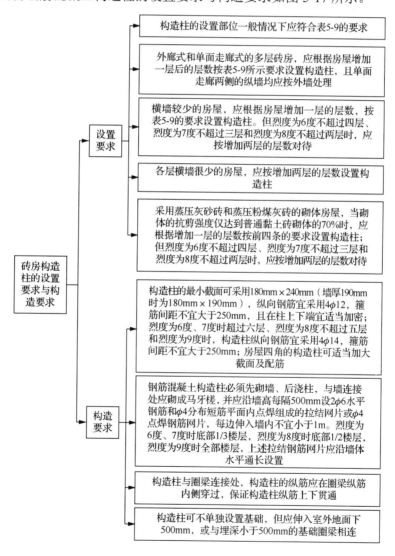

图 5-17　多层砖房钢筋混凝土构造柱的设置要求与构造要求

拉结钢筋网片应沿墙体水平通长设置，如图 5-18 所示。

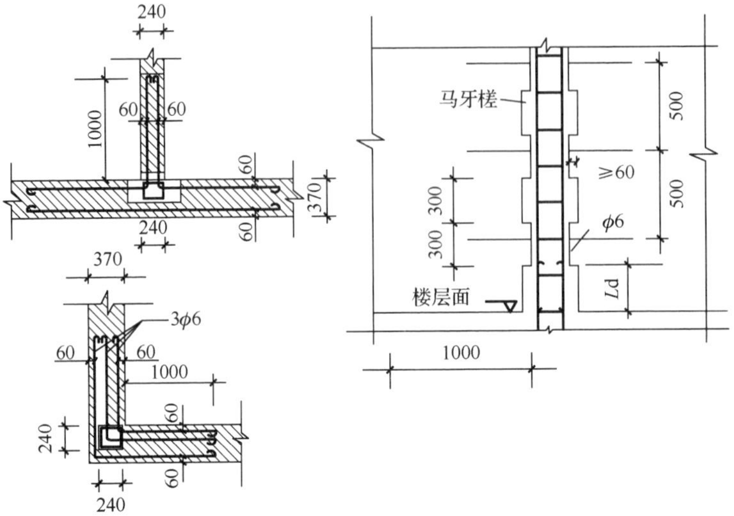

图 5-18　构造柱与墙体连接构造（单位：mm）

5.4.2　合理布置圈梁

钢筋混凝土圈梁是提高多层砌体房屋抗震性能的一种经济有效的措施，对房屋抗震性能有重要作用。多层砌体房屋的现浇钢筋混凝土圈梁的设置要求与构造要求如图 5-19 所示。多层砖砌体房屋现浇钢筋混凝土圈梁的设置要求见表 5-10。未设圈梁时楼板周边加强配筋的连接方式如图 5-20 所示。

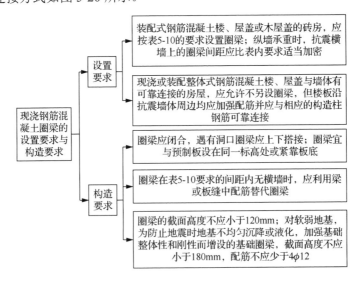

图 5-19　多层砌体房屋的现浇钢筋混凝土圈梁的设置要求与构造要求

表 5-10　多层砖砌体房屋现浇钢筋混凝土圈梁的设置要求

墙类	烈度		
	6 度、7 度	8 度	9 度
外墙与内纵墙	屋盖处及每层楼盖处	屋盖处及每层楼盖处	屋盖处及每层楼盖处
内横墙	屋盖处及每层楼盖处;屋盖处间距不应大于 4.5m;楼盖处间距不应大于 7.2m;构造柱对应部位	屋盖处及每层楼盖处;各层所有横墙,且间距不应大于 4.5m;构造柱对应部位	屋盖处及每层楼盖处;各层所有横墙

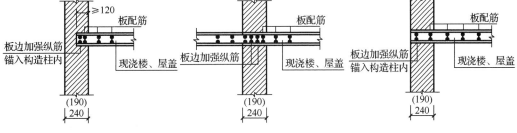

图 5-20　未设圈梁时楼板周边加强配筋

5.4.3　加强构件间的连接

构件间的连接要求如图 5-21 所示。图 5-22～图 5-24 分别为后砌非承重隔墙与承重墙的拉结、靠外墙的预制板侧边与墙或圈梁拉结、房屋端部大房间的预制板与内墙或圈梁拉结的示意图。

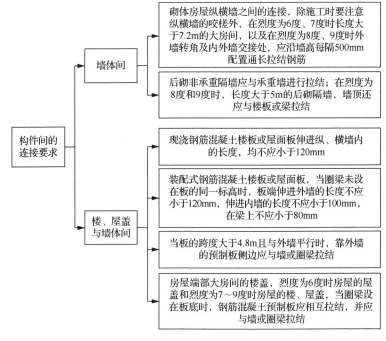

图 5-21　构件间的连接要求

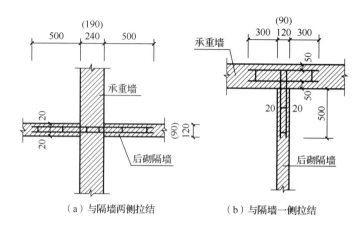

（a）与隔墙两侧拉结   （b）与隔墙一侧拉结

图 5-22 后砌非承重隔墙与承重墙的拉结

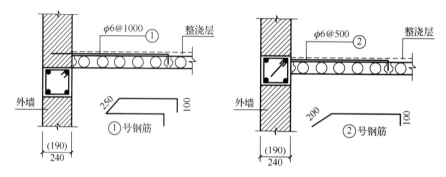

图 5-23 靠外墙的预制板侧边与墙或圈梁拉结

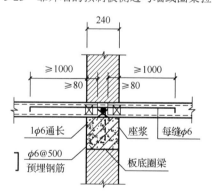

图 5-24 房屋端部大房间的预制板与内墙或圈梁拉结

5.4.4 重视楼梯间的构造要求

楼梯间是地震时的人员疏散和救灾通道，所以多层砌体房屋楼梯间的构造非常重要，具体如图 5-25 所示，楼梯间墙体的配筋构造如图 5-26 所示。

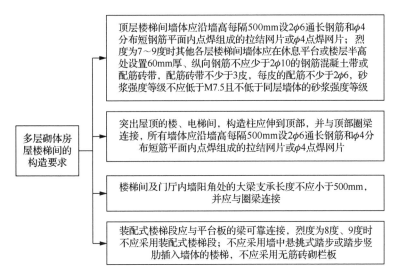

图 5-25　楼梯间构造的要求

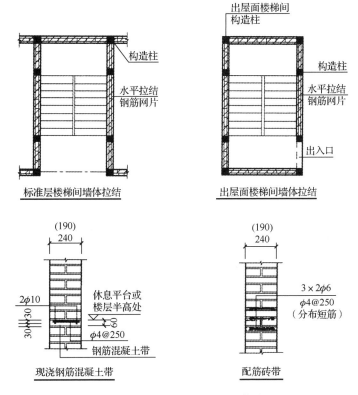

图 5-26　楼梯间墙体的配筋构造

5.4.5　其他构造要求

《建筑抗震设计规范（2016 年版）》（GB 50011—2010）除了对多层砌体房屋的钢筋混凝土的构造柱、圈梁、构件、楼梯间的构造做出要求外，还对门窗、洞口、阳台等的构造提出了具体要求，如图 5-27 所示。

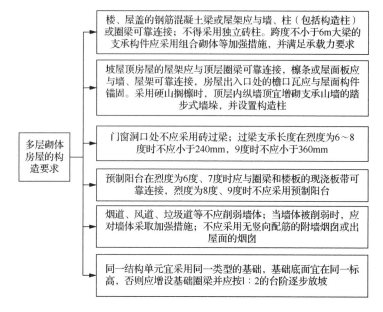

图 5-27 多层砌体房屋的其他构造要求

5.5 多层砌体房屋的抗震设计算例

图 5-28 所示为某三层砖砌体办公楼，楼梯间突出屋顶，其平、剖面简图及尺寸如图所示。楼、屋盖为采用装配式钢筋混凝土预应力空心板，横墙承重。外墙宽度 370mm，内墙和出屋面间墙宽 240mm，砖的强度等级为 MU10；混合砂浆强度等级 M5。除图中注明者外，窗口尺寸为 1.5m×2.1m，窗台高度 0.9m；门洞尺寸为 0.9m×2.4m，正门及两侧门尺寸为 1.5m×2.4m。无雪荷载和积灰荷载，设防烈度为 7 度，设计基本地震加速度值为 0.10g，建筑场地为 II 类，设计地震分组为一组。试进行抗震承载力验算。

5.5.1 重力荷载代表值计算

1. 屋顶间屋盖层

（1）预应力空心板（包括灌缝、石灰焦渣找坡、刚性防水层、砖礅、隔热板、顶棚等）：5.67kN/m²。

屋顶间面积（近似按轴线尺寸计算）：3.3×5.4=17.82（m²）。

重量：5.67×17.82≈101.0（kN）。

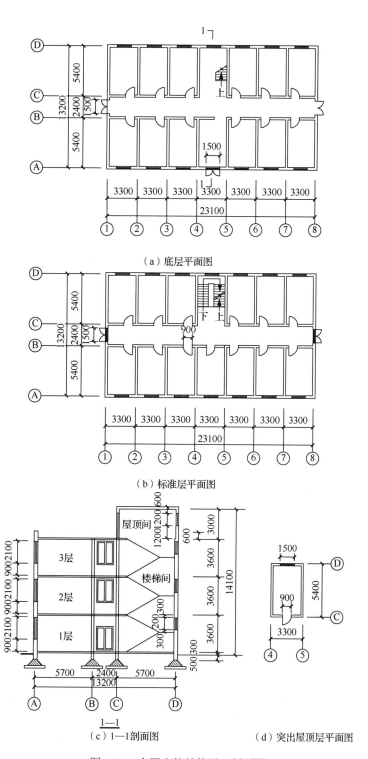

（a）底层平面图

（b）标准层平面图

（c）1—1剖面图

（d）突出屋顶层平面图

图 5-28　多层砌体结构平、剖面图

（2）屋顶间上半段墙体重量。

240mm 厚墙（双面粉刷）：5.24kN/m²；370mm 厚墙（双面粉刷）：7.71kN/m²。

横墙：$(5.4×1.5)×2×5.24 ≈ 84.9(kN)$。

纵墙：$[(3.3×1.5-0.9×0.9)+(3.3×1.5-1.5×0.6)]×5.24 ≈ 42.9(kN)$。

小计：84.9+42.9=127.8(kN)。

（3）屋顶间屋面活荷载：

$$0.5×17.82 ≈ 8.9(kN)$$
$$G_4 = (101.0+127.8) + 0.5×8.9 ≈ 233(kN)$$

2. 屋盖层

（1）600mm 高女儿墙：$(13.2+23.1)×0.6×2×5.24 ≈ 228.3(kN)$。

（2）屋面层面积（包括楼梯间）：$23.1×13.2 ≈ 304.9(m^2)$。

重量：$5.67×304.9 ≈ 1728.8(kN)$

（3）屋顶间下半段墙体重量：

横墙：$(5.4×1.5)×2×5.24 ≈ 84.9(kN)$。

纵墙：$[(3.3×1.5-0.9×1.5)+(3.3×1.5-1.5×0.6)]×5.24 ≈ 40.1(kN)$。

小计：84.9+40.1=125.0(kN)。

（4）三层上半段墙体重量：

横墙：$(5.4×1.8)×12×5.24+(13.2×1.8-1.5×1.2)×2×7.71 ≈ 949.8(kN)$。

内纵墙：$(3.3×1.8-0.9×0.6)×13×5.24 ≈ 367.8(kN)$。

外纵墙：$[(23.1×1.8)×2-(1.5×1.2)×13-1.5×1.2]×7.71 ≈ 446.9(kN)$。

小计：949.8+367.8+446.9=1764.5(kN)。

（5）屋面活荷载：$2.0×304.9=609.8(kN)$。

$$G_3 =(228.3+1728.8+125.0+1764.5)+0.5×609.8 ≈ 4152(kN)$$

3. 二层

（1）预应力空心板（包括灌缝、水磨石地面、顶棚等）：3.55kN/m²。

面积（包括楼梯间）：$23.1×13.2 ≈ 304.9(m^2)$。

重量：$3.55×304.9 ≈ 1082.4(kN)$。

（2）三层下半段墙体重量：

横墙：$(5.4×1.8)×12×5.24+(13.2×1.8-1.5×0.9)×2×7.71 ≈ 956.8(kN)$。

内纵墙：$(3.3×1.8-0.9×1.8)×13×5.24 ≈ 294.3(kN)$。

外纵墙：$[(23.1×1.8)×2-(1.5×0.9)×13]×7.71 ≈ 505.9(kN)$。

小计：956.8+294.3+505.9=1757(kN)。

（3）二层上半段墙体重量同三层上半段墙体重量：1764.5kN。

（4）楼面活荷载：$2.0×304.9=609.8(kN)$。

$$G_2 =(1082.4+1757+1764.5)+0.5×609.8 ≈ 4909(kN)$$

4. 一层

（1）楼层重量同二层：1082.4kN。

（2）二层下半段墙体重量同三层下半段墙体重量：1757kN。

（3）一层上半段墙体重量：

横墙：$(5.4×2.2)×12×5.24+(13.2×2.2-1.5×1.0)×2×7.71≈1171.7(kN)$。

内纵墙：$(3.3×2.2-0.9×1.0)×12×5.24≈399.9(kN)$。

外纵墙：$[(23.1×2.2)×2-(1.5×1.6)×12-1.5×1.0-1.5×1.2]×7.71≈536.2(kN)$。

小计：$1171.7+399.9+536.2=2107.8(kN)$。

（4）楼面活荷载：$2.0×304.9=609.8(kN)$。

$$G_1=1082.4+1757+2107.8+0.5×609.8≈5252(kN)$$

总的重力荷载代表值：

$$\sum G_i=5252+4909+4152+233=14546(kN)$$

5.5.2　水平地震作用

图 5-29 为多层砌体结构计算简图及地震剪力图。

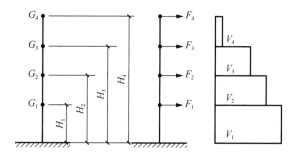

图 5-29　多层砌体结构计算简图及地震剪力图

1. 总水平地震作用标准值

由设防烈度 7 度、设计基本地震加速度 0.10g，可知 $\alpha_1=\alpha_{\max}=0.08$，则

$$F_{EK}=\alpha_1 G_{eq}=\alpha_1×0.85\sum G_i=0.08×0.85×14563≈990.3(kN)$$

2. 楼层水平地震作用和地震剪力标准值

质点 i 的地震作用标准值为 $F_i=\dfrac{G_iH_i}{\sum\limits_{j=1}^{n}G_jH_j}F_{EK}$，第 i 层的地震剪力标准值为

$V_i=\sum\limits_{j=i}^{n}F_j$，$V_i$ 的计算过程见表 5-11。

表 5-11　楼层地震剪力

层号	G_i/kN	H_i/m	G_iH_i	$\dfrac{G_iH_i}{\sum\limits_{j=1}^{n}G_jH_j}$	F_i/kN	V_i/kN
屋顶间	233	14.6	3402	0.0298	29.5	29.5
3	4170	11.6	48372	0.4234	419.3	448.8
2	4909	8.0	39372	0.3446	341.3	790.1
1	5251	4.4	23104	0.2022	200.2	990.3
Σ	14563		114250	1	990.3	

5.5.3　抗震承载力验算

对于 M5 砂浆的砖砌体 $f_v = 0.11\,\text{N/mm}^2$。

1. 屋顶间横墙

（1）剪力分配。考虑鞭梢效应的影响，屋顶间的地震剪力乘以增大系数 3，则
$$V_4 = 3 \times 29.5 = 88.5(\text{kN})$$
④轴和⑤轴的横墙完全对称，仅验算④轴。侧向刚度 $K_{44} = K_{45}$，从属荷载面积 $F_{44} = F_{45}$，有

$$V_{44} = \frac{1}{2}\left(\frac{K_{44}}{\sum K_{4m}} + \frac{F_{44}}{\sum F_{4m}}\right)V_4 = \frac{1}{2}\left(\frac{K_{44}}{K_{44}+K_{55}} + \frac{F_{44}}{F_{44}+F_{55}}\right)V_4 = \frac{1}{2}\times 88.5 \approx 44.3(\text{kN})$$

（2）承载力验算。该墙段为承重墙，$\gamma_{\text{RE}}=1$。

墙的横截面面积 $A = 240 \times 5640 = 1.3536 \times 10^6 (\text{mm}^2)$。

计算该墙段的去层高处水平截面上重力荷载代表值引起的平均竖向压应力
$$\sigma_0 = \frac{1.5 \times 5.24 + (5.67 + 0.5 \times 0.5) \times 1.65}{0.240} \times 10^{-3} = 0.07345\,(\text{N/mm}^2)$$

$$\frac{\sigma_0}{f_v} = \frac{0.07345}{0.11} = 0.6677$$

经查表得 $\zeta_N = 0.9269$，则
$$f_{vE} = \zeta_N f_v = 0.9269 \times 0.11 \approx 0.1020\,(\text{N/mm}^2)$$
$$\frac{f_{vE}A}{\gamma_{\text{RE}}} = 0.1020 \times 1.3536 \times 10^6 = 138.0(\text{kN})$$

该墙段承担的地震剪力设计值：
$$V = \gamma_{Eh}V_{44} = 1.30 \times 44.3 = 57.6\text{kN} < 138.0\text{kN}，满足要求。$$

2. 屋顶间纵墙

（1）各纵墙侧移刚度。ⓒ轴纵墙计算简图如图 5-30（a）所示。

4Cla、4Clb 墙段：

$$\frac{h}{b} = \frac{2.40}{1.32} = 1.818 > 1$$

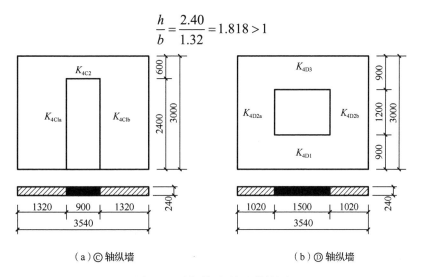

（a）ⓒ轴纵墙　　　　　　　　　　　　　（b）ⓓ轴纵墙

图 5-30　屋顶间纵墙计算简图

$$K_{4C1a} = K_{4C1b} = \frac{1}{3\dfrac{h}{b} + \left(\dfrac{h}{b}\right)^3} Et = \frac{1}{3 \times 1.818 + 1.818^3} \times 0.24E = 0.02094E$$

4C2 墙段：

$$\frac{h}{b} = \frac{0.60}{3.54} = 0.1695 < 1$$

$$K_{4C1a} = \frac{1}{3\dfrac{h}{b}} Et = \frac{1}{3 \times 0.1695} \times 0.24E = 0.4720E$$

$$K_{4C1} = \frac{1}{\dfrac{1}{K_{4C1a} + K_{4C1b}} + \dfrac{1}{K_{4C2}}} = \frac{1}{\dfrac{1}{0.02094E + 0.02094E} + \dfrac{1}{0.4720E}} = 0.03847E$$

ⓓ轴纵墙计算简图如图 5-30（b）所示。

4D1、4D3 墙段：

$$\frac{h}{b} = \frac{0.90}{3.54} = 0.2542 < 1$$

$$K_{4D1} = K_{4D3} = \frac{1}{3\dfrac{h}{b}} Et = \frac{1}{3 \times 0.2542} \times 0.24E = 0.3147E$$

4D2a、4D2b 墙段：

$$\frac{h}{b} = 1.02 = 1.176 > 1$$

$$K_{4D2a} = K_{4D2b} = \frac{1}{3\dfrac{h}{b} + \left(\dfrac{h}{b}\right)^3} Et = \frac{1}{3 \times 1.176 + 1.176^3} \times 0.24E = 0.04656E$$

四层纵向总侧移刚度为

$$K_4 = K_{4C} + K_{4D} = 0.03847E + 0.01712E = 0.05559E$$

（2）剪力分配。ⓒ轴纵墙承担的地震剪力为

$$V_{4C} = \frac{K_{4C}}{K_4}V_4 = \frac{0.03847E}{0.05559E} \times 88.5 = 61.24(\text{kN})$$

$$V_{4C1a} = \frac{1}{2}V_{4C} = \frac{1}{2} \times 61.24 = 30.62(\text{kN})$$

ⓓ轴纵墙承担的地震剪力为

$$V_{4D} = \frac{K_{4D}}{K_4}V_4 = \frac{0.01712E}{0.05559E} \times 88.5 = 27.26(\text{kN})$$

$$V_{4D2a} = \frac{1}{2}V_{4D} = \frac{1}{2} \times 27.26 = 13.63(\text{kN})$$

（3）承载力验算。验算ⓒ轴纵墙 1a 段和ⓓ轴纵墙 2a 段，该墙段为自承重墙，取 $\gamma_{RE} = 0.75$。

ⓒ轴纵墙 1a 段横截面面积 $A = 1320 \times 240 = 0.3168 \times 10^6 (\text{mm}^2)$。

计算该墙段的 1/2 层高处水平截面上重力荷载代表值引起的平均竖向压应力

$$\sigma_0 = \frac{(3.54 \times 1.5 - 0.90 \times 0.90) \times 5.24}{(3.54 - 0.9) \times 0.240} \times 10^{-3} = 0.03722 \,(\text{N/mm}^2)$$

$$\frac{\sigma_0}{f_v} = \frac{0.03722}{0.11} = 0.3384$$

经查表得 $\zeta_N = 0.8643$，则

$$f_{vE} = \zeta_N f_v = 0.8643 \times 0.11 = 0.09507 \,(\text{N/mm}^2)$$

$$\frac{f_{vE}A}{\gamma_{RE}} = \frac{0.09507 \times 0.3168 \times 10^6}{0.75} = 40.16 \times 10^3 (\text{N}) = 40.16(\text{kN})$$

ⓓ轴纵墙 2a 段横截面面积 $A = 1020 \times 240 = 0.2448 \times 10^6 (\text{mm}^2)$。

计算该墙段的 1/2 层高处水平截面上重力荷载代表值引起的平均竖向压应力

$$\sigma_0 = \frac{(3.54 \times 1.5 - 1.50 \times 0.60) \times 5.24}{(3.54 - 1.50) \times 0.240} \times 10^{-3} = 0.04720 \,(\text{N/mm}^2)$$

$$\frac{\sigma_0}{f_v} = \frac{0.04720}{0.11} = 0.4291$$

经查表得 $\zeta_N = 0.8815$，则

$$f_{vE} = \zeta_N f_v = 0.8815 \times 0.11 = 0.09697 \,(\text{N/mm}^2)$$

$$\frac{f_{vE}A}{\gamma_{RE}} = \frac{0.09697 \times 0.2448 \times 10^6}{0.75} = 31.65 \times 10^3 (\text{N}) = 31.65(\text{kN})$$

地震剪力设计值为 $\frac{f_{vE}A}{\gamma_{RE}} = 1.30 \times 13.63\text{kN} = 17.72\text{N} < 31.65\text{kN}$，满足要求。

3. 一层横墙

（1）各横墙侧移刚度。12 个内横墙完全相同，其中每个墙段 $\dfrac{h}{b} = \dfrac{4.4}{5.64} = 0.780 < 1$，侧移刚度为

$$K_{12a} = \frac{1}{3\dfrac{h}{b}} Et = \frac{1}{3 \times 0.780} \times 0.24E = 0.1026E$$

①、⑧轴横墙计算简图如图 5-31 所示。

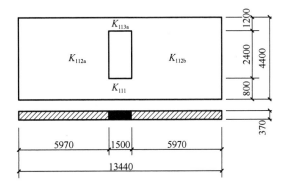

图 5-31　①、⑧轴横墙计算简图

111 墙段：

$$\frac{h}{b} = \frac{0.8}{13.44} = 0.05952 < 1$$

$$K_{111} = \frac{1}{3\dfrac{h}{b}} Et = \frac{1}{3 \times 0.05952} \times 0.37E = 2.072E$$

112a、112b 墙段：

$$\frac{h}{b} = \frac{2.40}{5.97} = 0.4020 < 1$$

$$K_{112a} = K_{112b} = \frac{1}{3\dfrac{h}{b}} Et = \frac{1}{3 \times 0.4020} \times 0.37E = 0.3068E$$

113 墙段：

$$\frac{h}{b} = \frac{1.20}{13.44} = 0.08929 < 1$$

$$K_{113} = \frac{1}{3\dfrac{h}{b}} Et = \frac{1}{3 \times 0.08929} \times 0.37E = 1.381E$$

$$K_{11} = \cfrac{1}{\cfrac{1}{K_{111}} + \cfrac{1}{K_{112a}} + \cfrac{1}{K_{112b}} + \cfrac{1}{K_{113}}}$$

$$= \cfrac{1}{\cfrac{1}{2.072E} + \cfrac{1}{0.3068E} + \cfrac{1}{0.3068E} + \cfrac{1}{1.381E}}$$

$$= 0.3526E$$

一层横向总侧移刚度为

$$K_1 = \sum K_{1m} = 0.3526E \times 2 + 0.1026E \times 12 = 1.9364E$$

（2）剪力分配。验算①轴和②轴在Ⓐ～Ⓓ轴之间的墙段。

墙从属荷载面积 $F_{11} = F_{18} = F_{12a}$，①轴横墙承担的地震剪力为

$$V_{11} = \frac{1}{2}\left(\frac{K_{12a}}{K_1} + \frac{F_{11}}{\sum F_{1m}}\right)V_1 = \frac{1}{2}\left(\frac{0.3526E}{1.9364E} + \frac{F_{11}}{14F_{11}}\right) \times 990.3 = 125.5(\text{kN})$$

$$V_{11a} = \frac{1}{2}V_{11} = \frac{1}{2} \times 125.5 = 62.75(\text{kN})$$

②轴横墙承担的地震剪力为

$$V_{12a} = \frac{1}{2}\left(\frac{K_{12a}}{K_1} + \frac{F_{12a}}{\sum F_{1m}}\right)V_1 = \frac{1}{2} \times \left(\frac{0.1026E}{1.9364E} + \frac{F_{11}}{14F_{11}}\right) \times 990.3 = 61.60(\text{kN})$$

（3）承载力验算。①轴 a 墙段横截面面积 $A = 5970 \times 370 = 2.209 \times 10^6 \text{ mm}^2$，该墙段为承重墙，取 $\gamma_{\text{RE}} = 1$。

计算该墙段的 1/2 层高处水平截面上重力荷载代表值引起的平均竖向压应力

$$\sigma_0 = \frac{0.6 \times 5.24 + (3.6 \times 2 + 2.2) \times 7.71 + (5.67 + 3.55 \times 2 + 0.5 \times 2 \times 3) \times 1.65}{0.370} \times 10^{-3}$$

$$= 0.2747 N / (\text{mm}^2)$$

$$\frac{\sigma_0}{f_v} = \frac{0.2747}{0.11} = 2.50$$

经查表得 $\zeta_N = 1.185$，则

$$f_{vE} = \zeta_N f_v = 1.185 \times 0.11 \approx 0.1304 \text{ (N/mm}^2)$$

$$\frac{f_{vE}A}{\gamma_{\text{RE}}} = 0.1304 \times 2.209 \times 10^6 \approx 288.0 \times 10^3 \text{(N)} = 288.0(\text{kN})$$

地震剪力设计值为

$$V = 1.30 \times 67.25 = 81.58(\text{kN}) < 288.0(\text{kN})$$

②轴 a 墙段横截面面积 $A = 5640 \times 240 = 1.354 \times 10^6 \text{ (mm}^2)$，该墙段为承重墙，取 $\gamma_{\text{RE}} = 1$。

计算该墙段的 1/2 层高处水平截面上重力荷载代表值引起的平均竖向压应力

$$\sigma_0 = \frac{(3.6 \times 2 + 2.2) \times 5.24 + (5.67 + 3.55 \times 2 + 0.5 \times 2 \times 3) \times 3.3}{0.240} \times 10^{-3} = 0.422 \text{ (N/mm}^2)$$

$$\frac{\sigma_0}{f_v} = \frac{0.422}{0.11} \approx 3.837$$

经查表得 $\zeta_N = 1.342$，则

$$f_{vE} = \zeta_N f_v = 1.342 \times 0.11 \approx 0.1476 \, (\text{N/mm}^2)$$

$$\frac{f_{vE} A}{\gamma_{RE}} = 0.1476 \times 1.354 \times 10^6 = 199.9 \times 10^3 \, (\text{N}) = 199.9 (\text{kN})$$

地震剪力设计值为

$$V = 1.30 \times 61.6 \text{kN} = 80.08 \text{kN} < 211.8 \text{kN}$$

满足要求。

5.6 底部框架-抗震墙砌体房屋抗震设计

5.6.1 结构布置

底层由框架和一定数量的钢筋混凝土抗震墙（或砖抗震墙）组成，上部为多层砖房的组合结构称为底部框架-抗震墙房屋。这种结构从使用功能上看，底部可作为商业用房（框架结构具有较大使用空间），上部作为住宅、办公等用房，其造价和工期均优于纯框架结构，目前这种结构形式被采用。底部 2 层框架-抗震墙结构，上部 4 层（甚至 5 层）砖房也被采用。底部框架-抗震墙房屋的特点是：底层的承重构件是钢筋混凝土柔性框架，上部是砖墙承重的刚性多层砖房。底层的抗侧刚度比上部砖房小得多，底层柔上层刚，刚度的急剧变化使房屋在地震作用下的侧移集中发生在底层，而上部各层的位移很小。地震时结构变形的大小是破坏程度的主要标志，底层框架砖房的地震位移反应相对集中于底层，从而引起底层的严重破坏，危及整个房屋的安全。

底层框架砖房，如果底层采用纯框架结构，不设任何抗震墙，它的侧移刚度通常远低于上部砖房层间侧移刚度，形成上刚下柔，大震时底层会由于塑性变形过于集中，从而引起房屋的整体倒塌。《建筑抗震设计规范（2016 年版）》（GB 50011—2010）规定：底层框架砖房的底层，应沿纵、横两个方向对称布置一定数量的抗震墙，且第二层与底层侧移刚度的比值，在烈度为 6 度、7 度时不应大于 2.5，烈度为 8 度时不应大于 2，且均不应小于 1.0；对于底部为 2 层的框架-抗震墙房屋，底层与底部第二层侧移刚度应接近，第三层与底部第二层侧移刚度的比例，烈度为 6 度、7 度时不应大于 2.0，烈度为 8 度时不应大于 1.5，且均不应小于 1.0。抗震墙宜采用钢筋混凝土墙，烈度为 6 度、7 度时且总层数不超过 5 层时，可采用嵌砌于框架之间的砌体墙。但应考虑砌体墙对框架的附加轴力和附加剪力。底部框架-抗震墙房屋的框架和抗震墙的抗震等级，烈度为 6 度、7 度、8 度可分别按框架三、二、一级采用，混凝土墙按三、三、二级采用。

5.6.2 底部框架-抗震墙房屋计算要点

（1）为了考虑变形集中对结构的不利影响，对底层框架-抗震墙房屋的底层或底部

两层框架抗震墙房屋的底层和第二层，纵向和横向地震剪力设计值均应乘以增大系数，其值可根据第二层与底层侧移刚度比在 1.2～1.5 范围内选用。

（2）底部框架-抗震房屋的底部，纵、横向地震剪力设计值应全部由该方向的抗震墙承担，并可按各抗震墙侧向刚度比例分配。

（3）框架柱承担的地震剪力设计值，可按各抗侧力构件有效侧移刚度比例分配确定：地震时，考虑结构进入弹塑性工作阶段，抗震墙已经开裂，其有效侧移刚度值下降，根据有关研究结果，钢筋混凝土抗震墙开裂后的刚度约为初始弹性刚度的 30%，砖抗震墙约为 20%。据此确定的框架柱所承担的地震剪力为

$$V_c = \frac{K_c}{\sum K_c + \sum K_w} V \tag{5-25}$$

式中：K_c——一根钢筋混凝土框架柱的侧移刚度，$K_c = \alpha 12EI_c / h^3$，即柱的 D 值；

　　　　K_w——一片墙开裂后的抗侧移刚度。

对于钢筋混凝土抗震墙，有

$$K_w = 0.3 \times \frac{1}{1.2h / GA + h^3 / 3EI} \tag{5-26}$$

对于砖抗震墙，有

$$K_w = 0.2 \times \frac{1}{1.2h / GA + h^3 / 3EI} \tag{5-27}$$

式中：G——材料的剪切模量，钢筋混凝土取 $G=0.43E$，砖砌体取 $G=0.4E$；

　　　　h——墙体的高度；

　　　　A——乘以增大系数后的层间剪力。

此外，框架柱还需考虑地震倾覆力矩引起的附加轴力。各榀抗侧力构件承受的地震倾覆力矩，可按底层的抗震墙和框架的转动刚度比例分配确定，其中：

一片抗震墙承担的倾覆力矩为

$$M_w = \frac{K'_w}{\overline{K}} M_1 \tag{5-28}$$

一榀框架承担的倾覆力矩为

$$M_f = \frac{K'_f}{\overline{K}} M_1 \tag{5-29}$$

$$\overline{K} = \sum K'_w + \sum K'_f \tag{5-30}$$

式中：M_1——作用于底层框架顶面的地震倾覆力矩，$M_1 = \sum\limits_{i=2}^{n} F_i h_i$（$n$ 为层数），其中，

　　　　F_i、h_i 分别为第 i 层的地震作用、高度，如图 5-32 所示；

　　　　K'_w——底层一片抗震墙的平面内转动刚度，即

$$K'_w = \frac{1}{h / EI + 1 / C_\varphi I_\varphi} \tag{5-31}$$

　　　　K'_f——一榀框架沿自身平面的转动刚度，即

$$K_f' = \frac{1}{h \big/ E \sum A_i x_i^2 + 1 \big/ C_z \sum F_i x_i^2} \tag{5-32}$$

其中：I、I_φ——抗震墙水平截面和基础底面积对形心轴的惯性矩；

$\quad\quad C_z$、C_φ——地基抗压和抗弯刚度系数；

$\quad\quad A_i$、F_i——一榀框架中第 i 根柱子水平截面面积和基础底面积；

$\quad\quad x_i$——第 i 根柱子到所在框架中和轴的距离。

当一榀框架所分担的倾覆力矩求出后，柱的附加轴力可以近似地取为 $N' = \pm M_f / B$，即假定附加轴力全部由最外边的两边柱承担，式中 B 为两边柱之间的距离。或者可考虑各柱均参加抗倾覆，此时

$$N' = \pm \frac{M_f A_i x_i}{\sum_{i=1}^{n} A_i x_i^2} \tag{5-33}$$

式中：n——一榀框架柱子的总数，如图 5-32 所示。

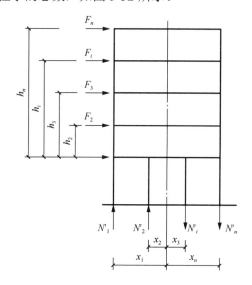

图 5-32　地震倾覆力矩计算简图

当底层框架-抗震墙房屋中抗震墙为黏土砖墙时，底层框架柱的轴力和剪力，应考虑砖墙引起的附加轴力和附加剪力，其值按下式确定：

$$N_f = V_w H_f / l \tag{5-34}$$

$$V_f = V_w \tag{5-35}$$

式中：V_w——墙体承担的剪力设计值，柱两侧有墙时可取两者的较大值；

$\quad\quad N_f$——框架柱的附加轴压力设计值；

$\quad\quad V_f$——框架柱的附加剪力设计值；

$\quad\quad H_f$、l——框架的层高和跨度。

（4）底部框架-抗震墙房屋的钢筋混凝土托墙梁计算地震组合内力时，应采用合适的计算简图。若考虑上部墙体与托墙梁的组合作用，应计入地震时墙体开裂对组合作用

的不利影响，可调整有关的弯矩系数、轴力系数等计算参数。

5.6.3 底部框架-抗震墙砌体房屋的抗震构造措施

1. 构造柱的设置

底部框架-抗震墙砌体房屋的上部墙体应设置钢筋混凝土构造柱或芯柱。构造柱、芯柱应与每层圈梁连接，或与现浇楼板可靠拉结。构造柱、芯柱的设置部位，根据房屋的总层数应符合多层砖砌体房屋要求，并应满足表 5-12 的要求。

表 5-12　构造柱、芯柱设置要求

墙体部位	墙体类别	构造类别	烈度	
			6 度、7 度	8 度
过渡层	砖墙	构造柱间距	不大于层高	
		构造柱截面	≥240×墙厚	
		构造柱配筋	>4φ16	≥4φ18
			φ6@200/100	
	小砌块墙	芯柱间距	不大于 1m	
		芯柱配筋	≥每孔 1φ16	≥每孔 1φ18
上部墙体	砖墙	构造柱截面	≥240×墙厚	
		构造柱配筋	≥4φ14	
			φ6@200/100	
	小砌块墙	芯柱配筋	≥每孔 1φ14	

2. 过渡层墙体

过渡层墙体的构造如图 5-33 所示，构造要求如图 5-34 所示。

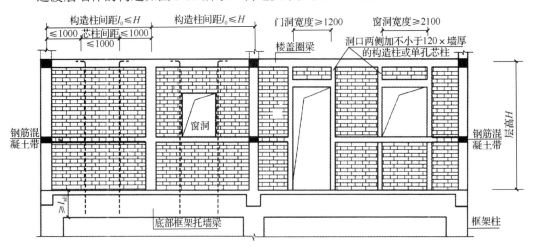

图 5-33　过渡层墙体的构造

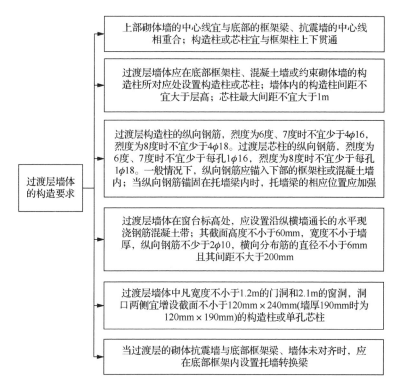

图 5-34　过渡层墙体的构造要求

3. 楼盖

底部框架-抗震墙砌体房屋楼盖应满足的要求如图 5-35 所示。

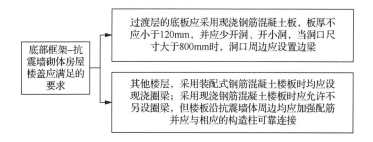

图 5-35　底部框架-抗震墙砌体房屋楼盖应满足的要求

4. 底部钢筋混凝土框架

底部钢筋混凝土框架应采用现浇或现浇柱、预制梁结构，并宜双向刚性连接。底部钢筋混凝土框架应符合的要求如图 5-36 所示。

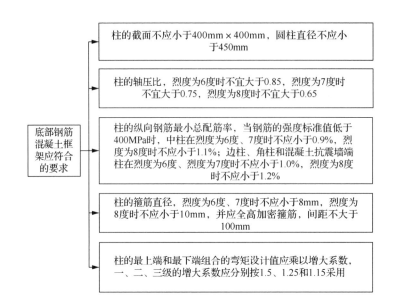

图 5-36　底部钢筋混凝土框架应符合的要求

5. 钢筋混凝土托墙梁

底部框架-抗震墙砌体房屋的钢筋混凝土托墙梁，其构造应符合表 5-13 的要求。

表 5-13　托墙梁的构造要求

抗震等级		一级	二、三级	四级
梁端箍筋加密范围		≥2.0 h_b	≥0.2l_n 且≥1.5 h_b	
尺寸	梁宽 b_b	应不大于相应柱宽，不小于墙厚且不小于 300mm		
	梁高 h_b	不应小于跨度的 1/10，当托墙梁上有洞口时不小于跨度的 1/8		
纵筋	最小配筋率	≥0.4%	≥0.3%	≥0.25%
	腰筋	≥2ϕ14，沿梁高间距≤200mm		
	纵筋接头	宜采用机械接头，同一截面接头面积应不大于纵筋面积的 50%		
箍筋加密区	箍筋直径	≥ϕ10		≥ϕ8
	箍筋间距	≤100mm		
	箍筋肢距	宜≤200mm	宜≤250mm	

6. 钢筋混凝土抗震墙

底部框架-抗震墙砌体房屋的底部采用钢筋混凝土抗震墙时，应符合的要求如图 5-37 所示。

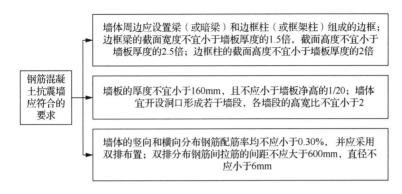

图 5-37　钢筋混凝土抗震墙应符合的要求

7. 嵌砌于框架之间的约束普通砖砌体或小砌块砌体抗震墙

烈度为 6 度且总层数不超过 4 层的底层框架-抗震墙砌体房屋，底层抗震墙应允许采用嵌砌于框架之间的约束普通砖砌体或小砌块砌体的抗震墙。

当采用嵌砌于框架之间的约束普通砖砌体抗震墙时，其构造如图 5-38 所示。

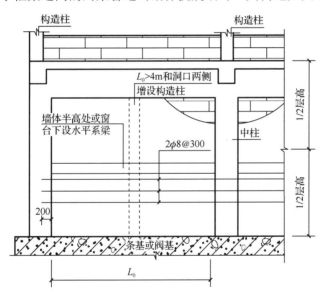

图 5-38　砖砌体抗震墙构造要求

5.6.4　底部框架-抗震墙房屋的抗震设计算例

将 5.5 节所提例子中的三层砌体房屋改为底层框架房屋，上部各层布置均不变，底层平面如图 5-39 所示。其中框架柱截面尺寸为 400mm×400mm，混凝土抗震墙的厚度为 200mm，混凝土强度等级为 C30，二层混合砂浆强度等级改为 M10，其他条件不变。试确定在横向地震作用下底层柱所承担的剪力、弯矩和附加轴力。

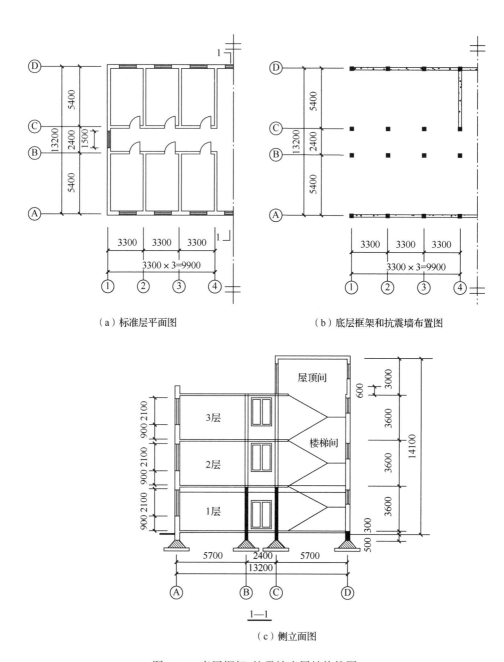

（a）标准层平面图　　　　　　　　　（b）底层框架和抗震墙布置图

1—1

（c）侧立面图

图 5-39　底层框架-抗震墙房屋结构简图

近似认为底部总剪力、各层地震作用及各层地震剪力同 5.5 节中的例子。

1. 底层框架-抗震墙与第二层侧移刚度比

混凝土强度等级 C30，
$$E = 3.0 \times 10^7 \, \text{kN}, \quad G = 0.43E = 0.43 \times 3.0 \times 10^7 = 1.29 \times 10^7 \, (\text{kN/m}^2)$$

（1）底层框架侧移刚度。

单根柱的侧移刚度为

$$K_c = \frac{12EI}{H^3} = \frac{12 \times 3.0 \times 10^7 \times 0.4^4 / 12}{4.4^3} = 9016 (\text{kN/m})$$

框架总的侧移刚度为

$$\sum K_c = 32 \times K_c = 32 \times 9016 \approx 0.2885 \times 10^6 (\text{kN/m})$$

（2）底层混凝土抗震墙的侧移刚度。

一榀抗震墙的侧移刚度：

$$A = 0.2 \times (5.4 - 0.4) = 1 (\text{m}^2)$$

$$I = \frac{tb^3}{12} = \frac{0.2 \times (5.4 - 0.4)^3}{12} = 2.083 (\text{m}^4)$$

$$K_{wc} = \frac{1}{\dfrac{1.2h}{GA} + \dfrac{h^3}{12EI}} = \frac{1}{\dfrac{1.2 \times 4.4}{1.29 \times 10^7 \times 1} + \dfrac{4.4^3}{12 \times 3 \times 10^7 \times 2.083}}$$

$$= 1.912 \times 10^6 (\text{kN/m})$$

混凝土抗震墙的总侧移刚度为

$$\sum K_{wc} = 2 \times K_{wc} = 2 \times 1.912 \times 10^6 = 3.824 \times 10^6 (\text{kN/m})$$

（3）底层框架-抗震墙的总横向侧移刚度。

$$K_1 = \sum K_c + \sum K_{wc} = 0.2885 \times 10^6 + 3.824 \times 10^6 = 4.113 \times 10^6 (\text{kN/m})$$

（4）二层砖横墙的侧移刚度。

MU10 砖，M10 混合砂浆

$$f = 1.89 \text{N/mm}^2, E = 1600f = 1600 \times 1.89 = 3024 (\text{N/mm}^2)$$

二层砖横墙的面积为

$$A = (13.44 - 1.5) \times 0.37 \times 2 + (5.64 \times 0.24) \times 12 = 25.08 (\text{m}^2)$$

二层砖横墙的侧移刚度为

$$K_2 = \frac{EA}{3h} = \frac{3024 \times 10^3 \times 25.08}{3 \times 3.6} = 7.022 \times 10^6 (\text{kN/m})$$

（5）二层与底层侧向刚度比验算。

$$\gamma = \frac{K_2}{K_1} = \frac{7.022 \times 10^6}{4.113 \times 10^6} = 1.707, \quad 1.0 < \gamma < 2.5 ，满足要求。$$

2. 框架柱承担的剪力和弯矩计算

（1）底层剪力放大系数 ζ_v 及调整后底层剪力 V_1。

$$\zeta_v = \sqrt{\gamma} = \sqrt{1.707} = 1.307$$

则

$$V_1 = \zeta_v \alpha_{\max} G_{eq} = 1.307 \times 990.3 = 1294 (\text{kN})$$

（2）单根框架柱分担的地震剪力。

$$V_c = \frac{K_c}{\sum K_c + 0.3\sum K_{wc}} V_1$$

$$= \frac{7890}{0.2885 \times 10^6 + 0.3 \times 3.824 \times 10^6} \times 1294 = 7.111(\text{kN})$$

（3）框架柱的柱端弯矩。

取反弯点距柱底 0.55 倍柱高度，则

柱下端弯矩为

$$M_v^{\text{下}} = V_c \times 0.55h = 7.111 \times 0.55 \times 4.4 = 17.21(\text{kN·m})$$

柱上端弯矩为

$$M_v^{\text{上}} = V \times (1 - 0.55)h = 7.111 \times 0.45 \times 4.4 = 14.08(\text{kN·m})$$

3. 框架柱的附加轴力计算

（1）作用于底层顶部的地震倾覆力矩，如图 5-40 所示。

$$M_1 = \sum_{i=2}^{4} F_i(H_i - H_1) = 341.3 \times 3.6 + 419.3 \times 7.2 + 29.5 \times 10.2 = 4549(\text{kN·m})$$

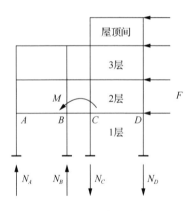

图 5-40　倾覆力矩计算图

（2）单榀框架分配到的地震倾覆力矩。

框架底部各轴线承受的地震倾覆力矩，可近似按底部抗震墙和框架的侧向刚度比例分配。

一榀框架的侧移刚度 $K_f = 4 \times K_c = 4 \times 9016 = 36064(\text{kN/m})$，则单榀框架分配到的地震倾覆力矩为

$$M_f = \frac{K_f}{0.3\sum K_{wc} + \sum K_c} M_1 = \frac{36064}{0.3 \times 3.824 \times 10^6 + 0.2885 \times 10^6} \times 4549 = 114.3(\text{kN·m})$$

（3）倾覆力矩引起框架柱附加轴力。

当各柱的截面面积相等时，每根柱分担的附加轴力为

$$N_i = \pm \frac{A_i x_i}{\sum A_i x_i^2} M_f = \pm \frac{x_i}{\sum x_i^2} M_f$$

任意一榀横向框架由于对称，形心位置位于中间（图5-41），则有

$$x_1 = 6.6m, \quad x_2 = 1.2m, \quad x_3 = 1.2m, \quad x_4 = 6.6m$$

$$N_A = N_D = \pm \frac{6.6}{6.6^2 \times 2 + 1.2^2 \times 2} \times 114.3 = \pm 8.382(kN)$$

$$N_B = N_C = \pm \frac{1.2}{6.6^2 \times 2 + 1.2^2 \times 2} \times 114.3 = \pm 1.524(kN)$$

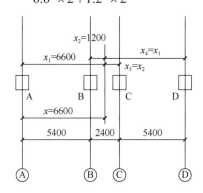

图 5-41　单榀框架形心位置计算（单位：mm）

思　考　题

1. 简述多层砌体结构建筑的震害特点。

2. 抗震设计对于砌体结构的结构方案与布置有哪些主要要求？为什么要这样要求？

3. 砌体结构房屋的抗震设计有哪些方面应通过计算或验算解决？哪些方面应采取构造措施？它们之间是什么关系？

4. 简述多层砌体结构房屋抗震设计计算的步骤。

5. 多层砌体结构房屋的计算简图如何选取？地震作用如何确定？

6. 楼层水平地震剪力的分配主要与哪些因素有关？水平地震剪力怎样分配到各片墙和墙肢上？

7. 在进行墙体抗震验算时，怎样选择和判断最不利墙段？

8. 多层砌体结构房屋的抗震构造措施包括哪些方面？

9. 圈梁和构造柱、芯柱对砌体结构的抗震作用是什么？

第6章 单层厂房抗震设计

6.1 震 害 特 征

在工业建筑中单层厂房结构已经被广泛采用，按其主要承重构件的材料可分为单层钢筋混凝土柱厂房、单层砖柱厂房和单层钢结构厂房。承重构件的选择主要取决于厂房的跨度、高度和吊车起重量等因素。大多数厂房采用钢筋混凝土结构，当跨度在15m以内，高度在6.6m以下，无桥式吊车的中小型车间和仓库多采用单层砖柱（墙壁柱）结构，跨度在36m以上且有重型吊车的厂房多采用钢结构。

单层钢筋混凝土厂房通常是由钢筋混凝土柱、钢筋混凝土屋架或钢屋架，以及有檩或无檩的钢筋混凝土屋盖组成的装配式结构。这种结构的屋盖较重，整体性较差。

由于用途不同，在厂房的跨度、跨数、柱距及轨顶标高等方面的变化较大，结构复杂多变，因此，单层厂房的震害反应是较复杂的。

历次地震的震害调查表明，厂房受纵向水平地震作用时的破坏程度重于横向地震作用时的破坏程度。以下分别按厂房横向排架和纵向柱列两个方向的震害来进行分析。

6.1.1 横向地震作用下厂房主体结构的震害

厂房的横向抗侧力体系常为屋盖横梁（屋架）与柱铰接的排架形式。在地震作用下，如果构件或节点承载力不足或变形过大，将会引起相应的破坏。主要震害现象如下。

1. 柱的局部震害

（1）上柱柱身变截面处开裂或折断。上柱截面较弱，在屋盖及吊车的横向水平地震作用下承受着较大的剪力，故柱子处于压弯剪复合受力状态，在柱子的变截面处因刚度突变而产生应力集中，一般在吊车梁顶面附近易产生拉裂甚至折断。

（2）柱头及其与屋架连接的破坏。柱顶与屋面梁的连接处由于受力复杂易发生剪裂、压酥、拉裂或锚筋拔出、钢筋弯折等震害。

（3）柱肩竖向拉裂。在高低跨厂房的中柱，常用柱肩或牛腿支承低跨屋架，地震时由于高振型的影响，高低跨两个屋盖产生相反方向的运动，柱肩或牛腿所受的水平地震作用将增大许多，如果没有配置足够数量的水平钢筋，中柱柱肩或牛腿产生竖向拉裂。

（4）下柱震害。下柱下部出现横向裂缝或折断，后者会造成倒塌等严重后果。

（5）柱间支撑产生压屈。

2. Ⅱ型天窗架与屋架连接节点的破坏

Ⅱ型天窗是厂房抗震的薄弱部位，在烈度6度区就有震害的实例。震害主要表现为支撑杆件失稳弯曲，支撑与天窗立柱连接节点被拉脱，天窗立柱根部开裂或折断等。这是因为Ⅱ型天窗位于厂房最高部位，地震效应大。

3. 围护墙破坏

围护墙开裂外闪、局部或大面积倒塌。其中高悬墙、女儿墙受鞭梢效应的影响，破坏最为严重。

6.1.2　纵向地震作用下厂房主体结构的震害

厂房的纵向抗侧力体系，由纵向柱列形成的排架、柱间支撑和纵墙共同组成。在厂房的纵向，一般由于支撑不完备或者承载力不足，连接无保证而震害严重。主要震害现象如下。

1. 屋面板错动坠落

在大型屋面板屋盖中，如屋面板与屋架或屋面梁焊接不牢，地震时往往造成屋面板错动滑落，甚至引起屋架的失稳倒塌。

2. 天窗破坏

天窗两侧竖向支撑斜杆拉断，节点破坏，天窗架沿厂房纵向倾斜，甚至倒下砸塌屋盖。

3. 屋架破坏

屋盖的纵向地震作用是通过屋面板焊缝从屋架中部向屋架的两端传递的，屋架两端的剪力最大。因此，屋架的震害主要是端头混凝土酥裂掉角、支撑大型屋面板的支墩折断、端节间上弦剪断等。

4. 支撑震害

在设有柱间支撑的跨间，由于其刚度大，屋架端头与屋面板边肋连接点处的剪力最为集中，往往首先被剪坏，这使得纵向地震作用的传递转移到内肋，导致屋架上弦受到过大的纵向地震作用而破坏。当纵向地震作用主要由支撑传递时，若支撑数量不足或布置不当，会造成支撑的失稳，引起屋面的破坏或屋盖的倒塌。另外，柱根处也会发生沿厂房纵向的水平断裂。

5. 围护结构震害

纵向地震作用下围护结构的震害有山墙外闪或局部塌落。

6.2　单层厂房抗震概念设计

6.2.1　单层钢筋混凝土柱厂房抗震概念设计

震害分析和试验研究表明，单层钢筋混凝土柱厂房的抗震能力及其在地震作用下的破坏程度，既取决于结构构件的抗震能力，又取决于结构整体的抗震性能。对于其抗震设计的基本要求，包括厂房结构的总体布置、厂房结构的选型、厂房结构的整体性和厂房的连接与节点等方面。

1. 厂房结构的总体布置

单层钢筋混凝土柱厂房的平面和竖向布置尽量简单、规则、均匀、对称，质量中心和刚度中心尽可能重合，尽量避免体型复杂、凹凸变化，以使各部分结构在地震作用下变形协调，避免局部刚度突变和应力集中。

（1）厂房的平面和竖向布置：①多跨厂房宜等高和等长，高低跨厂房不宜采用一端开口的结构布置；②厂房的贴建房屋和构筑物，不宜布置在厂房角部和紧邻防震缝处；③厂房内的工作平台、刚性工作间宜与厂旁主体结构脱开；④厂房内上起重机的铁梯不应靠近防震缝设置，多跨厂房各跨上起重机的铁梯不宜设置在同一横向轴线附近。

（2）厂房的结构布置：①厂房的同一结构单元内，不应采用不同的结构形式；厂房端部应设屋架，不应采用山墙承重；厂房单元内不应采用横墙和排架混合承重。②厂房柱距宜相等，各柱列的侧移刚度宜均匀，当有抽柱时，应采取抗震加强措施。

（3）防震缝的设置：①厂房体型复杂或有贴建的房屋和构筑物时，宜设防震缝；②两个主厂房之间的过渡跨至少应有一侧采用防震缝与主厂房脱开；③防震缝要有足够的宽度。在厂房纵横跨交接处、大柱网厂房或不设柱间支撑的厂房，防震缝宽度可采用 100～150mm，其他情况可采用 50～90mm。

2. 厂房结构的选型

（1）厂房天窗架的设置。天窗架的设置应符合下列要求：①天窗宜采用突出屋面较小的避风型天窗，有条件或烈度为 9 度时宜采用下沉式天窗。②突出屋面的天窗宜采用钢天窗架；烈度为 6～8 度时，可采用矩形截面杆件的钢筋混凝土天窗架。③天窗架不宜从厂房结构单元第一开间开始设置；烈度为 8 度和 9 度时，天窗架宜从厂房单元端部第三柱间开始设置。④天窗屋盖、端壁板和侧板，宜采用轻型板材，不应采用端壁板代替端天窗架。

（2）厂房屋架的选型。厂房屋架选型应根据跨度、柱距和所在地区的地震烈度、场地等情况综合考虑，宜采用钢屋架或重心较低的预应力混凝土、钢筋混凝土屋架。具体要求为：①跨度不大于 15m 时，可采用钢筋混凝土屋面梁。②跨度大于 24m，或烈度为 8 度的Ⅲ、Ⅳ类场地和烈度为 9 度时，应优先采用钢屋架。③柱距为 12m 时，可采用预应力混凝土托架（梁）；当采用钢屋架时，亦可采用钢托架（梁）。④有突出屋面天窗架的屋盖不宜采用预应力混凝土或钢筋混凝土空腹屋架。⑤烈度为 8 度（0.30g）和 9 度时，跨度大于 24m 的厂房不宜采用大型屋面板。

（3）厂房柱的选型。排架柱的截面形式很多，大体可分为单肢柱和双肢柱两大类。试验研究和震害经验表明，矩形和普通工字形单肢柱的抗震性能优于双肢柱。因此，烈度为 8 度和 9 度时，厂房柱宜采用矩形、工字形截面柱或斜腹杆双肢柱，不宜采用薄壁工字形柱、腹板开孔工字形柱、预制腹板的工字形柱和管柱；柱底至室内地坪以上 500mm 范围内和阶形柱的上柱宜采用矩形截面。

（4）厂房围护结构的设置。单层钢筋混凝土柱厂房的围护墙宜采用轻质墙板或钢筋混凝土大型墙板，砌体围护墙应采用外贴式并与柱可靠拉结；外侧柱距为 12m 时应采用轻质墙板或钢筋混凝土大型墙板。刚性围护墙沿纵向宜均匀对称布置，不宜一侧为外贴式，另一侧为嵌砌式或开敞式；不宜一侧采用砌体墙，一侧采用轻质墙板。不等高厂房的高跨封墙和纵横向厂房交接处的悬墙宜采用轻质墙板，烈度为 6 度、7 度时采用砌体时不应直接砌在低跨屋面上。

3. 厂房结构的整体性

（1）注重屋盖的整体性。单层厂房屋盖的整体性直接关系到屋盖自身的整体空间刚度和抗震能力，也关系到屋盖产生的地震作用能否均匀协调地传递到厂房的柱子上。震害表明，屋盖整体性很差的厂房，不仅由于屋盖自身抗震能力弱而出现屋面板错位或坠落、屋架倾斜或倒塌等震害，而且由于屋盖自身产生的地震作用不能向下部排架柱均匀传递，造成部分厂房柱破坏严重。

（2）合理设置抗震圈梁。抗震圈梁将厂房砌体围护墙形成整体并与厂房柱紧紧相连，使所有排架柱沿纵向形成共同受力的结构体系，为排架柱地震作用的空间分配提供了有利条件。厂房柱顶标高处设置的圈梁作用更为显著。震害调查表明，设置圈梁对于提高厂房角部墙体的抗震能力具有明显的作用，可以加强角部墙体的整体性，避免其发生严重的开裂破坏。

4. 厂房的连接与节点

单层厂房的连接和节点设计，对于整个厂房抗震能力的发挥至关重要，许多厂房在地震中发生严重破坏和倒塌就是由连接节点设计不合理造成的。因此，厂房的抗震设计要特别注重连接节点。

单层厂房连接节点的抗震设计，应遵循下列原则：①连接节点的承载力不小于所连接结构构件的承载力，连接节点的破坏不先于结构构件的破坏；②连接节点应具有良好的变形能力，保证与之相连接的结构构件进入弹塑性工作阶段，节点不产生脆性破坏。

6.2.2　单层钢结构厂房抗震概念设计

1. 结构体系

单层钢结构厂房的结构体系一般可以分为横向结构（跨度方向）与纵向结构（柱距

方向）两个方向。由于工艺上的要求，横向结构一般是柱-梁体系或柱-屋架体系，纵向结构则是柱-连系梁-支撑体系。现代大跨度工业厂房中，也有采用柱子-网架体系的。本节主要叙述非网架的结构体系。

横向结构按跨数区分，有单跨和多跨之别；按结构形式区分，有排架体系和刚架体系之别。排架体系中，柱脚刚接，屋架则与柱顶采用铰接连接。刚架体系中，柱脚可以刚接或铰接，屋架或实腹式钢梁则与柱顶刚接；多跨结构采用实腹式钢梁时，钢梁和柱顶的连接则允许部分刚接、部分铰接，但是至少其中的 2 根柱子应在柱顶和梁刚性连接。多跨厂房的横向结构有等高和不等高之分（图 6-1）。

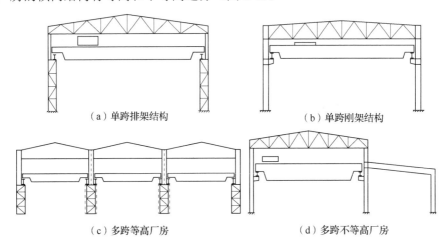

（a）单跨排架结构   （b）单跨刚架结构

（c）多跨等高厂房   （d）多跨不等高厂房

图 6-1 单层钢结构厂房的横向结构

纵向结构一般处理成支撑-铰接框架形式，柱脚与基础按铰接连接设计，柱子与纵向连系梁、吊车梁、支撑构件之间也按铰接连接设计。在大柱距厂房中，通常纵向还有托架结构（图 6-2）。

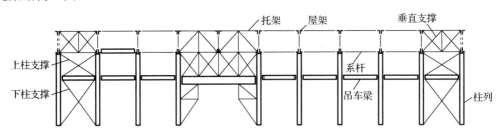

图 6-2 单层钢结构厂房的纵向结构示意

传统上，重型工业厂房的屋盖结构为屋架+支撑+钢筋混凝土大型屋面板体系，又称无檩体系，视工艺需要还可能设有天窗架，用于采光、通风。其特点是结构质量大，刚度也大。现在，越来越多的工业厂房以单层或双层的彩色压型钢板作为屋盖覆面材料，保温性能好，质量也小，但屋盖结构的整体刚度弱于采用大型屋面板的屋盖体系。其结构形式一般为屋架（或实腹式钢梁）+支撑+檩条+压型钢板，称为有檩体系。在可能的情况下，屋面采光利用和压型钢板位于同一平面的透明采光板，通风则通过设置风机来解决，基本上消除了突出屋顶的天窗结构，更有利于厂房的抗震效果。

现代工业厂房的墙体材料也越来越多地采用压型钢板。但是也有的厂房仍采用砌块作墙体，即使在采用压型钢板作围护的厂房中，从基础梁上方至相对标高 1～1.5m 范围内采用砌块，以及车间内防火墙等采用砌块的也不在少数。

2. 布置要求

从结构抗震角度考虑，单层钢结构厂房结构布置时需注意如下问题：

（1）多跨厂房可以做到按等高布置的，尽可能按等高布置考虑。当因工艺需要设置高低跨，或设置高低跨可以较大幅度降低建造费用（减少维护材料）和使用费用（节约采暖费用）等时，厂房可以采用各跨不等高。但地震中低跨屋盖高度处的惯性力给连接高低跨的柱子施加横向力的问题，钢柱设计时需予以考虑。

（2）结构上相互联系的车间，其平面宜规整。图 6-3 所示的厂房平面，相邻两跨在纵向长度不一样，可能产生的问题是，当跨度方向受到地震作用时，④轴框架和⑤轴框架的结构横向刚度、质量都不相同，同一时刻的振动加速度、位移也不相同，平面突然改变处易遭受破坏。

（3）厂房体型复杂时，宜设防震缝。在厂房纵横跨交界处（图 6-4）、大柱网厂房或不设柱间支撑的厂房，防震缝宽度可采用 100～150mm，其他情况可采用 50～90mm。

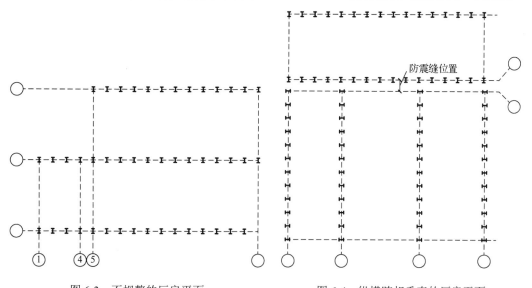

图 6-3   不规整的厂房平面   图 6-4   纵横跨相垂直的厂房平面

（4）厂房内上吊车的爬梯不应靠近在防震缝设置；多跨厂房各跨上吊车的爬梯不应布置在同一横向轴线附近。设置爬梯处决定了吊车的停靠位置；如果多跨厂房的吊车集中停靠在某一轴线附近，则受到地震作用时，该处的惯性力将显著高于其他轴线处的框架，这是抗震设计中应当避免的。

（5）厂房各柱列的侧移刚度宜均匀。

（6）屋盖平面内，应设置横向水平支撑。屋盖平面内的横向水平支撑不仅是减少实腹式钢梁或钢屋架弦杆平面外计算长度所必需的，也是将屋盖平面内的水平地震作用有效地传递至钢柱所必需的。

钢屋架结构中，必要时应设置竖向支撑，竖向支撑保持屋架高度范围内的稳定性，同时将屋架上弦的地震水平作用传递至柱子。

采用钢屋架的屋盖结构，如遇下列情况，还需要布置纵向水平支撑：①屋架间距大于或等于 12m 时；②厂房内有特重级桥式吊车、壁行吊车或双层桥式吊车时；③有起重量较大的中级或重级工作制吊车时；④厂房内有较大振动设备时；⑤要求厂房具有较大空间刚度时；⑥设有托架时，在托架处局部设置纵向支撑。一般情况下，纵向水平支撑布置在屋架下弦平面内。单跨结构沿厂房纵向两侧各布置一道；多跨结构则布置数道。

（7）纵向结构平面内，无特殊原因的应设置柱间支撑。纵向平面长度大，可能有较大吨位的吊车运行，为减少不均匀沉降等引起的不利影响，设计时力图减少超静定次数，纵向杆件（如吊车梁、连系梁等）与柱的连接多采用铰接连接；厂房柱的强轴弯曲方向一般在横向框架平面内，纵向是抗弯刚度的弱轴方向，该方向柱脚也就通常按铰接处理，所以支撑系统是该方向有效抵抗水平地震作用所必需的。只有当条件限制确实无法采用支撑时，才考虑通过刚性框架的方式抵抗地震作用，且仅限于 6 度、7 度区。

有吊车的厂房，应在厂房纵向结构的单元中部设置上下柱间支撑，并应在单元两端设上柱支撑；采用轻质屋盖和墙板的厂房，温度应力一般不会成为控制因素，如有需要，端部单元也可设置下柱支撑。7 度时，结构单元长度大于 120m，或 8 度、9 度时单元长度大于 90m 时（采用轻型围护材料时为 120m），宜在单元中部 1/3 区段内设置两道上下柱支撑。

6.2.3　单层砖柱厂房抗震概念设计

单跨和等高多跨且无桥式起重机的中小型车间、仓库等采用单层砖柱厂房。

1. 厂房的平立面布置

砖排架房屋通常设计成矩形平面，也有因生产、使用需要设计成 L 形或 T 形平面的。震害调查虽没有明显的迹象能判明非矩形平面是造成厂房震害显著加重的原因，但厂房阴角处常发生局部震害。

砖排架房的抗震性能差，各构件相互间的微小差异变位就可能引起破坏。设计时应特别注意采用简单的体形；对于必须设置的配电间、工具间等小工房或附属小建筑物，不论是贴建在厂房内还是贴建在厂房外，均应采用防震缝将它与主厂房隔开。缝宽要考虑地震时可能产生的最大相对侧移，并在防震缝处设置双柱或双墙。对于木屋盖和轻钢屋架、压型钢板、瓦楞铁、石棉瓦屋面的轻型屋盖厂房，可不设防震缝。

2. 厂房的结构体系

单层砖柱厂房的结构体系包括柱、墙体与屋盖形式等。

（1）轻型屋盖的单层厂房震害较轻。《建筑抗震设计规范（2016 年版）》（GB 50011—2010）规定：烈度为 6～8 度时，宜采用轻型屋盖；烈度为 9 度时，应采用轻型屋盖。

（2）组合砖柱的抗震承载力比无筋砖柱好，为保证单层砖柱厂房能满足三个烈度水准的抗震设防要求，《建筑抗震设计规范（2016 年版）》（GB 50011—2010）规定：烈度为 6 度和 7 度时，可采用十字形截面的无筋砖柱；烈度为 8 度和 9 度时应采用组合砖柱，且中柱在烈度为 8 度Ⅲ、Ⅳ类场地和烈度为 9 度时宜采用钢筋混凝土柱。

（3）震害表明，单层砖柱厂房的纵向要有足够的刚度和承载力。在柱间砌筑与柱整体连接的纵向砖墙并设置砖墙基础，可有效提高厂房的纵向抗震能力。烈度为 8 度Ⅲ、Ⅳ类场地且采用钢筋混凝土屋盖时，应在砖柱顶部设压杆（或用满足压杆构造的圈梁、天沟或檩条等代替）。

（4）充分利用墙体的功能，将隔墙与砖抗震墙合并设置，避免非承重墙对柱及屋架与柱连接点的不利影响。当不能合并设置时，隔墙采用轻质材料。同时保证独立内隔墙在其平面外的稳定。

（5）为提高厂房的抗震能力，厂房两端均应设置承重山墙。

（6）为避免天窗架过多地削弱屋盖的整体性，天窗不应通至厂房单元的端开间。天窗也不应采用端砖壁承重。

6.3　单层钢筋混凝土柱厂房抗震设计

6.3.1　抗震计算

下面将分别介绍单层钢筋混凝土柱厂房的横向和纵向抗震计算。

1. 横向抗震计算

1）结构计算简图的建立

单层厂房的横向抗震计算简图可取一个柱距的单榀平面排架为计算单元，将厂房分布重力荷载进行集中。对于单跨和等高多跨厂房，其计算简图可简化为单质点体系，如图 6-5（a）所示；对于两跨或多跨的屋盖为两个不同标高的不等高厂房，可简化为两质点体系，如图 6-5（b）所示；对于屋盖都不在同一标高的三跨不等高厂房，可简化为三质点体系，如图 6-5（c）所示。当厂房设有突出屋面的天窗时，需在上述计算简图上再加一个独立的天窗屋盖标高处的质点，如图 6-6 所示。但需要注意的是，此仅用于计算天窗屋盖标高处的地震作用；而在计算厂房排架的自振周期时，则天窗屋盖不视作一个独立质点，需将天窗屋盖的重力荷载集中到厂房屋盖质点处，一并考虑其对厂房排架自振周期的相应影响。如两跨不等高厂房均设有起重机，则在确定厂房地震作用时应按 4 个集中质点考虑，如图 6-7 所示。

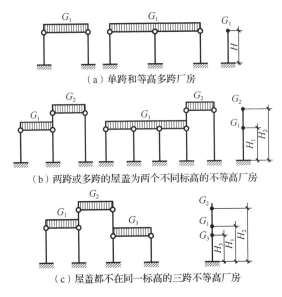

（a）单跨和等高多跨厂房

（b）两跨或多跨的屋盖为两个不同标高的不等高厂房

（c）屋盖都不在同一标高的三跨不等高厂房

图 6-5　厂房排架结构计算简图

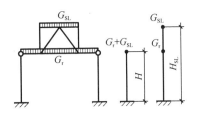

图 6-6　有天窗时天窗屋盖地震作用计算的简图

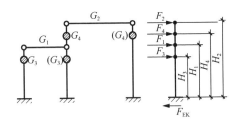

图 6-7　有起重机时结构计算简图

2）各质点的等效重力荷载代表值的计算

由于在计算厂房自振周期和计算地震作用时采取的简化假定不同，因而它们的计算简图和重力荷载集中方法要分别考虑。计算厂房自振周期时，集中屋盖标高处的质点等效重力荷载标准值是根据动能等效原理（即基本自振周期等效）求得的；而计算厂房地震作用时的重力荷载代表值，起重机梁、柱和纵墙的等效换算系数是按柱底或墙底截面处弯矩等效的原则确定的。表 6-1 是采用上述方法求得的各部分结构应集中到柱顶的等效重力荷载代表值计算的质量集中系数。

表 6-1　各质点等效重力荷载代表值计算的集中系数

集中到柱顶的各部分结构重力荷载	等效集中系数	
	计算周期时	计算内力时
位于柱顶以上部位的结构及屋面重力荷载（屋盖、雪、檐墙等）	1.0	1.0
柱		
单跨及等高多跨厂房、不等高厂房的边柱	0.25	0.5
不等高厂房高低跨交接柱上柱分别集中到高跨和低跨柱顶	0.5	0.5
高低跨交接柱下柱集中到低跨柱顶	0.25	0.5

续表

集中到柱顶的各部分结构重力荷载	等效集中系数	
	计算周期时	计算内力时
墙		
与柱等高的纵墙	0.25	0.5
高低跨封墙分别集中到低跨柱顶和高跨柱顶	0.5	0.5
起重机梁		
一般起重机梁集中到柱顶	0.5	0.75
高低跨交接柱起重机梁靠近低跨层屋盖时集中到低跨柱顶	1.0	1.0
高低跨起重机梁位置介于低跨柱顶之间时分别集中到低跨和高跨柱顶	0.5	0.5

在计算厂房的自振周期和地震作用时，其质点等效集中重力荷载代表值可按下列表达式计算确定：

（1）单跨和多跨等高厂房［图 6-5（a）］。

计算周期时，

$$G = 1.0(G_{屋盖} + 0.5G_{雪} + 0.5G_{积灰}) + 0.25G_{柱} + 0.25G_{纵墙} + 0.5G_{起重机梁} + 1.0G_{檐墙} \quad (6\text{-}1)$$

计算地震作用时，

$$G = 1.0(G_{屋盖} + 0.5G_{雪} + 0.5G_{积灰}) + 0.5G_{柱} + 0.5G_{纵墙} + 0.75G_{起重机梁} + 1.0G_{檐墙} \quad (6\text{-}2)$$

（2）两跨不等高厂房［图 6-5（b）］。

计算周期时，

$$G_1 = 1.0(G_{低跨屋盖} + 0.5G_{低跨雪} + 0.5G_{低跨积灰}) + 0.25G_{低跨边柱} + 0.25G_{低跨外纵墙}$$
$$+ 0.5G_{低跨起重机梁} + 1.0G_{低跨檐墙} + 0.5G_{中柱下柱} + 0.5G_{中柱上柱} + 0.5G_{高跨封墙}$$
$$+ 1.0G_{中柱高跨起重机梁}(或0.5G_{中柱高跨起重机梁}) \quad (6\text{-}3)$$

$$G_2 = 1.0(G_{高跨屋盖} + 0.5G_{高跨雪} + 0.5G_{高跨积灰}) + 0.25G_{高跨边柱} + 0.25G_{高跨外纵墙}$$
$$+ 0.5G_{高跨起重机梁} + 1.0G_{高跨檐墙} + 0.5G_{中柱下柱} + 0.5G_{高高跨封墙} + 1.0G_{高跨封墙檐墙}$$
$$+ 0(或0.5G_{中柱高跨起重机梁}) \quad (6\text{-}4)$$

计算地震作用时，

$$G_1 = 1.0(G_{低跨屋盖} + 0.5G_{低跨雪} + 0.5G_{低跨积灰}) + 0.5G_{低跨边柱} + 0.5G_{低跨外纵墙}$$
$$+ 0.75G_{低跨起重机梁} + 1.0G_{低跨檐墙} + 0.5G_{中柱下柱} + 0.5G_{中柱上柱} + 0.5G_{高跨封墙}$$
$$+ 1.0G_{中柱高跨起重机梁} \quad (6\text{-}5)$$

$$G_2 = 1.0(G_{高跨屋盖} + 0.5G_{高跨雪} + 0.5G_{高跨积灰}) + 0.5G_{高跨边柱} + 0.5G_{高跨外纵墙}$$
$$+ 0.75G_{高跨起重机梁} + 1.0G_{高跨檐墙} + 0.5G_{中柱下柱} + 0.5G_{高高跨封墙} + 1.0G_{高跨封墙檐墙} \quad (6\text{-}6)$$

计算自振周期时，$1.0G_{中柱高跨起重机梁}$ 为中柱高跨起重机梁重力荷载代表值集中于低屋盖处的数值；当集中于高跨屋盖处时，要乘以等效集中系数 0.5。至于集中到低跨屋盖处还是高跨屋盖处，应以就近集中为原则。

计算排架自振周期时，一般不考虑起重机桥架重力荷载的集中，因其对排架自振周期影响很小，只有当在一跨内有两台以上 50t 的起重机时才予以考虑。当需要考虑起重机桥架重力荷载的集中时，可将全部起重机桥架重力荷载平均分配给每榀排架，再等效集中到柱顶质点，其质量集中系数取 0.5。

计算排架地震作用时，起重机桥架重力荷载应予考虑计入，一般是把某跨起重机桥架重力荷载集中于该跨柱子起重机梁的顶面处，两边的等效集中系数均采用 0.5。对于单跨厂房，只考虑一台起重机；对于多跨厂房，考虑两台起重机，每跨取一台，任选两台，可以在相邻两跨内选取，也可间隔一跨选取，按对柱截面受力最不利进行组合。软钩起重机的吊重不予考虑，硬钩起重机考虑吊重的 30%。

3）厂房基本自振周期的计算

（1）单跨和多跨等高厂房。其结构计算简图如图 6-8 所示，基本自振周期 T_1 的计算公式为

$$T_1 = 2\pi \sqrt{\frac{m}{k}} = 2\pi \sqrt{\frac{G_1}{gk}} = 2\pi \sqrt{\frac{G_1 \delta_{11}}{g}} \approx 2\sqrt{G_1 \delta_{11}} \tag{6-7}$$

式中：G_1——质点的等效重力荷载代表值（kN），此处即为厂房屋盖所集中的重力荷载代表值；

δ_{11}——单位水平力作用于排架顶部时，该处产生的水平位移（m/kN）。有

$$\delta_{11} = (1 - x_1)\delta_{11}^a \tag{6-8}$$

其中：δ_{11}^a——a 柱柱顶作用单位水平力时在该柱柱顶所产生的水平位移。

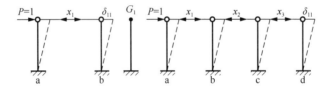

图 6-8　单跨和多跨等高厂房排架侧移简图

（2）两跨不等高厂房。其结构计算简图如图 6-9 所示，基本自振周期 T_1 的计算公式为

$$T_1 = \sqrt{\frac{2\pi^2}{g} \left[G_1 \delta_{11} + G_2 \delta_{22} + \sqrt{(G_1 \delta_{11} + G_2 \delta_{22})^2 + 4 G_1 G_2 \delta_{12}^2} \right]} \tag{6-9}$$

式中：δ_{11}、$\delta_{12}(\delta_{21})$、δ_{22}——在单位水平力作用下在厂房排架各相应柱顶产生的水平位移，其值应根据如图 6-10 所示的排架侧移计算简图确定。

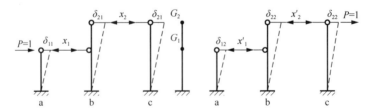

图 6-9　两跨不等高厂房排架侧移简图

在运用式（6-9）时，当遇到对称的中高两侧低的不等高厂房时，可利用对称条件取其一半进行计算（图 6-10），把式中的高跨屋盖 G_2 改为 $G_2/2$ 即可。

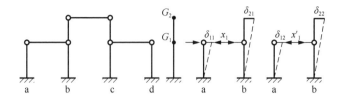

图 6-10　对称的中高两侧低的不等高厂房排架侧移简图

（3）厂房基本自振周期的调整。按平面排架计算厂房的横向地震作用时，排架的基本自振周期应考虑纵墙及屋架与柱连接的固结作用；另外，围护墙对排架的侧向变形的约束作用也没有考虑，故计算所得的基本周期比实际的偏长。因此，按上述方法计算得到的基本自振周期应进行调整。《建筑抗震设计规范（2016 年版）》（GB 50011—2010）规定，由钢筋混凝土屋架或钢屋架与钢筋混凝土柱组成的排架，有纵墙时取周期计算值的 80%，无纵墙时取 90%。

4）厂房排架地震作用效应的调整

（1）厂房空间作用和扭转影响对排架地震作用效应的调整。单层钢筋混凝土屋盖厂房在地震作用下存在着明显的空间工作效应。厂房的空间作用对排架柱受力和变形的影响程度，主要取决于屋盖的横向水平刚度和山墙的设置及其间距。理论分析和试验研究都表明，在钢筋混凝土屋盖具有较大水平刚度的情况下，由于山墙参与承受横向水平荷载，厂房排架的侧移和受力明显减小。此外，当厂房单端有山墙时，或者虽然两端有山墙，但其侧向刚度相差较大时，厂房屋盖的整体振动趋于复杂化，除了有空间工作效应外，还会出现较大的扭转效应。厂房空间作用的影响和扭转影响是通过对平面排架地震作用效应（如弯矩、剪力）的折减来体现的，即按平面排架分析求得的地震作用效应乘以相应的调整系数，见表 6-2。

表 6-2　钢筋混凝土柱（除高低跨交接处上柱外）考虑空间工作和扭转影响的效应调整系数 ζ_1

屋盖	山墙		屋盖长度/m											
			≤30	36	42	48	54	60	66	72	78	84	90	96
钢筋混凝土无檩屋盖	两端山墙	等高厂房	—	—	0.75	0.75	0.75	0.80	0.80	0.80	0.85	0.85	0.85	0.90
		不等高厂房	—	—	0.85	0.85	0.85	0.90	0.90	0.90	0.95	0.95	0.95	1.00
	一端山墙		1.05	1.15	1.20	1.25	1.30	1.30	1.30	1.30	1.35	1.35	1.35	1.35
钢筋混凝土有檩屋盖	两端山墙	等高厂房	—	—	0.80	0.85	0.90	0.95	0.95	1.00	1.00	1.05	1.05	1.10
		不等高厂房	—	—	0.85	0.90	0.95	1.00	1.00	1.05	1.05	1.10	1.10	1.15
	一端山墙		1.00	1.05	1.10	1.10	1.15	1.15	1.15	1.20	1.20	1.20	1.25	1.25

（2）排架柱地震剪力和弯矩的调整。钢筋混凝土屋盖的单层钢筋混凝土柱厂房，采用调整后的基本自振周期且按平面排架计算的排架柱地震剪力和弯矩，在符合下列条件时，可考虑空间工作和扭转的影响，按表 6-2 规定的调整系数对厂房排架地震作用效应

进行调整：①设防烈度为 7 度和 8 度。②厂房单元屋盖长度与总跨度之比小于 8 或厂房总跨度大于 12m，这里屋盖长度指山墙到山墙的间距，仅一端有山墙时，应取所考虑排架至山墙的距离；高低跨相差较大的不等高厂房，总跨度可不包括低跨。③山墙的厚度不小于 240mm，开洞所占的水平截面面积不超过总面积的 50%，并与屋盖系统有良好的连接。④柱顶高度不大于 15m。

　　对于除高低跨交接处上柱以外的钢筋混凝土柱，其剪力和弯矩的调整系数 ζ_1 可按表 6-2 选用。

　　对于高低跨交接处的钢筋混凝土柱的支承低跨屋盖牛腿以上各截面，按底部剪力法求得的地震剪力和弯矩应乘以增大系数 η，其值可按下式计算：

$$\eta = \zeta_2\left(1 + 1.7\frac{n_h}{n_0}\cdot\frac{G_{El}}{G_{Eh}}\right) \tag{6-10}$$

式中：ζ_2——钢筋混凝土屋盖不等高厂房高低跨交接处的空间工作影响系数，可按表 6-3 采用；

　　　　n_h——高跨的跨数；

　　　　n_0——计算跨数，仅一侧有低跨时应取总跨数；两侧均有低跨时，应取总跨数与高跨跨数之和；

　　　　G_{El}——集中在高低跨交接处一侧的各低跨屋盖标高处的总重力荷载代表值；

　　　　G_{Eh}——集中在高跨柱顶标高处的总重力荷载代表值。

表 6-3　高低跨交接处钢筋混凝土上柱空间工作影响系数 ζ_2

屋盖与山墙		山墙间距/m										
		≤36	42	48	54	60	66	72	78	84	90	96
钢筋混凝土无檩屋盖	两端山墙	—	0.70	0.76	0.82	0.88	0.94	1.00	1.06	1.06	1.06	1.06
	一端山墙	1.25										
钢筋混凝土有檩屋盖	两端山墙	—	0.90	1.00	1.05	1.10	1.10	1.15	1.15	1.15	1.20	1.20
	一端山墙	1.05										

　　需要说明的是，在实际设计中，当高跨两侧均有低跨时，两侧的 η 值应分别进行计算。即使两侧低跨的高度相同，但跨数不等，或跨数虽等但其跨度不等时，两侧的 η 值也应分别进行计算。

　　（3）起重机桥架引起的地震作用增大系数。地震时起重机桥架将引起它所在位置的排架产生局部的强烈振动，导致其震害加重。因此，《建筑抗震设计规范（2016 年版）》（GB 50011—2010）规定，钢筋混凝土柱单层厂房的起重机梁顶标高处的上柱截面，由起重机桥架引起的地震剪力和弯矩应乘以增大系数，当按底部剪力法等简化计算方法计算时，其值可按表 6-4 选用。

表 6-4　桥架引起的地震剪力和弯矩增大系数 ζ_3

屋盖类型	山墙	边柱	高低跨柱	其他中柱
钢筋混凝土无檩屋盖	两端山墙	2.0	2.5	3.0
	一端山墙	1.5	2.0	2.5
钢筋混凝土有檩屋盖	两端山墙	1.5	2.0	2.5
	一端山墙	1.5	2.0	2.0

2. 纵向抗震计算

单层厂房的纵向抗震计算方法可分为：①纵墙对称布置的单跨厂房和轻型屋盖的多跨厂房，可按柱列分片独立进行计算；②对于钢筋混凝土无檩和有檩屋盖及有较完整支撑系统的轻型屋盖厂房，应考虑屋盖平面的纵向弹性变形、围护墙与隔墙的有效刚度以及扭转的影响，按多质点空间结构进行分析；③对于单跨或等高多跨的钢筋混凝土柱厂房，当柱顶标高不大于 15m 且平均跨度不大于 30m 时，可采用修正刚度法计算。

1）厂房纵向抗震计算的修正刚度法

修正刚度法的基本思路是，先建立柱列侧移刚度的计算公式，并对柱列侧移刚度进行修正；再按照修正后的柱列侧移刚度分配地震作用。其中，对柱列侧移刚度的修正考虑了围护墙及柱间支撑对厂房空间工作的影响，修正系数根据空间分析与纵向平面排架计算结果的比较来确定。

（1）厂房纵向基本自振周期的计算。在确定厂房的纵向基本自振周期时，假定其为单质点体系，将所有柱列的重力荷载代表值按功能等效原则集中到屋盖标高处，并与屋盖重力荷载代表值加在一起，同时也将所有柱列的纵向侧移刚度叠加在一起，求出体系的基本自振周期。

厂房纵向基本自振周期也可按下列经验公式计算：

① 当采用砖围护墙时：

$$T_1 = 0.23 + 0.00025\psi_1 l \sqrt{H^3} \tag{6-11}$$

式中：ψ_1——屋盖类型系数，大型屋盖板钢筋混凝土屋架时可采用 1.0，钢屋架采用 0.85；

l——厂房跨度（m），多跨厂房时可取各跨的平均值；

H——基础顶面至柱顶的高度（m）。

② 对于敞开、半敞开或墙板与柱子柔性连接的厂房，基本周期 T_1 可按式（6-11）计算并应乘以下列围护墙影响系数 ψ_2：

$$\psi_2 = 2.6 - 0.002 l \sqrt{H^3} \tag{6-12}$$

当 $\psi_2 < 1.0$ 时，取 1.0。

（2）柱列地震作用的计算。

① 对于等高多跨钢筋混凝土屋盖的厂房，各纵向柱列的柱顶标高处的纵向地震作用标准值为

$$F_i = \alpha_1 G_{eq} \frac{K_{ai}}{\sum K_{ai}} \tag{6-13}$$

式中：F_i——i 柱列柱顶标高处的纵向地震作用标准值；

α_1——相应于厂房纵向基本自振周期的水平地震影响系数；

G_{eq}——厂房单元柱列总等效重力荷载代表值，按下列两种情况分别计算：

对于无起重机厂房：

$$G_{eq} = 1.0\left(G_{屋盖} + 0.5G_{雪} + 0.5G_{灰}\right) + 0.7G_{纵墙} + 0.5G_{山墙和横墙} + 0.5G_{柱} + 1.0G_{檐墙} \tag{6-14}$$

对于有起重机厂房：

$$G_{eq} = 1.0\left(G_{屋盖} + 0.5G_{雪} + 0.5G_{灰}\right) + 0.7G_{纵墙} + 0.5G_{山墙和横墙} + 0.1G_{柱} + 1.0G_{檐墙} \tag{6-15}$$

$$K_{ai} = \psi_3 \psi_4 K_i \tag{6-16}$$

式中：K_i——i 柱列柱顶的总侧移刚度，应为 i 柱列内柱子和上、下柱间支撑的侧移刚度及纵墙的折减侧移刚度的总和。贴砌的砖围护墙侧移刚度的折减系数可根据柱列侧移值的大小取 0.2～0.6。

K_{ai}——i 柱列柱顶的调整侧移刚度。

ψ_3——柱列侧移刚度的围护墙影响系数，可按表 6-5 选用；有纵向砖围护墙的四跨或五跨厂房，由边柱列数起的第 3 柱列，可按表 6-5 内相应数值的 1.15 倍选用。

ψ_4——柱列侧移刚度的柱间支撑影响系数，纵向为砖围护墙时，边柱列可取 1.0，中柱列可按表 6-6 采用。

表 6-5　围护墙影响系数

围护墙类别和烈度		柱列和屋盖类别				
		边柱列	中柱列			
			无檩屋盖		有檩屋盖	
240 砖墙	370 砖墙		边跨无天窗	边跨有天窗	边跨无天窗	边跨有天窗
	7 度	0.85	1.7	1.8	1.8	1.9
7 度	8 度	0.85	1.5	1.6	1.6	1.7
8 度	9 度	0.85	1.3	1.4	1.4	1.5
9 度		0.85	1.2	1.3	1.3	1.4
无墙、石棉瓦或挂板		0.90	1.1	1.1	1.2	1.2

表 6-6　纵向采用砖围护墙的中柱列柱间支撑影响系数

厂房单元内设置下柱支撑的柱间数	中柱列下柱支撑斜杆的长细比					中柱列无支撑
	≤40	41～80	81～120	121～150	>150	
一柱间	0.90	0.95	1.00	1.10	1.25	1.40
两柱间	—	—	0.90	0.95	1.00	

② 对于等高多跨钢筋混凝土屋盖的厂房，柱列各起重机梁顶标高处的纵向地震作用标准值为

$$F_{ci} = \alpha_1 G_{ci} \frac{H_{ci}}{H_i} \tag{6-17}$$

式中：F_{ci}——i 柱列在起重机梁顶标高处的纵向地震作用标准值；

G_{ci}——集中于 i 柱列起重机梁顶标高处的等效重力荷载代表值，$G_{ci} = 0.4G_{柱} +$

$1.0G_{起重机梁} + 1.0G_{起重机桥}$；

H_i, H_{ci}——i 柱列柱顶高度和起重机梁顶高度。

（3）构件地震作用的计算。

对于无起重机厂房，第 i 柱列中各柱、支撑和纵墙所分担的纵向水平地震作用可以按其侧移刚度比进行分配计算：

$$F_{cij} = \frac{K_{cij}}{K_i} F_i, \quad F_{bij} = \frac{K_{bij}}{K_i} F_i, \quad F_{wij} = \frac{\psi_k K_{wij}}{K_i} F_i \tag{6-18}$$

式中：F_{cij}、F_{bij}、F_{wij}——第 j 柱列第 j 柱子顶部的地震作用、第 j 支撑顶部的地震作用

和第 j 片纵墙顶部的地震作用；

ψ_k——砖围护墙开裂后的刚度退化系数，当烈度为 7 度、8 度、9 度时，分别取

0.6、0.4 和 0.2。

对于有起重机厂房，起重机柱列具有两个地震作用点（图 6-11），其顶部和起重机梁所在位置的地震作用标准值分别按式（6-13）和式（6-17）计算。地震作用在柱列间各柱、支撑及墙之间的分配，可以采用以下通用方法分两步计算：

① 根据第 i 柱列的地震作用标准值和柱列刚度矩阵计算柱列侧移向量。

第 i 柱列上的地震作用（图 6-12）与柱列侧移之间的关系式为

$$\begin{Bmatrix} F_i \\ F_{ci} \end{Bmatrix} = [K_i] \bullet \begin{Bmatrix} u_{i1} \\ u_{i2} \end{Bmatrix} \tag{6-19}$$

由式（6-19）可求得柱列侧移 u_1 和 u_2。其中，$[K_i]$ 为第 i 柱列侧移刚度矩阵。

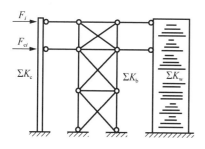

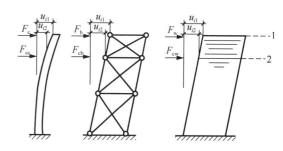

图 6-11　有起重机厂房柱列的地震作用计算简图　　　　图 6-12　构件地震作用计算简图

② 根据侧移向量和各构件刚度矩阵计算作用于第 i 柱列内各构件的地震作用。

第 i 柱列第 j 柱子所受到的地震作用可按下式计算：

$$\begin{Bmatrix} F_{cij} \\ F_{ccij} \end{Bmatrix} = [K_c] \bullet \begin{Bmatrix} u_{i1} \\ u_{i2} \end{Bmatrix} \tag{6-20a}$$

第 i 柱列第 j 支撑所受到的地震作用可按下式计算：

$$\left\{ \begin{matrix} F_{bij} \\ F_{cbij} \end{matrix} \right\} = \left[K_b \right] \bullet \left\{ \begin{matrix} u_{i1} \\ u_{i2} \end{matrix} \right\} \qquad (6\text{-}20\text{b})$$

第 i 柱列第 j 纵墙所受到的地震作用可按下式计算：

$$\left\{ \begin{matrix} F_{wij} \\ F_{cwij} \end{matrix} \right\} = \left[K_w \right] \bullet \left\{ \begin{matrix} u_{i1} \\ u_{i2} \end{matrix} \right\} \qquad (6\text{-}20\text{c})$$

式中： $[K_c]$、$[K_b]$、$[K_w]$——第 i 柱列第 j 柱子的刚度矩阵、第 j 支撑的刚度矩阵和第 j 纵墙的刚度矩阵。

为了简化计算，对于中小型厂房的有起重机柱列，可粗略地假定柱子为剪切杆，即把柱的弯曲变形视作剪切变形，并取整个柱列的总侧移刚度为该柱列柱间支撑总刚度的10%，即取 $\sum K_c = 0.1 \sum K_b$。这时，第 i 柱列第 j 柱子、第 j 支撑和第 j 砖墙所分担的柱顶标高处的水平地震作用标准值仍按各构件柱顶标高处的侧移刚度比例分配，即式（6-18）。而起重机所引起的水平地震作用，因偏离砖墙较远，考虑仅由柱和柱间支撑分担，则第 i 柱列的第 j 柱子和第 j 支撑所分担的起重机地震作用按下式计算：

$$F_{ccij} = \frac{1}{11n} F_{ci}, \quad F_{cbij} = \frac{K_{bij}}{1.1 \sum K_b} F_{ci} \qquad (6\text{-}21)$$

式中： n——第 i 柱列的柱总根数。

2）突出屋面天窗架的纵向地震作用计算

对于天窗架的纵向地震作用，它与天窗架的横向地震作用存在着明显的差异。《建筑抗震设计规范（2016 年版）》（GB 50011—2010）对突出屋面天窗架的纵向水平地震作用计算，明确规定了以下原则和方法：

（1）天窗架的纵向抗震计算可采用空间结构分析法，并计及屋盖平面弹性变形和纵墙的有效刚度。

（2）柱高不超过 15m 的单跨和等高多跨钢筋混凝土无檩屋盖厂房的天窗架纵向地震作用计算，可采用底部剪力法，但天窗架的地震作用效应应乘以效应增大系数 η，其值可按下列规定采用：①单跨、边跨屋盖或有纵向内隔墙的中跨屋盖，取 $\eta = 1 + 0.5n$；②中跨屋盖，取 $\eta = 0.5n$。这里，n 为厂房跨数，当超过 4 跨时，取 $n=4$。

6.3.2 截面抗震验算

1. 横向抗震验算

1）排架柱的抗震验算

钢筋混凝土排架柱的截面抗震承载力应满足下式要求：

$$S \leqslant \frac{R}{\gamma_{RE}} \qquad (6\text{-}22)$$

式中： S——排架横向地震作用效应与其他荷载效应的最不利组合的设计值；

R——柱截面承载力设计值，按《混凝土结构设计规范（2015 年版）》（GB 50010—2010）中的偏心受压构件承载力公式计算；

γ_{RE}——承载力抗震调整系数。

对于矩形、工字形柱，一般只做柱的正截面验算，不做斜截面验算。

对于两个主轴方向柱距均不小于 12m、无桥式起重机且无柱间支撑的大柱网厂房，柱截面抗震验算应同时考虑两个主轴方向的水平地震作用，并应计入位移引起的附加弯矩。

2）柱牛腿的抗震验算

对于支承起重机梁的牛腿，可不进行抗震验算。

对于不等高厂房中支承低跨屋盖的柱牛腿（柱肩），需要考虑如图 6-13 所示的受力状态，按抗拉能力验算，确定水平受拉钢筋的截面面积。其纵向受拉钢筋截面面积，应按下式确定：

$$A_S \geqslant \left(\frac{N_G a}{0.85 h_0 f_y} + 1.2 \frac{N_E}{f_y} \right) \gamma_{RE} \qquad (6\text{-}23)$$

式中：A_S——纵向水平受拉钢筋的截面面积；

　　　　N_G——柱牛腿面上重力荷载代表值产生的压力设计值；

　　　　a——重力作用点至下柱近侧边缘的距离，当小于 $0.3 h_0$ 时采用 $0.3 h_0$；

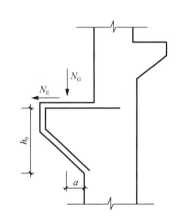

图 6-13　柱牛腿的纵向受拉钢筋计算模型

　　　　h_0——牛腿最大竖向截面的有效高度；

　　　　f_y——杆件的钢材竖向的抗拉强度设计值；

　　　　N_E——柱牛腿面上地震组合的水平拉力设计值；

　　　　γ_{RE}——承载力抗震调整系数，可采用 1.0。

2. 纵向抗震验算

（1）排架柱。由于排架柱按刚度分配承担的地震作用效应比较小，一般不必验算。但对于上述大柱网厂房，纵向地震作用下柱截面的抗震验算应与横向排架抗震验算同时进行。

（2）柱间支撑。对于无贴砌墙的纵向柱列，上柱支撑与同列下柱支撑宜采用等强设计。

对长细比不大于 200 的斜杆截面，可仅按抗拉验算，但应考虑压杆的卸载影响，其拉力可按下式确定：

$$N_t = \frac{l_i}{(1 + \psi_c \varphi_i) s_c} V_{bi} \qquad (6\text{-}24)$$

式中：N_t——i 节间支撑斜杆抗拉验算时的轴向拉力设计值；

　　　　l_i——i 节间斜杆的全长；

　　　　ψ_c——压杆卸载系数，压杆长细比为 60、100 和 200 时，可分别采用 0.7、0.6 和 0.5；

　　　　φ_i——i 节间斜杆轴心受压稳定系数，应按《钢结构设计标准》（GB 50017—2017）选用；

V_{bi}——i 节间支撑承受的地震剪力设计值；

s_c——支撑所在柱间的净距。

斜拉杆的截面抗震承载力应满足下列条件：

$$N_t \leqslant \frac{A_i f}{\gamma_{RE}} \qquad (6\text{-}25)$$

式中：A_i——i 节间斜杆的截面面积；

f——杆件的钢材抗拉强度设计值，取值见《钢结构设计标准》(GB 50017—2017)；

γ_{RE}——承载力抗震调整系数，可采用 0.9。

（3）柱间支撑端节点预埋件。柱间支撑端节点预埋件的结构简图如图 6-14 所示。预埋件作为连接柱子和支撑的关键部件，是保证结构构件正常发挥其抗震作用的基础。为此，要求各节间支撑和柱的连接与支撑杆件遵照等强设计的原则。柱间支撑端节点预埋件可以采用锚筋或角钢两种形式。

① 柱间支撑与柱连接节点预埋件的锚件采用锚筋时，其截面抗震承载力宜按下列公式验算：

$$N \leqslant \frac{0.8 f_y A_s}{\gamma_{RE}\left(\dfrac{\cos\theta}{0.8\zeta_m \psi} + \dfrac{\sin\theta}{\zeta_r \zeta_v}\right)} \qquad (6\text{-}26)$$

$$\psi = \frac{1}{1 + \dfrac{0.6 e_0}{\zeta_r s}} \qquad (6\text{-}27)$$

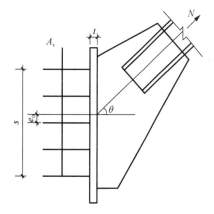

图 6-14　柱间支撑端节点预埋件

$$\zeta_m = 0.6 + 0.25 t / d \qquad (6\text{-}28)$$

$$\zeta_v = (4 - 0.08 d)\sqrt{f_c / f_y} \qquad (6\text{-}29)$$

式中：A_s——锚筋总截面面积；

γ_{RE}——承载力抗震调整系数，可采用 1.0；

N——预埋板的斜向拉力，可采用全截面屈服点强度计算的支撑斜杆轴向力的 1.05 倍；

f_c、f_y——杆件的钢材水平、竖向的抗拉强度设计值；

e_0——斜向拉力对锚筋合力作用线的偏心距（mm），应小于外排锚筋之间距离的 20%；

θ——斜向拉力与其水平投影的夹角；

ψ——偏心影响系数；

s——外排锚筋之间的距离（mm）；

ζ_m——预埋板弯曲变形影响系数；

t——预埋板厚度（mm）；

d——锚筋直径（mm）；

ζ_r——验算方向锚筋排数的影响系数，二、三和四排可分别采用 1.0、0.9 和 0.85；

ζ_v——锚筋的受剪影响系数，大于 0.7 时应采用 0.7。

② 柱间支撑与柱连接节点预埋件的锚件采用角钢加端板时，其截面抗震承载力宜按下列公式验算：

$$N \leqslant \frac{0.7}{\gamma_{RE}\left(\dfrac{\cos\theta}{\psi N_{u0}} + \dfrac{\sin\theta}{V_{u0}}\right)} \tag{6-30}$$

$$V_{u0} = 3n\zeta_r\sqrt{W_{min}bf_af_c} \tag{6-31}$$

$$N_{u0} = 0.8nf_aA_s \tag{6-32}$$

式中：n——角钢根数；

b——角钢肢宽；

W_{min}——与剪力方向垂直的角钢最小截面模量；

A_s——角钢的截面面积；

f_a——角钢抗拉强度设计值。

③ 烈度为 8 度、9 度时，下柱柱间支撑的下节点位置设置于基础顶面以上时，宜进行纵向柱列柱根的斜截面受剪承载力验算。

3. 屋架上弦抗扭验算

震害表明，上弦设有小立柱的拱形和折线形屋架，或上弦节间较长且节间矢高较大的屋架，在地震作用下屋架上弦将产生附加扭矩，导致其破坏。为此，《建筑抗震设计规范（2016 年版）》（GB 50011—2010）规定，对烈度为 8 度Ⅲ、Ⅳ类场地和烈度为 9 度时的上述屋架，其上弦宜进行抗扭验算。

4. 弹塑性变形验算

烈度为 8 度Ⅲ、Ⅳ类场地和烈度为 9 度时，高大的单层钢筋混凝土柱厂房应进行罕遇地震作用下的弹塑性变形验算，其薄弱部位为阶形柱的上柱，且仅对横向排架阶形柱的上柱进行变形验算。其变形验算可按以下步骤进行：

（1）根据罕遇地震作用下结构的弹性分析，计算上柱截面的弹性地震弯矩 M_e。

（2）按实际配筋面积、材料强度标准值和轴向力计算上柱的正截面受弯承载力 M_y。

（3）计算屈服强度系数 ζ_y，ζ_y 可按下式计算：

$$\zeta_y = M_y / M_e \tag{6-33}$$

当 $\zeta_y \geqslant 0.5$ 时，可不进行抗震变形验算；当 $\zeta_y < 0.5$ 时，则应进行抗震变形验算。

（4）计算上柱的弹塑性位移 ΔU_p：

$$\Delta U_p = \eta_p \Delta U_e \tag{6-34}$$

$$\Delta U_e = V_eH^3 / 3EI \tag{6-35}$$

式中：V_e——罕遇地震作用下的排架柱顶的弹性地震剪力；

H、I——上柱的高度和上柱的截面质性矩；

E——上柱混凝土的弹性模量；

η_p——弹塑性位移增大系数。

（5）验算上柱的弹塑性位移。根据式（6-34）算得的上柱的弹塑性位移应符合下式要求：

$$\Delta U_p \leqslant H / 30 \tag{6-36}$$

6.4　单层钢结构厂房抗震设计

单层钢结构厂房的抗震计算方法与计算步骤与单层钢筋混凝土柱厂房基本相同，但在计算模型的选取、计算模型的基本假定和计算参数等方面与混凝土柱厂房有所不同。计算单层钢结构厂房时，一般假定沿厂房横向（跨度方向）和竖向的地震作用由横向框架承受，沿纵向（柱距方向）的地震作用由纵向框架承受。

6.4.1　结构计算模型的选取

厂房抗震计算时，根据屋盖高差和吊车设置情况，可分别采用单质点、双质点或多质点的结构计算模型。

不设吊车的单跨或多跨等高排架结构，一般可简化为单质点的悬臂柱（图 6-15）。不设吊车的单跨或多跨刚架等高结构，也可简化为单质点的悬臂柱，但在设定等效柱的抗侧刚度时，需要考虑柱顶刚接梁对柱顶的约束作用。

厂房设吊车时，吊车梁位置有较大的重力荷载及地震水平作用，一般可作为双质点模型考虑（图 6-16）。高低跨厂房结构也可按类似原则考虑。

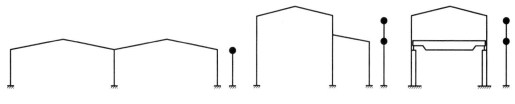

图 6-15　单质点模型　　　　　　　　图 6-16　双质点模型

就结构刚度而言，单层钢结构厂房都可以简化为简单的力学模型；但是，由于不同跨、不同柱子上质量分布的高度和大小不一致，简化为简单的力学模型进行地震作用计算时，需要考虑结构特征值的等效和惯性力作用的等效，否则便会得出与实际相差较大的结果。而现在的计算机结构分析程序可以方便地实现多质点模型的固有值计算、地震作用计算和内力分析，所以，单层钢结构厂房可以按照比较符合实际的情况建立多质点分析模型。当然，除了前述非常简单的情况以外，作为对单层钢结构厂房的定性分析和全局把握，单质点或双质点的简化模型及其计算结果，仍然是有意义的。

6.4.2　计算厂房地震作用时，围护墙的自重与刚度的取用

压型钢板等轻质墙板、与柱柔性连接的预制钢筋混凝土墙板，计算时计入全部自重，但不考虑其刚度。

与柱贴砌且与柱拉结的砌体围护墙，计算时计入全部自重，在平行于墙体方向计算时可以计入普通砖砌体墙的折算刚度，设防烈度为 7 度、8 度和 9 度时折算系数可分别取用 0.6、0.4 和 0.2。

6.4.3　计算横向结构时的空间刚度作用

采用压型钢板等轻型屋盖的单层钢结构厂房，各横向结构可视为互相独立的结构，按排架或刚架进行分析；当采用钢筋混凝土大型屋面板等刚度较大的屋盖时，宜计入屋盖的刚度进行空间分析。等高厂房可采用底部剪力法，高低跨厂房应采用振型分解反应谱法。

6.4.4　计算纵向结构时地震作用的分配原则

采用轻质墙板或与柱柔性连接的大型墙板的厂房，可采用底部剪力法，各柱列的地震作用可按如下方法分配：

（1）厂房采用钢筋混凝土无檩屋盖的，可以考虑屋盖刚度对结构整体性的贡献，地震作用按柱列刚度分配。

（2）厂房采用轻型屋盖的，各柱列地震作用可根据该柱列承受的重力荷载代表值的比例分配。

（3）厂房采用钢筋混凝土有檩屋盖的，可取上述两种算法的平均值。

6.4.5　竖向地震作用的计算

《建筑抗震设计规范（2016 年版）》（GB 50011—2010）规定跨度大于 24m 的钢屋架应计算竖向地震作用。竖向地震作用的标准值，取重力荷载代表值和竖向地震作用系数的乘积。

6.5　单层砖柱厂房抗震设计要点

6.5.1　可不进行横向或纵向截面抗震验算的范围

（1）烈度为 7 度（0.10g）Ⅰ、Ⅱ类场地，柱顶标高不超过 4.5m，且结构单元两端均有山墙的单跨及等高多跨砖柱厂房，可不进行横向和纵向抗震验算。

（2）烈度为 7 度（0.10g）Ⅰ、Ⅱ类场地，柱顶标高不超过 6.6m，两侧设有厚度不小于 240mm 且开洞截面面积不超过 50%的外纵墙，结构单元两端均有山墙的单跨厂房，可不进行纵向抗震验算。

6.5.2 厂房横向计算

1. 计算方法

（1）轻型屋盖（指木屋盖和轻钢屋架、瓦楞铁、石棉瓦屋面的屋盖）厂房，可按平面排架计算。

（2）钢筋混凝土屋盖厂房可按平面排架计算并考虑空间工作，空间作用的效应调整系数见表 6-7。

表 6-7 砖柱考虑空间作用的效应调整系数

屋盖类型	两端山墙间距/m										
	≤12	18	24	30	36	42	48	54	60	66	72
钢筋混凝土无檩屋盖	0.60	0.65	0.70	0.75	0.80	0.85	0.85	0.90	0.95	0.95	1.00
钢筋混凝土有檩屋盖或密铺望板瓦木屋盖	0.65	0.70	0.75	0.80	0.90	0.95	0.95	1.00	1.05	1.05	1.10

排架柔度

$$\delta = \frac{H^3}{3E\sum_{i=1}^{m} I_i} \quad (6\text{-}37)$$

式中：H——由基础顶面至柱（垛）顶的高度；

I_i——第 i 个砖柱（垛）的截面惯性矩；

E——砖砌体的弹性模量。

2. 基本周期

按下式计算

$$T_1 = 2\psi_T \sqrt{G\delta} \quad (6\text{-}38)$$

式中：ψ_T——周期调整系数，对于钢筋混凝土屋架，$\psi_T=0.9$；对于木屋架、钢木屋架、轻钢屋架，$\psi_T=1.0$。

G——按动能等效原则，换算集中到柱顶处的重力荷载代表值，可按下式计算

$$G = 1.0(G_{屋盖} + 0.5G_{雪} + 0.5G_{积灰} + G_{檐墙}) + 0.25(G_{柱子} + G_{纵墙}) \quad (6\text{-}39)$$

3. 水平地震作用

一榀排架底部的总水平地震作用，即为屋盖处的地震剪力 F_{Ek}，按下式计算

$$F_{Ek} = \alpha_1 G_{eq} \quad (6\text{-}40)$$

式中：α_1——相应于排架基本周期 T_1 的水平地震影响系数；

G_{eq}——按柱底弯矩相等原则，一榀排架换算集中到柱顶处的重力荷载代表值，可按下式计算

$$G = 1.0(G_{屋盖} + 0.5G_{雪} + 0.5G_{积灰} + G_{檐墙}) + 0.5(G_{柱子} + G_{纵墙}) \qquad (6\text{-}41)$$

4. 地震效应组合

水平地震作用效应与相应的静力荷载效应进行最不利组合

$$S = \gamma_G S_G + 1.3 S_{Eh} \qquad (6\text{-}42)$$

5. 截面抗震验算

抗震验算时，应符合下列要求：①无筋砖柱由地震作用标准值和重力荷载代表值产生的总偏心距，不宜超过 0.9 倍截面形心到竖向力所在方向截面边缘的距离，即取 $\gamma_{RE}=0.9$；②组合砖柱的 γ_{RE} 取 0.85。

6.5.3　厂房纵向抗震分析方法

（1）轻型屋盖厂房可采用柱列法。

（2）钢筋混凝土屋盖厂房宜用振型分解反应谱方法，当为等高多跨时可用修正刚度法。

6.5.4　突出屋面天窗架

单层砖柱厂房突出屋面天窗架的横向和纵向抗震计算与单层钢筋混凝土柱厂房相同。

6.6　单层工业厂房的抗震构造措施

6.6.1　屋盖的构造措施

1. 有檩屋盖

有檩屋盖主要是波形瓦（包括石棉瓦及槽瓦）屋盖。这类屋盖只要设置保证整体刚度的支撑体系，屋面瓦与檩条间以及檩条与屋架间有牢固的拉结，一般均具有一定的抗震能力，甚至在唐山烈度 10 度地震区也基本完好。但是，如果屋面瓦与檩条或檩条与屋架拉结不牢，在烈度 7 度地震区也会出现严重震害。

有檩屋盖构件的连接及支撑布置，应符合下列要求：

（1）檩条应与混凝土屋架（屋面梁）焊牢，并应有足够的支承长度。

（2）双脊檩应在跨度 1/3 处相互拉结。

（3）压型钢板应与檩条可靠连接，瓦楞铁、石棉瓦等应与檩条拉结。

（4）支撑布置宜符合表 6-8 的要求。

表 6-8　有檩屋盖的支撑布置

支撑名称		烈度		
		6 度、7 度	8 度	9 度
屋架支撑	上弦横向支撑	厂房单元端开间各设一道	厂房单元端开间及厂房单元长度大于 66m 的柱间支撑开间各设一道；天窗开洞范围的两端各增设局部的支撑一道	厂房单元端开间及厂房单元长度大于 42m 的柱间支撑开间各设一道；天窗开洞范围的两端各增设局部的上弦横向支撑一道
	下弦横向支撑	同非抗震设计		
	跨中竖向支撑			
	端部竖向支撑	屋架端部高度大于 900mm 时，厂房单元端开间及柱间支撑开间各设一道		
天窗架支撑	上弦横向支撑	厂房单元天窗端开间各设一道	厂房单元天窗端开间及每隔 30m 各设一道	厂房单元天窗端开间及每隔 18m 各设一道
	两侧竖向支撑	厂房单元天窗端开间及每隔 36m 各设一道		

2. 无檩屋盖

无檩屋盖指各类不用檩条的钢筋混凝土屋面板与屋架（梁）组成的屋盖。装配式钢筋混凝土厂房的整体性主要靠构件之间的良好连接和合理的支撑系统来保证，而厂房的整体性则是抵抗地震作用十分重要的条件。震害调查，特别是海城、唐山大地震的震害表明，凡是没有完善支撑系统的厂房，一般会遭受较严重的破坏。

无檩屋盖构件的连接及支撑布置，应符合下列要求：

（1）大型屋面板应与屋架（屋面梁）焊牢，靠柱列的屋面板与屋架（屋面梁）的连接焊缝长度不宜小于 80mm。

（2）烈度为 6 度和 7 度时，有天窗厂房单元的端开间，或烈度为 8 度和 9 度时各开间，宜将垂直屋架方向两侧相邻的大型屋面板的顶面彼此焊牢。

（3）烈度为 8 度和 9 度时，大型屋面板端头底面的预埋件宜采用角钢并与主筋焊牢。

（4）非标准屋面板宜采用装配整体式接头，或将板四角切掉后与屋架（屋面梁）焊牢。

（5）屋架（屋面梁）端部顶面预埋件的锚筋，烈度为 8 度时不宜少于 $4\phi10$，烈度为 9 度时不宜少于 $4\phi12$。

（6）屋盖支撑的布置宜符合表 6-9 的要求，有中间井式天窗时宜符合表 6-10 的要求；烈度为 8 度和 9 度跨度不大于 15m 的厂房屋盖采用屋面梁时，可仅在厂房单元两端各设竖向支撑一道。单坡屋面梁的屋盖支撑布置，宜按屋架端部高度大于 900mm 的屋盖支撑布置执行。

鉴于我国目前仍大量采用钢筋混凝土大型屋面板，故重点对大型屋面板与屋架（梁）焊连的屋盖体系作了具体规定。上述规定中，屋面板和屋架（梁）可靠焊连是第一道防线，为保证焊连强度，要求屋面板端头底面预埋板和屋架端部顶面预埋件均应加强锚固；

相邻屋面板吊钩或四角顶面预埋件间的焊连是第二道防线。

表 6-9　无檩屋盖的支撑布置

支撑名称			烈度		
			6 度、7 度	8 度	9 度
屋架支撑	上弦横向支撑		屋架跨度小于 18m 时同非抗震设计，跨度不小于 18m 时在厂房单元端开间各设一道	厂房单元端开间及柱间支撑开间各设一道，天窗开洞范围的两端各增设局部支撑一道	
	上弦通长水平系杆		同非抗震设计	沿屋架跨度不大于 15m 设一道，但装配整体式屋面可不设；围护墙在屋架上弦高度有现浇圈梁时，其端部可不另设	沿屋架跨度不大于 12m 设一道，但装配整体式屋面可不设；围护墙在屋架上弦高度有现浇圈梁时，其端部可不另设
	下弦横向支撑			同非抗震设计	同上弦横向支撑
	跨中竖向支撑				
	两端竖向支撑	屋架端部高度不大于 900mm		厂房单元端开间各设一道	厂房单元端开间及每隔 48m 各设一道
		屋架端部高度大于 900mm	厂房单元端开间各设一道	厂房单元端开间及柱间支撑开间各设一道	厂房单元端开间、柱间支撑开间及每隔 30m 各设一道
天窗架支撑	天窗两侧竖向支撑		厂房单元天窗端开间及每隔 30m 各设一道	厂房单元天窗端开间及每隔 24m 各设一道	厂房单元天窗端开间及每隔 18m 各设一道
	上弦横向支撑		同非抗震设计	天窗跨度不小于 9m 时，厂房单元天窗端开间及柱间支撑开间各设一道	厂房单元端开间及柱间支撑开间各设一道

表 6-10　中间井式天窗无檩屋盖支撑布置

支撑名称		6 度、7 度	8 度	9 度
上弦横向支撑 下弦横向支撑		厂房单元端开间各设一道	厂房单元端开间及柱间支撑开间各设一道	
上弦通长水平系杆		天窗范围内屋架跨中上弦节点处设置		
下弦通长水平系杆		天窗两侧及天窗范围内屋架下弦节点处设置		
跨中竖向支撑		有上弦横向支撑开间布置，位置与下弦通长系杆向对应		
两端竖向支撑	屋架端部高度不大于 900mm	同非抗震设计		有上弦横向支撑开间，且间距不大于 48m
	屋架端部高度大于 900mm	厂房单元端开间各设一道	有上弦横向支撑开间，且间距不大于 48m	有上弦横向支撑开间，且间距不大于 30m

单层厂房的屋面板在地震中坠落的原因在于连接不牢，为此预制的大型屋面板的底面和两端的预埋件宜与角钢并与主筋焊牢；非标准的屋面板宜采用装配整体式接头或将板四角切掉后与屋架（屋面梁）焊牢。

为提高连接性能，屋架（屋面梁）端部顶面预埋件的锚筋应满足上述第（5）条要求。

设置屋盖支撑是保证屋盖整体性的重要抗震措施，无檩屋盖完整的支撑包括屋架上下弦横向水平支撑、上弦通长水平系杆、跨中和端部的竖向支撑、天窗开洞范围内局部的横向支撑及出屋面天窗架两侧的竖向支撑等。屋盖支撑的布置宜符合上述第（6）条要求。

由于屋盖支撑的重要性，在进一步总结地震经验的基础上，除上述基本要求外，屋盖支撑还应符合下列要求：

（1）天窗开洞范围内，在屋架脊点处应设上弦通长水平压杆。烈度为 8 度的Ⅲ、Ⅳ类场地和烈度为 9 度时，梯形屋架端部上节点应沿厂房纵向设置通长水平压杆。

（2）屋架跨中竖向支撑在跨度方向的间距，烈度为 6～8 度时不大于 15m，烈度为 9 度时不大于 12m；当仅在跨中设一道时，应设在跨中屋架屋脊处；当设两道时，应在跨度方向均匀布置。

（3）屋架上、下弦通长水平系杆与竖向支撑宜配合设置。

（4）柱距不小于 12m 且屋架间距 6m 的厂房，托架（梁）区段及其相邻开间应设下弦纵向水平支撑。

（5）屋盖支撑杆件宜用型钢。

3. 屋架

混凝土屋架的截面和配筋，应符合下列要求：

（1）屋架上弦第一节间和梯形屋架端竖杆的配筋。烈度为 6 度和 7 度时不宜少于 $4\phi12$，烈度为 8 度和 9 度时不宜少于 $4\phi14$。

（2）梯形屋架的端竖杆截面宽度宜与上弦宽度相同。

（3）拱形和折线形屋架上弦端部支撑屋面板的小立柱，截面不宜小于 200mm×200mm，高度不宜大于 500mm，主筋宜采用Ⅱ形，烈度为 6 度和 7 度时不宜少于 $4\phi12$，烈度为 8 度和 9 度时不宜少于 $4\phi14$，箍筋可采用 $\phi6$，间距不宜大于 100mm。

屋架端竖杆和第一节间上弦杆，静力分析中常作为非受力杆件而采用构造配筋，截面受弯、受剪承载力不足，需适当加强。对折线型屋架为调整屋面坡度而在端节间上弦顶面设置的小立柱，也要适当增大配筋和加密箍筋，以提高其拉弯剪能力。

6.6.2　柱、梁的构造措施

1. 排架柱

单层厂房的钢筋混凝土排架柱，同样依靠截面尺寸控制和合理配筋，使之避免剪切破坏先于弯曲破坏，混凝土压碎先于钢筋屈服，并通过适当构造措施增加钢筋混凝土柱的延性。排架柱的配筋构造主要是箍筋加密的范围和加密构造。

下列范围内柱的箍筋应加密：

（1）柱头，取柱顶以下 500mm 并不小于柱截面长边尺寸。

（2）上柱，取阶形柱自牛腿面至吊车梁顶面以上 300mm 高度范围内。

（3）牛腿（柱肩），取全高。

（4）柱根，取下柱柱底至室内地坪以上 500mm。

（5）柱间支撑与柱连接节点和柱变位受平台等约束的部位，取节点上、下各 300mm。

为了保证排架柱箍筋加密区的延性和抗剪强度，除箍筋的最小直径和最大间距外，增加了对箍筋最大肢距的要求：加密区箍筋间距不应大于 100mm，箍筋肢距和最小直径应符合表 6-11 的规定。这里需要注意的是角柱柱头处于双向地震作用，侧向变形受约束和压弯剪的复杂受力状态，其抗震强度和延性较中间排架柱头弱得多，震害较多，为此，厂房角柱的柱头加密箍筋宜提高一度配置。

表 6-11　柱加密区箍筋最大肢距和最小箍筋直径

烈度和场地类别		6 度和 7 度Ⅰ、Ⅱ类场地	7 度Ⅲ、Ⅳ类场地和 8 度Ⅰ、Ⅱ类场地	8 度Ⅲ、Ⅳ类场地和 9 度
箍筋最大肢距/mm		300	250	200
箍筋最小直径	一般柱头和柱根	$\phi6$	$\phi8$	$\phi8$（$\phi10$）
	角柱柱头	$\phi8$	$\phi10$	$\phi10$
	上柱牛腿和有支撑的柱根	$\phi8$	$\phi8$	$\phi10$
	有支撑的柱头和柱变位受约束部位	$\phi8$	$\phi10$	$\phi12$

注：括号内数值用于柱根。

侧向受约束且剪跨比不大于 2 的排架柱，柱顶预埋钢板和柱箍筋加密区的构造还应符合下列要求：

（1）柱顶预埋钢板沿排架平面方向的长度，宜取柱顶的截面高度，且不得小于截面高度的 1/2 及 300mm。

（2）屋架的安装位置，宜减小在柱顶的偏心，其柱顶轴向力的偏心距不应大于截面高度的 1/4。

（3）柱顶轴向力排架平面内的偏心距在截面高度的 1/6～1/4 范围内时，柱顶箍筋加密区的箍筋体积配筋率：烈度为 9 度时不宜小于 1.2%；烈度为 8 度时不宜小于 1.0%；烈度为 6 度、7 度时不宜小于 0.8%。

（4）加密区箍筋宜配置四肢箍，肢距不大于 200mm。

不等高厂房支承低跨屋盖的中柱牛腿（柱肩），应按计算增设抵抗水平地震作用的抗拉钢筋，烈度为 6 度、7 度时不少于 $2\phi12$，烈度为 8 度时不少于 $2\phi14$，烈度为 9 度时不少于 $2\phi16$。抗拉钢筋应与牛腿（柱肩）面的预埋板焊牢。另外，柱子根部自柱底至设计地坪以上 500mm 高度范围内应采用矩形截面，以提高柱根部截面的抗剪承载力。在牛腿（柱肩）箍筋加密范围内，柱截面也应做成矩形。

2. 抗风柱

地震震害表明：在强烈地震作用下，抗风柱的柱头和上、下柱的根部都有产生裂缝甚至折断的震害；另外，柱肩产生劈裂的情况也不少。为此，山墙抗风柱的配筋，应符合下列要求：

（1）抗风柱柱顶以下 300mm 和牛腿（柱肩）面以上 300mm 范围内的箍筋，直径不宜小于 6mm，间距不应大于 100mm，肢距不宜大于 250mm。

（2）抗风柱的变截面牛腿（柱肩）处，宜设置纵向受拉钢筋。

3．大柱网厂房柱

大柱网厂房柱的震害特点：①柱根出现对角破坏，混凝土酥碎剥落，纵筋压曲，说明主要是纵、横两个方向或斜向地震作用的影响，柱根的承载力和延性不足；②中柱的破坏率和破坏程度均大于边柱，说明与柱的轴压比有关。

大柱网厂房柱的截面和配筋构造，应符合下列要求：

（1）柱截面宜采用正方形或接近正方形的矩形，边长不宜小于柱全高的 1/18～1/16。

（2）重屋盖厂房地震组合的柱轴压比，烈度为 6 度、7 度时不宜大于 0.8，烈度为 8 度时不宜大于 0.7，烈度为 9 度时不应大于 0.6。

（3）纵向钢筋宜沿柱截面周边对称配置，间距不宜大于 200mm，角部宜配置直径较大的钢筋。

（4）柱头和柱根的箍筋应加密，并应符合下列要求：①加密范围，柱根取基础顶面至室内地坪以上 1m，且不小于柱全高的 1/6；柱头取柱顶以下 500mm，且不小于柱截面长边尺寸。②箍筋直径、间距和肢距，应符合表 6-11 的规定。

6.6.3　柱间交叉支撑的构造措施

柱间支撑是保证厂房纵向刚度和抵抗纵向地震作用的重要抗侧力构件。不设支撑或支撑过弱，地震时会导致柱列纵向变位过大、柱子开裂，使整个厂房纵向震害加重，甚至倒塌；如支撑设置不当或支撑刚度过大，则可能引起柱身和柱顶连接的破坏。所以柱间支撑的设置是必不可少的，而且要使刚度适宜。厂房柱间支撑的设置和构造，应符合下列要求：

（1）厂房柱间支撑的布置，应符合下列规定：①一般情况下，应在厂房单元中部设置上、下柱间支撑，且下柱支撑应与上柱支撑配套设置。②有吊车或烈度为 8 度和 9 度时，宜在厂房单元两端增设上柱支撑，这样可以较好地将屋盖传来的纵向地震作用分散到三道上柱支撑，并传到下柱支撑上，避免应力集中造成上柱柱间支撑连接节点和屋架与柱顶的连接破坏。③厂房单元较长或烈度为 8 度Ⅲ、Ⅳ类场地和烈度为 9 度时，可在厂房单元中部 1/3 区段内设置两道柱间支撑。但应注意：两道下柱支撑宜设置在厂房单元中间 1/3 区段内，不宜设置在厂房单元的两端，以避免温度应力过大；在满足工艺条件的前提下，两者靠近设置时，温度应力小；在厂房单元中部 1/3 区段内，适当拉开设置则有利于缩短地震作用的传递路线，设计中可根据具体情况确定。

（2）柱间支撑应采用型钢，支撑形式宜采用交叉式，其斜杆与水平面的交角不宜大于 55°。

（3）支撑杆件的长细比，不宜超过表 6-12 的规定。应避免柱间支撑因截面过小，刚度不足而失稳。

（4）下柱支撑的下节点位置和构造措施，应保证将地震作用直接传给基础；当烈度为 6 度和 7 度（0.10g）且不能直接传给基础时，应计及支撑对柱和基础的不利影响采取加强措施。这是为了避免强烈地震时支撑传递的水平地震作用在柱内引起过大的弯矩和剪力，下柱支撑的下节点位置应设置在靠近基础顶面处，并使力的作用线交汇于基础顶面，以保证将地震作用直接传给基础。

（5）交叉支撑在交叉点应设置节点板，其厚度不应小于 10mm，斜杆与交叉节点板应焊接，与端节点板宜焊接。

另外，烈度为 8 度时跨度不小于 18m 的多跨厂房中柱和烈度为 9 度时多跨厂房各柱，柱顶宜设置通长水平压杆，此压杆可与梯形屋架支座处通长水平系杆合并设置，钢筋混凝土系杆端头与屋架间的空隙应采用混凝土填实。因为厂房纵向地震作用最终都集中到刚度最大的柱间支撑开间柱上，所以在柱间支撑开间的柱往往出现较重的开裂和节点连接处混凝土压酥等破坏现象，同时纵向地震作用在通过屋面板边肋、屋架端点的传递过程中柱间支撑所在开间邻近的柱顶部受较大的水平作用力，容易引起屋架与柱连接节点的破坏，为了减轻此类震害，应设置柱顶水平压杆。

表 6-12　交叉支撑斜杆的最大长细比

位置	烈度和场地类别			
	6 度和 7 度 I、II 类场地	7 度 III、IV 类场地和 8 度 I、II 类场地	8 度 III、IV 类场地和 9 度 I、II 类场地	9 度 III、IV 类场地
上柱支撑	250	250	200	150
下柱支撑	200	150	120	120

思 考 题

1．简述单层钢筋混凝土柱厂房的主要震害，并分析其产生原因。

2．简述单层钢筋混凝土柱厂房抗震设计的一般规定。

3．如何进行单层钢筋混凝土柱厂房横向抗震计算？

4．以两跨不等高单层钢筋混凝土柱厂房的横向地震作用计算为例，分别建立自振周期计算时及地震作用计算时的计算简图，并给出重力荷载代表值的计算公式。

5．单层厂房横向抗震计算应考虑哪些因素进行地震作用效应的调整？

6．如何进行单层钢筋混凝土柱厂房纵向抗震计算？

7．简述单层钢筋混凝土柱厂房的主要构造措施。

第 7 章　多层和高层钢筋混凝土房屋结构抗震设计

7.1　多层钢筋混凝土结构的震害及分析

7.1.1　钢筋混凝土框架房屋的震害

钢筋混凝土框架房屋是我国工业与民用建筑较常用的结构形式，层数一般在 10 层以下，多数为五六层。在我国的历次大地震中，这类房屋的震害比多层砌体房屋要轻得多。但是，未经抗震设防的钢筋混凝土框架房屋也存在不少薄弱环节，在 8 度和 8 度以上的地震作用下有一定数量的这类房屋产生中等或严重破坏，极少数甚至产生倒塌。总结震害经验教训，有助于搞好这类房屋的抗震设计。

1. 结构在强地震作用下整体倒塌破坏

钢筋混凝土框架结构在整体设计上存在较大的不均匀性且构件截面尺寸及配筋整体偏小，使得这些结构存在较多的薄弱部位，且整体安全系数不高。在强烈地震的作用下，结构的薄弱部位率先破坏，发展弹塑性变形，并形成弹塑性变形集中的现象，较少的冗余度易导致结构连续破坏倒塌。地震能量过大、烈度过高，远远超过建筑结构的极限承载能力时，也会导致结构整体倒塌破坏。

2016 年台湾高雄 6.7 级大地震中，位于台南永大路等地发生的大楼倒塌（图 7-1），多人被困，造成较大的经济损失。2008 年中国四川省汶川县 8.0 级大地震中，位于汶川县映秀镇的某中学的两栋分别为三层和四层的钢筋混凝土框架结构教学楼整体倒塌（图 7-2），造成了较大的人员伤亡和严重的经济损失。

图 7-1　台南永大路　　　　　　　图 7-2　映秀镇某中学的两栋钢筋混凝
　　　　　　　　　　　　　　　　　　　　　　土框架结构整体倒塌

2. 结构层间屈服强度有明显的薄弱楼层

钢筋混凝土框架结构在竖向抗侧刚度和楼层抗侧承载力上存在较大的不均匀性，使得这些结构存在着层间屈服强度特别弱的楼层。在强烈地震作用下，结构的薄弱楼层率先屈服，发展弹塑性变形，并形成弹塑性变形集中的现象。图 7-3 为都江堰市某住宅小区，部分建筑采用钢筋混凝土框架结构形式，在汶川大地震中由于底部一层、二层较为薄弱，楼层抗剪承载力不足，地震作用超出了大震水平等原因造成底部两层完全坍塌，总共五层的建筑变成了三层。

图 7-3　汶川地震中框架结构住宅楼薄弱的底部两层倒塌

1976 年唐山大地震中，位于天津市塘沽区的天津碱厂 13 层蒸吸塔框架，该结构楼层屈服强度分布不均匀，造成第 6 层和第 11 层的弹塑性变形集中，导致该结构 6 层以上全部倒塌。图 7-4 给出了该结构输入天津波的弹塑性分析结果。

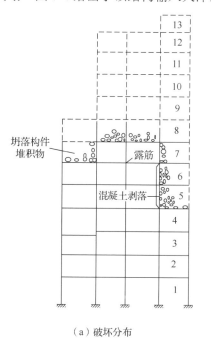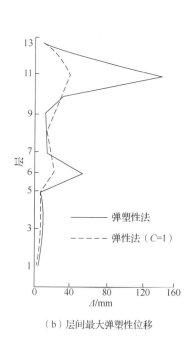

（a）破坏分布　　　　（b）层间最大弹塑性位移

图 7-4　13 层蒸吸塔框架弹塑性地震反应分析

3. 柱端与节点的破坏较为突出

框架结构的构件震害一般是梁轻柱重，柱顶重于柱底，尤其是角柱和边柱更易发生破坏，如图 7-5 所示。除剪跨比小的短柱易发生柱中剪切破坏外，一般柱是柱端的弯曲破坏，轻者发生水平或斜向断裂；重者混凝土压酥，主筋外露、压屈和箍筋崩脱，如图 7-6 所示。当节点核心区无箍筋约束时，节点与柱端破坏合并加重，如图 7-7 所示。当柱侧有强度高的砌体填充墙紧密嵌砌时，柱顶剪切破坏加重，破坏部位还可能转移到窗（门）洞上下处，甚至出现短柱的剪切破坏，如图 7-8 所示。

图 7-5　角柱和边柱更易在地震中发生破坏

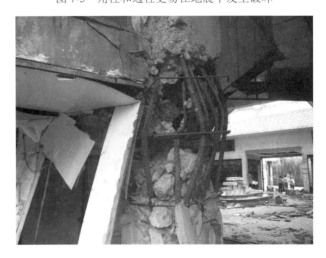

图 7-6　汶川地震中，某建筑柱头混凝土压碎，钢筋笼呈灯笼状

图 7-7　汶川地震中，梁柱节点的剪切破坏

图 7-8　地震中，节点核心区箍筋约束不足或无箍筋约束时，节点和柱端破坏加重

7.1.2　高层钢筋混凝土抗震墙结构和钢筋混凝土框架-抗震墙结构房屋的震害

历次地震震害表明，高层钢筋混凝土抗震墙结构和高层钢筋混凝土框架-抗震墙结构房屋具有较好的抗震性能，其震害一般比较轻，主要特点如下：

（1）设有抗震墙的钢筋混凝土结构有良好的抗震性能。

中国四川省汶川县 8.0 级大地震中，具有抗震墙的钢筋混凝土结构房屋无一例倒塌，绝大部分结构主体基本完好或轻微损坏，小部分中等程度破坏。图 7-9 为汶川地震中某一栋楼房的框架剪力墙结构。该建筑主体结构 10 层，局部 11 层，平面呈弧形，横向 3 跨，纵向十多跨，只在电梯井和建筑两端设了剪力墙，纵向剪力墙较少。

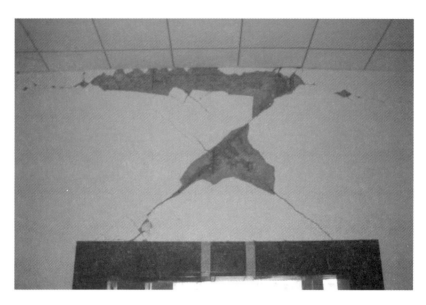

图 7-9　汶川地震中某一栋楼房的框架剪力墙结构

（2）连梁和墙肢底层的破坏是抗震墙的主要震害。

开洞抗震墙中，由于洞口应力集中，连系梁端部极为敏感，在约束弯矩作用下，很容易在连系梁端部形成垂直方向的弯曲裂缝。

当连系梁跨高比较大时（跨度 l 与梁高 d 之比），梁以受弯为主，可能出现弯曲破坏。

多数情况下，抗震墙具有剪跨比较小的高梁（$l/d \leqslant 2$）。除了端部很容易出现垂直的弯曲裂缝外，还很容易出现斜向的剪切裂缝。当抗剪箍筋不足或剪应力过大时，可能很早就出现剪切破坏，使墙肢间丧失联系，抗震墙承载能力降低。例如，1964 年美国阿拉斯加地震时，安克雷奇市的一幢公寓山墙的破坏是很典型的连系梁剪切破坏的例子，该连系梁的跨高比小于 1。

抗震墙的底层墙肢内力最大，容易在墙肢底部出现裂缝及破坏。对于开口抗震墙，在水平荷载下受拉的墙肢往往轴压力较小，有时甚至出现拉力，墙肢底部很容易出现水平裂缝。对于层高小且宽度较大的墙肢，也容易出现斜裂缝。

当抗震墙的总高度与总宽度之比比较小，使得总剪跨比较小时，墙肢中的斜向裂缝可能贯通成大的斜向裂缝而出现剪切破坏。如果某个抗震墙局部墙肢的剪跨比较小，也可能出现局部墙肢的剪切破坏。

7.2　多层和高层钢筋混凝土房屋抗震设计的一般规定

地震作用具有较强的随机性和复杂性，要求在强烈地震作用下结构仍然保持在弹性状态，不发生破坏是很不经济的。既经济又安全的抗震设计允许在强烈地震作用下破坏严重，但不应倒塌。因此，依靠弹塑性变形消耗地震的能量是抗震设计的特点，提高结构的变形、耗能能力和整体抗震能力是抗震设计要达到的目标。

7.2.1　钢筋混凝土房屋适用的最大高度

不同的结构体系，其抗震性能、使用效果与经济指标也不同。框架结构体系由梁和柱组成，平面布置灵活，易于满足建筑物设置大房间的要求，在工业与民用建筑中应用广泛。由于框架结构抗侧刚度小，在层数增加的情况下其内力和侧移增长很快，为使房屋柱截面不致过大影响使用，往往在房屋结构的适当部位布置一定数量的钢筋混凝土墙，以增加房屋结构的抗侧向刚度，这样就形成了框架-抗震墙结构。

抗震墙也称剪力墙，这种结构体系由钢筋混凝土纵横墙组成，抗侧力性能较强，但平面布置不灵活，纯剪力墙体系一般用于住宅、旅馆和办公楼建筑。国内大量建造的板式小高层住宅中，采用剪力墙结构体系，在结构抗震计算上有较高的安全度。

筒体结构由四周封闭的剪力墙构成单筒式的筒状结构，或以楼电梯为内筒，密排柱深梁框架为外框筒组成筒中筒结构。这种结构的空间刚度大，抗侧和抗扭刚度都很强，建筑布局亦灵活，常用于超高层公寓、办公楼和商业大厦建筑等。目前全世界最高的 100 幢高层建筑约有 2/3 采用筒体结构。

《建筑抗震设计规范（2016 年版）》（GB 50011—2010）在总结国内外大量震害和工程设计经验的基础上，根据地震烈度、场地类别、抗震性能、使用要求及经济效果等因素，规定了地震区各种结构体系的最大适用高度，见表 7-1。框架-核心筒结构中，带有部分仅承受竖向荷载的无梁板柱时，如图 7-10 所示，不作为表 7-1 的板柱-抗震墙结构对待；设置少量抗震墙的框架结构基本上属于框架结构，其适用最大高度宜按框架结构取值，最大高宽比不宜超过表 7-2 的限值。

表 7-1　现浇钢筋混凝土房屋的最大适用高度　　　　　　　　　　单位：m

结构类型		烈度				
		6 度	7 度	8 度（0.2g）	8 度（0.3g）	9 度
框架		60	50	40	35	24
框架-抗震墙		130	120	100	80	50
抗震墙		140	120	100	80	60
部分框支抗震墙		120	100	80	50	不应采用
筒体	框架-核心筒	150	130	100	90	70
	筒中筒	180	150	120	100	80
板柱-抗震墙		80	70	55	40	不应采用

注：1. 房屋高度指室外地面到主要屋面板板顶的高度（不包括局部突出屋顶部分）；

2. 框架-核心筒结构指周边稀柱框架与核心筒组成的结构；

3. 部分框支抗震墙结构指首层或底部两层为框支层的结构，不包括仅个别框支墙的情况；

4. 表中框架，不包括异形柱框架；

5. 板柱-抗震墙结构指板柱、框架和抗震墙组成抗侧力体系的结构；

6. 乙类建筑可按本地区抗震设防烈度确定其适用的最大高度；

7. 超过表内高度的房屋，应进行专门研究和论证，采取有效的加强措施。

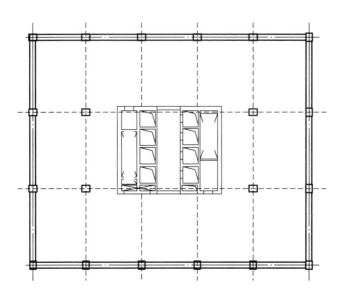

图 7-10　框架-核心筒结构中的局部无梁板柱示意图

表 7-2　钢筋混凝土高层建筑结构适用的最大高宽比

结构类型	非抗震设计	设防烈度		
		6 度、7 度	8 度	9 度
框架	5	4	3	—
板柱-剪力墙	6	5	4	—
框架-剪力墙、剪力墙	7	6	5	4
框架-核心筒	8	7	6	4
筒中筒	8	8	7	5

选择结构体系时应注意选择合理的基础形式及埋置深度。我国《高层建筑混凝土结构技术规程》（JGJ 3—2010）规定：基础埋置深度，采用天然地基时，可不小于建筑高度的 1/12；采用桩基时，可不小于建筑高度的 1/15，桩的长度不计入基础埋置深度内。当基础落在基岩上时，埋置深度可根据工程具体情况确定，可不设地下室，但应采用地锚等措施。

7.2.2　结构的抗震等级划分

抗震等级是结构构件抗震设防的标准，钢筋混凝土房屋应根据烈度、结构类型和房屋高度采用不同的抗震等级，并应符合相应的计算、构造措施和材料要求。抗震等级的划分考虑了技术要求和经济条件，随着设计方法的改进和经济水平的提高，抗震等级亦将相应调整。抗震等级共分为四级，它体现了不同的抗震要求，其中一级抗震要求最高。

丙类多层及高层钢筋混凝土结构房屋的抗震等级划分见表 7-3。

表 7-3　丙类多层及高层钢筋混凝土结构房屋的抗震等级

结构类型		6度		7度			8度			9度	
框架结构	高度	≤24	>24	≤24	>24		≤24	>24		≤24	
	框架	四	三	三	二		二	一		一	
	大跨度框架	三		二			一			一	
框架-抗震墙结构	高度/m	≤60	>60	≤24	25~60	>60	≤24	25~60	>60	≤24	25~50
	框架	四	三	四	三	二	三	二	一	二	一
	抗震墙	三		三		二	一				
抗震墙结构	高度/m	≤80	>80	≤24	25~80	>80	≤24	25~80	>80	≤24	25~60
	抗震墙	四	三	四	三	二	三	二	一	二	一
部分框支抗震墙结构	高度/m	≤80	>80	≤24	25~80	>80	≤24	25~80			
	抗震墙（一般部位）	四	三	四	三	二	三	二	/	/	
	抗震墙（加强部位）	三	二	三	二	一	二	一			
	框支层框架	二		二			一				
框架-核心筒结构	框架	三		二			一			一	
	核心筒	二		二			一			一	
筒中筒结构	外筒	三		二			一			一	
	内筒	三		二			一			一	
板柱-抗震墙结构	高度/m	≤35	>35	≤35	>35		≤35	>35			
	框架、板柱的柱	三	二	三	二		二	一			
	抗震墙	二	二	二	二		二	一			

　　其他类建筑采取的抗震措施应按有关规定和表 7-3 确定对应的抗震等级。由表 7-3 可见，在同等设防烈度和房屋高度的情况下，对于不同的结构类型，其次要抗侧力构件抗震要求可低于主要抗侧力构件，即抗震等级低些。例如，框架-抗震墙结构中的框架，其抗震要求低于框架结构中的框架；相反，其抗震墙则比抗震墙结构有更高的抗震要求。

　　框架承受的地震倾覆力矩可按下式计算：

$$M_c = \sum_{i=1}^{n}\sum_{j=1}^{m} V_{ij} h_i \qquad (7\text{-}1)$$

式中：M_c——框架-抗震墙结构在规定的侧向力作用下框架部分承受的地震倾覆力矩；

　　　　n——结构层数；

　　　　m——框架 i 层柱根数；

　　　　V_{ij}——第 i 层 j 根框架柱的计算地震剪力；

　　　　h_i——第 i 层层高。

　　裙房与主楼相连，裙房屋面部位的主楼上下各一层受刚度与承载力影响较大，抗震措施需要适当加强；对于裙房，除应按裙房本身确定抗震等级外，相关范围不应低于主楼的抗震等级，相关范围一般从主楼外延 3 跨且不小于 20m，相关范围以外的区域可按裙房自身的结构类型确定其抗震等级；裙房主楼之间设防震缝，应按裙房本身确定抗震等级，由于在大震作用下可能发生碰撞，也需要采取加强措施，如图 7-11 所示。

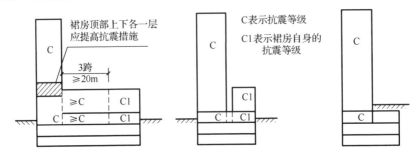

图 7-11　裙房和地下室的抗震等级

带地下室的多层与高层建筑，当地下室结构的刚度和受剪承载力比上部楼层相对较大时，地下室顶板可视作嵌固部位，在地震作用下的屈服部位将发生在地上楼层，同时将影响到地下一层。地面以下地震反应虽然逐渐减小，但地下一层的抗震等级不能降低，根据具体情况，地下二层的抗震等级可以降低，可按三级或更低等级。9 度时应专门研究。

7.2.3　防震缝的设计

震害表明，在强烈地震作用下由于地面运动变化、结构扭转、地震变形等复杂因素，相邻结构仍可能发生局部碰撞而损坏。防震缝宽度过大，会给建筑处理造成困难，因此，是否设置防震缝应按结构规则性要求综合判断，即高层建筑宜选用合理的建筑结构方案，不设防震缝，同时采用合理的计算方法和有效的措施，以解决不设防震缝带来的不利影响，如差异沉降、偏心扭转、温度变形等。

1. 防震缝

当建筑平面过长、结构单元的结构体系不同、高度和刚度相差过大及各结构单元的地基条件有较大差异时，应考虑设防震缝，其最小宽度应符合以下要求：

（1）钢筋混凝土框架结构房屋的防震缝宽度，当高度不超过 15m 时不应小于 100mm；超过 15m 时，烈度为 6 度、7 度、8 度和 9 度时相应每增加高度 5m、4m、3m 和 2m，宜加宽 20mm。

（2）钢筋混凝土框架-抗震墙结构房屋的防震缝宽度不应小于框架结构规定数值的 70%，抗震墙结构房屋的防震缝宽度可采用框架结构规定数值的 50%，且均不宜小于 100mm。

（3）防震缝两侧结构类型不同时，宜按照需较宽防震缝的结构类型和较低房屋高度确定缝宽。如图 7-12 所示，计算防震缝宽度 t 时，按框架结构并取房屋高度 H。

（4）防震缝可以结合沉降缝要求贯通到地基，当无沉降问题时也可以从地基或地下室以上贯通。当有多层地下室形成大底盘，上部结构为带裙房的单塔或多塔结构时，可将裙房用防震缝自地下室以上分隔，地下室顶板应有良好的整体性和刚度，能将上部结构的地震作用分布到地下室结构，如图 7-13 所示。

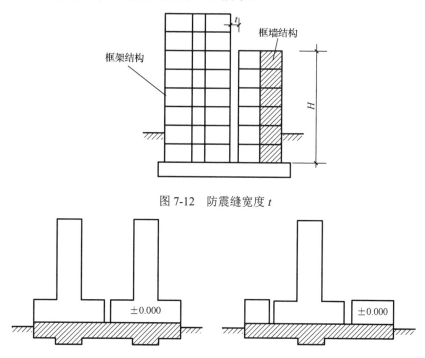

图 7-12　防震缝宽度 t

图 7-13　大底盘地下室示意图

2. 防震缝与抗撞墙

震害和试验研究表明钢筋混凝土框架结构的碰撞将造成较严重的破坏，特别是防震缝两侧的构件。《建筑抗震设计规范（2016 年版）》（GB 50011—2010）参考希腊抗震规范，对按 8 度、9 度设防的钢筋混凝土框架结构房屋防震缝两侧结构高度、刚度或层高相差较大时，在防震缝两侧房屋的尽端沿全高设置垂直于防震缝的抗撞墙，每一侧抗撞墙的数量不应少于两道，宜分别对称布置，墙肢长度可不大于 1/2 层高。如图 7-14 所示，框架和抗撞墙内力应按考虑和不考虑抗震墙两种情况进行分析，并按不利情况取值。防震缝两侧抗撞墙的端柱和框架边柱，箍筋应沿房屋全高加密。

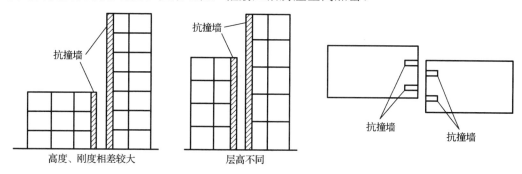

图 7-14　框架结构采用抗撞墙示意图

3. 抗震结构宜有多道抗震防线

（1）框架填充墙结构一般是性能较差的多道抗震防线结构，其中刚度大且承载力低的砌体填充墙实际上是与框架共同工作的，是结构抗震的第一道防线，一旦它达到极限承载力，刚度退化较快，将把较多的地震作用转移到框架部分。一般情况下，有砌体填充墙框架的抗震设计只考虑填充墙重量和刚度对框架的不利影响，而不计其承载力有利作用。

（2）框架-抗震墙结构是具有良好性能的多道防线的抗震结构，其中抗震墙既是主要抗侧力构件又是第一道抗震防线。因此，抗震墙应有相当数量，其承受的结构底部地震倾覆力矩不应小于底部总地震倾覆力矩的 50%，否则这种结构的特性不能很好发挥，框架部分仍应按主要抗侧力构件抗震设计。同时，为承受抗震墙开裂后重分配的地震作用，任一层框架部分按框架和墙协同工作分析的地震剪力进行调整，不应小于结构底部总地震剪力的20%和框架部分各层按协同工作分析的地震剪力最大的 1.5 倍两者的较小值。

（3）抗震墙结构中，抗震墙可以通过合理设置连梁（包括非建筑功能需要的开洞）组成多肢联肢墙，使其具有优良的多道抗震防线性能。连梁的刚度、承载力和变形能力应与墙肢相匹配，避免连梁过强使墙肢产生较大拉力而过早出现刚度和承载力退化。一般情况下，联肢墙宜采用弱连梁，即在地震作用下连梁的总约束弯矩不大于该层联肢墙所承受的总弯矩的 20%，如图 7-15 所示。

双肢抗震墙中，凡一墙肢全截面出现拉力，其拉力不应超过全截面混凝土抗拉强度设计值。此时另一墙肢的组合剪力和组合弯矩应乘以增大系数 1.25，以考虑其内力重分布的不利影响。

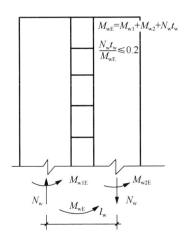

图 7-15　弱连梁的定义

7.2.4　建筑结构布置适宜规则

由于地震作用的复杂性，建筑结构的地震反应还不能充分通过计算分析了解清楚，因此建筑结构的合理布置能起到重要的作用。近年来提出的"规则建筑"的概念，包括了建筑的平、立面形状和结构刚度、屈服强度分布等方面的综合要求。

1. 建筑的平面

为了减小地震作用对建筑结构的整体和局部的不利影响，如扭转和应力集中效应，建筑平面形状宜规正，避免过大的外伸或内收。《建筑抗震设计规范（2016 年版）》（GB 50011—2010）规定房屋平面的凹角或凸角（B）不大于该方向总长度（B_{max}）的30%，可以认为建筑外形是规则的，如图 7-16 所示，否则为凹凸不规则。

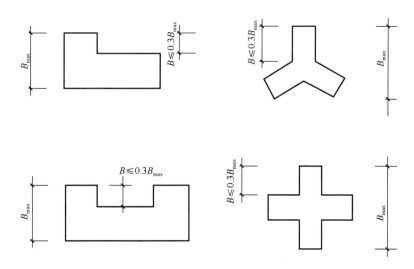

图 7-16　平面规则的建筑

2. 沿房屋高度的层间刚度和层间屈服强度的分布宜均匀

水平地震作用下，结构处于弹性阶段时，其层间弹性位移（Δu_e）分布主要取决于层间刚度（K/K_i）分布（图 7-17）；在弹塑性阶段，层间刚度分布同样有影响，但层间弹塑性位移（Δu_p）分布主要取决于层间屈服强度相对值，即层间屈服强度系数 ξ_y。ξ_y 分布越不均匀，ξ_y 的最小值越小，层间弹塑性变形集中现象越严重，如图 7-18 所示。

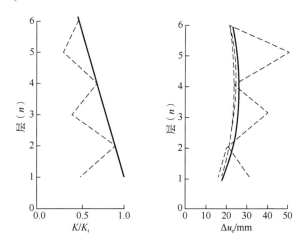

图 7-17　层间刚度突变对结构层间弹性位移分布的影响

根据大量地震反应分析统计，结构的层间刚度不小于其相邻上层刚度的 70%，且不小于其上部相邻三层刚度平均值的 80%，如图 7-19 所示；层间屈服强度系数不小于其相邻层屈服强度系数平均值的 80%，如图 7-20 所示，可认为是较均匀的结构。

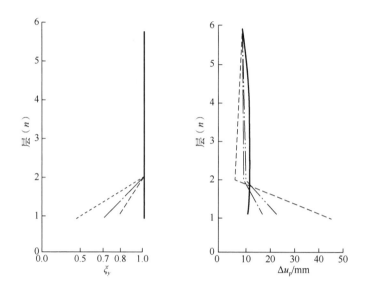

图 7-18　层间屈服强度系数突变对结构层间弹塑性位移分布的影响

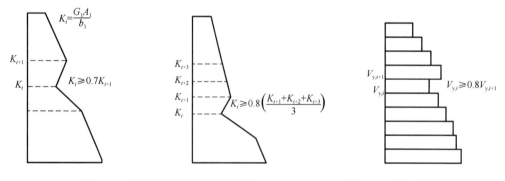

图 7-19　层间刚度分布均匀的结构　　　　图 7-20　层间强度分布均匀的结构

为了减轻薄弱层的变形集中现象，钢筋混凝土结构抗震设计应注意以下一些问题：

（1）框架结构的各楼层中砌体填充墙尽量相同。

（2）主要抗侧力竖向构件，特别是框架柱，其截面尺寸、混凝土强度等级和配筋量的改变不宜集中在同一楼层内。

（3）框支层的刚度不应小于相邻上层刚度的 50%；框支层落地抗震墙间距不宜大于 24m；底层框架部分承担的地震倾覆力矩，不应大于结构总地震倾覆力矩的 50%。

（4）应纠正"增加构件强度总是有利无害"的非抗震设计概念，在设计和施工中不宜盲目改变混凝土强度等级和钢筋等级及配筋量。

3. 构件在极限破坏前不发生明显的脆性破坏

作为主要抗侧力的钢筋混凝土构件的极限破坏应以构件弯曲时主筋受拉屈服破坏为主，应避免变形性能差的混凝土首先压溃或剪切破坏，以及钢筋锚固失效和黏结破坏。

延性破坏和脆性破坏两者的变形性能差别很大，这与很多因素有关，诸如构件的抗剪和抗弯承载力比、剪跨比、剪压比、轴压比、主筋率、配箍率和箍筋形式、混凝土和钢筋材料、钢筋连接和锚固方式等。抗震规范中许多规定都是属于这方面的要求，现摘要叙述如下：

1）轴压比限制

轴压比是控制偏心受拉边钢筋先达到抗拉强度，还是受压区混凝土边缘先达到其极限压应变的主要指标。试验研究表明，柱的变形能力随轴压比增大而急剧降低，尤其在高轴压比下，增加箍筋对改善柱变形能力的作用并不甚明显。所以，抗震结构应限制偏心受压构件的轴压比，特别是框架柱和框支柱，但是轴压比又是影响构件截面尺寸从而提高造价的重要因素，这种限制必须符合我国目前的技术水平和经济条件。《建筑抗震设计规范（2016 年版）》（GB 50011—2010）参考了界限轴压比和地震震害实际情况，分不同抗震等级取用了不同的限值。

轴压比的界限值可由柱截面受拉边钢筋达到抗拉强度的同时受压区混凝土边缘达到其极限压应变确定，如图 7-21 所示。

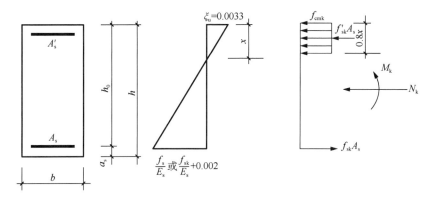

图 7-21　界限状态时柱截面应变及内力图

（1）界限相对中和轴高度。对有屈服强度的钢筋（热轧钢筋、冷拉钢筋）：

$$\xi = \frac{x}{h_0} = \frac{\xi_u}{\xi_u + \dfrac{f_{sk}}{E_s}} = \frac{0.0033}{0.0033 + \dfrac{f_{sk}}{E_s}} \tag{7-2}$$

对无屈服强度的钢筋（热处理钢筋、钢丝和钢绞线）：

$$\xi = \frac{x}{h_0} = \frac{\xi_u}{\xi_u + \dfrac{f_{sk}}{E_s} + 0.002} = \frac{0.0033}{0.0053 + \dfrac{f_{sk}}{E_s}} \tag{7-3}$$

对 HPB235、HRB335 和 HRB400 级钢筋，ξ 值分别为 0.747、0.663 和 0.623。

（2）界限轴压比。在对称配筋情况下

$$N_k = 0.8bx f_{cmk} \approx 1.2bx f_c$$

$$\frac{N}{N_k} = \frac{\gamma_G N_G + \gamma_{Eh} N_E}{N_G + N_E} \approx 1.2$$

$$\frac{h_0}{h} \approx 0.9$$

$$\frac{N}{bhf_c} = 1.2 \frac{Nh_0\xi}{N_k h} = 1.3\xi$$

对 HPB235、HRB335 和 HRB400 级钢筋，界限轴压比分别为 0.97、0.86 和 0.81。

2）剪压比限制

现行的钢筋混凝土构件斜截面受剪承载力的设计表达式，是基于斜截面上箍筋基本能达到抗拉屈服强度，其受剪承载力随配筋特征值 $P_{sr}\dfrac{f_y}{f_c}\left(P_{sr} = \dfrac{A_{sr}}{bS}\right)$ 的增长呈线性关系。

试验表明，配箍特征值过大时，箍筋不能充分发挥其强度，构件将呈腹部混凝土斜压破坏；同时剪压比对构件变形性能也有显著影响，因此应限制剪压比，实质上也是对构件最小截面的要求。

根据反复荷载作用下构件试验结果分析，梁、柱和墙的剪压比采用 0.2 较为合适。例如，根据日本的抗震墙试验资料统计（图 7-22），平均剪应力低于 $0.15f_c$ 时，墙的变形能力较好，其极限位移角 θ_u 可达 10×10^{-3} rda 以上。换算成设计值时剪应力比相当于 0.2 值。

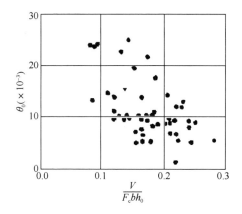

图 7-22 抗震墙平均剪切力与极限位移角关系

7.3 钢筋混凝土框架结构抗震设计

7.3.1 抗震设计步骤

与非抗震结构设计相比，考虑抗震的结构设计在确定结构方案和结构布置时要考虑使结构的自振周期避开场地卓越周期，否则应调整结构平面，直至满足为止。图 7-23 给出了多层和高层结构抗震设计流程图。

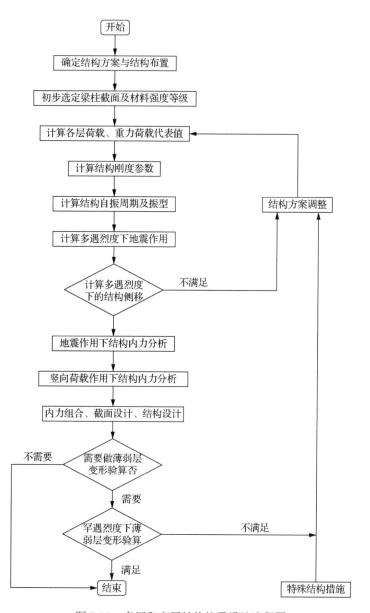

图 7-23 多层和高层结构抗震设计流程图

7.3.2 地震作用计算

框架结构地震作用的计算有三种方法,即底部剪力法、振型分解反应谱法和时程分析法。有关水平地震作用的具体计算详见第 5 章的有关内容,这里不再赘述。对于高度不超过 40m、以剪切变形为主且刚度和质量沿房屋高度分布比较均匀的建筑,通常采用底部剪力法。当采用底部剪力法确定底部总地震剪力时要引用结构基本周期 T_1。这里我们来介绍结构基本周期 T_1 的简易近似求法。由于实际建筑物是复杂的空间结构,且场地地基、非结构构件(如填充墙等)及强震过程中结构可能进入弹塑性状态等因素都会影响结构的自振周期,所以,要精确计算结构自振周期比较困难,通常只能算得结构自振周期的近似值，这在实际工程中已能满足要求。确定结构自振周期方法有以下几种：

（1）对结构动力方程组的动力矩阵求特征值（相应于结构自振频率）和特征向量（相应于结构振型）。这一方法的精度取决于动力矩阵是否真正反映了结构的刚度特征。一般说来，这种方法精度较高，由于计算工作量较大，一般均借助于计算机和特定的程序，在计算机比较普及的现在已不是件难事。

（2）利用对已有建筑物实测的自振周期经数理统计得出的经验公式。工程中常用的经验公式有：

① 民用框架和框架-抗震墙房屋：

$$T_1 = 0.33 + 0.00069 \frac{H^2}{\sqrt[3]{B}} \tag{7-4}$$

式中：H——房屋主体结构的高度（m），不包括屋面以上特别细高的突出部分；

B——房屋振动方向的长度（m）。

② 多层钢筋混凝土框架厂房：

$$T_1 = 1.25 \times \left(0.25 + 0.00013 \frac{H^{2.5}}{\sqrt[3]{L}} \right) \tag{7-5}$$

式中：H——房屋折算高度（m）；

L——房屋折算宽度（m）。

房屋折算高度和宽度，分别按下式计算：

$$H = H_1 + \left(\frac{n}{m} \right) H_2 \tag{7-6}$$

$$L = L_1 + \left(\frac{n}{m} \right) L_2 \tag{7-7}$$

式中，H_1, H_2, L_1, L_2, n 和 m 的意义参见图7-24。

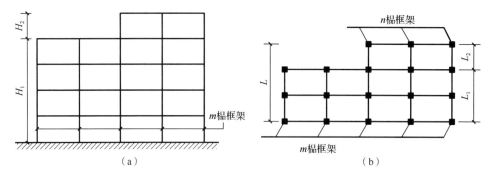

（a） （b）

图 7-24 房屋折算高度和宽度

由于建筑物本身千差万别，且场地地基条件各不相同，结构布局也有差异，因此，这类方法精度较低，可用于初步设计阶段估算结构自振周期，或者作为对计算机计算结果的评估。

其他还有一些实用近似计算方法，如能量法、顶点位移法等，这类方法物理概念明确，计算结果有一定的精度。但由于个人计算机的普及，实际工程中很少有人用这些方法去计算，有兴趣的读者可参阅其他有关著作。

7.3.3　框架内力和侧移的计算

1. 水平地震作用下的框架内力分析

1）反弯点法

框架在水平荷载作用下，节点将同时产生转角和侧移。根据分析，当梁的线刚度 k_b 和柱的线刚度 k_c 之比大于 3 时，节点转角 θ 将很小，其对框架的内力影响不大。因此，为简化计算，通常假定 $\theta = 0$。实际上，这等于把框架横梁简化成线刚度无限大的刚性梁。这种处理，可使计算大大简化，而其误差一般不超过 5%，如图 7-25 所示。

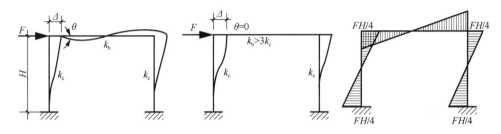

图 7-25　反弯点法

采用上述假定后，对于一般层柱，在其 1/2 高度处截面弯矩为零，柱的弹性曲线在该处改变凹凸方向，故此处称为反弯点。反弯点距柱底的距离称为反弯点高度。而对于首层柱，取其 2/3 高度处截面弯矩为零。

柱端弯矩可由柱的剪力和反弯点高度的数值确定，边节点梁端弯矩可由节点力矩平衡条件确定，而中间节点两侧梁端弯矩则可按梁的转动刚度分配柱端弯矩求得。

假定楼板平面内刚度无限大，楼板将各平面抗侧力结构连接在一起共同承受水平力，当不考虑结构扭转变形时，同一楼层柱端侧移相等。根据同一楼层柱端侧移相等的假定，框架各柱所分配的剪力与其侧移刚度成正比，即第 i 层第 k 根柱所分配的剪力为

$$V_{ik} = \frac{k_{ik}}{\sum_{k=1}^{m} k_{ik}} V_i \quad (k = 1, 2, \cdots, m) \tag{7-8}$$

式中：k_{ik} ——第 i 层第 k 根柱的侧移刚度；

　　　V_i ——第 i 层楼层剪力。

反弯点法适用于层数较少的框架结构，因为这时柱截面尺寸较小，容易满足梁柱线刚度比大于 3 的条件。

2）修正反弯点法（D 值法）

根据底部剪力法或振型分解反应谱法求得了各楼层质点的水平地震作用。当用底部剪力法时，各楼层的地震剪力可按下式求得：

$$V_i = \sum_{k=i}^{n} F_k + \Delta F_n \tag{7-9}$$

当用振型分解反应谱法时，各楼层的地震剪力为

$$V_i = \sum_{j=1}^{n} \left(\sum_{k=i}^{n} F_{jk} \right)^2 \qquad (7\text{-}10)$$

按式（7-9）或式（7-10）求得结构第 i 层的地震剪力后，再按各柱的刚度求其所承担的地震剪力。

$$V_{ik} = \frac{D_{ik}}{\sum\limits_{k=1}^{n} D_{ik}} V_i \qquad (7\text{-}11)$$

式中：V_{ik}——第 i 层第 k 根柱分配到的水平地震引起的剪力；

D_{ik}——第 i 层第 k 根柱的刚度；

$\sum\limits_{k=1}^{n} D_{ik}$——第 i 层所有柱刚度之和。

柱的侧移刚度 D 按下式计算：

当柱端固定无转动时，

$$D = D_0 = \frac{12i_c}{h^2} \qquad (7\text{-}12)$$

当梁柱线刚度之比 $\bar{i} > 3$ 时，可近似采用式（7-12）；当梁柱刚度之比 $\bar{i} < 3$ 时，因误差较大，需按式（7-13）进行修正。

$$D = \alpha D_0 = \frac{12i_c \alpha}{h^2} \qquad (7\text{-}13)$$

式中：i_c——柱的线刚度，$i_c = \dfrac{12E_c I_c}{h}$；

h——柱的计算高度；

E_c、I_c——柱混凝土的弹性模量和柱的截面惯性矩；

α——节点转动影响系数，α 值与梁柱线刚度之比、柱端约束等有关，其值见表 7-4。

表 7-4　α 值计算公式

层	边柱	中柱	α
一般层	i_c，i_{b1}，i_{b3} 　　$\bar{i} = \dfrac{i_{b1}+i_{b3}}{2i_c}$	i_c，i_{b1}，i_{b2}，i_{b3}，i_{b4} 　　$\bar{i} = \dfrac{i_{b1}+i_{b2}+i_{b3}+i_{b4}}{2i_c}$	$\alpha = \dfrac{\bar{i}}{2+\bar{i}}$
首层	i_c，i_{b5} 　　$\bar{i} = \dfrac{i_{b5}}{i_c}$	i_c，i_{b5}，i_{b6} 　　$\bar{i} = \dfrac{i_{b5}+i_{b6}}{i_c}$	$\alpha = \dfrac{0.5+\bar{i}}{2+\bar{i}}$

表 7-4 中， $i_{b1} \sim i_{b6}$ 为梁的线刚度， i_c 为柱的线刚度。梁的线刚度表达式为 $E_c I_b / l$，这里 l 为梁的跨度， i_b 为梁的惯性矩， E_c 为混凝土弹性模量。计算梁的线刚度时，可考虑楼板对梁刚度的有利影响，即板作为梁的翼缘参加工作。实际工程中为简化计算，梁均先按矩形截面计算其惯性矩 I_0，再乘以表 7-5 中的增大系数，以考虑现浇楼板或装配整体式楼板上的现浇层对梁的刚度的影响。

表 7-5 框架梁截面惯性矩增大系数

结构类型	中框架	边框架
现浇整体梁板结构	2.0	1.5
装配整体式叠合梁	1.5	1.2

注：中框架是指梁两侧有楼板的框架，边框架是指梁一侧有楼板的框架。

对装配式框架，当板与梁之间无可靠的现浇混凝土连接时，框架梁的惯性矩应按实际截面计算。

混凝土弹性模量 E_c 在结构进入塑性变形阶段后其值会有所降低，导致结构刚度也会随之降低。为此，计算结构刚度应乘以表 7-6 中刚度折减系数 β，如果各构件的 β 值相同，则计算内力时，折减 $E_c I_c$ 值后计算内力值与不折减 $E_c I_c$ 值的计算结果应该是相同的。但计算位移时，必须考虑刚度的折减。

表 7-6 刚度折减系数 β

结构类型	框架及抗震墙	框架与抗震墙相连的系梁
现浇结构	0.65	0.35
装配式结构	0.50～0.65	0.25～0.35

3）柱端弯矩计算

根据上面算得的柱中地震剪力去确定柱端弯矩的关键在于确定柱的反弯点位置，当梁柱线刚度之比 $\bar{i} > 3$ 时，可近似认为底层柱的反弯点在 $\frac{2}{3}h$ 处，其他各层均位于 $\frac{1}{2}h$ 处；当梁柱线刚度之比 $\bar{i} < 3$ 时，D 值法的反弯点高度按下式确定：

$$h' = (y_0 + y_1 + y_2 + y_3)h \tag{7-14}$$

式中：y_0——标准反弯点高度比，其值根据框架总层数 m，该柱所在层数 n 和梁柱线刚度比 $\bar{i}$，由表 7-7 查得。

y_1——某层上下梁线刚度不同时，该层反弯点高度比的修正值，其值根据上下层梁线刚度和之比由表 7-8 查得。当上层梁线刚度之和小于下层梁线刚度之和时，反弯点上移，故 y_1 取正值；当上层梁线刚度之和大于下层梁线刚度之和时，反弯点下移，故 y_1 取负值。

y_2——上层高度 h_u 与本层高度 h 不同时，反弯点高度比的修正值，其值根据 $\alpha_2 = h_u / h$ 和 $\bar{i}$ 的值由表 7-9 查得。

y_3——下层高度 h_l 与本层高度 h 不同时，反弯点高度比的修正值，其值根据 $\alpha_3 = h_l / h$ 和 $\bar{i}$ 值由表 7-9 查得。

当确定了柱的高度后，即可按下式确定柱端弯矩：

$$M_{kl} = V_{ik} h' \tag{7-15}$$

$$M_{ku} = V_{ik}(h - h') \tag{7-16}$$

式中：V_{ik}——第 i 层第 k 柱分配到的地震剪力；

　　　h——本层柱高。

表 7-7　反弯点高度比 y_0（倒三角形节点荷载）

m	$n(\bar{i})$	0.1	0.2	0.3	0.4	0.5	0.6	0.7	0.8	0.9	1.0	2.0	3.0	4.0	5.0
1	1	0.80	0.75	0.70	0.65	0.65	0.60	0.60	0.60	0.60	0.55	0.55	0.55	0.55	0.55
2	2	0.50	0.45	0.40	0.40	0.40	0.40	0.40	0.40	0.40	0.45	0.45	0.45	0.45	0.50
	1	1.00	0.85	0.25	0.70	0.65	0.65	0.65	0.65	0.60	0.60	0.55	0.55	0.55	0.55
3	3	0.25	0.25	0.25	0.30	0.30	0.35	0.35	0.35	0.40	0.40	0.45	0.45	0.45	0.45
	2	0.60	0.50	0.50	0.50	0.50	0.45	0.45	0.45	0.45	0.45	0.50	0.50	0.50	0.50
	1	1.15	0.90	0.80	0.75	0.75	0.70	0.70	0.65	0.65	0.65	0.55	0.55	0.55	0.55
4	4	0.10	0.15	0.20	0.25	0.30	0.35	0.35	0.35	0.35	0.40	0.45	0.45	0.45	0.45
	3	0.35	0.35	0.35	0.40	0.40	0.40	0.40	0.45	0.45	0.45	0.45	0.50	0.50	0.50
	2	0.70	0.60	0.55	0.50	0.50	0.50	0.50	0.50	0.50	0.50	0.50	0.50	0.50	0.50
	1	1.20	0.95	0.85	0.80	0.75	0.70	0.70	0.65	0.65	0.65	0.55	0.55	0.55	0.55
5	5	−0.05	0.10	0.20	0.25	0.30	0.30	0.35	0.35	0.35	0.35	0.40	0.45	0.45	0.45
	4	0.20	0.25	0.35	0.35	0.40	0.40	0.40	0.40	0.45	0.45	0.45	0.50	0.50	0.50
	3	0.45	0.40	0.45	0.45	0.45	0.45	0.45	0.45	0.45	0.50	0.50	0.50	0.50	0.50
	2	0.75	0.60	0.55	0.55	0.55	0.50	0.50	0.50	0.50	0.50	0.50	0.50	0.50	0.50
	1	1.30	1.00	0.85	0.80	0.75	0.70	0.70	0.65	0.65	0.65	0.60	0.55	0.55	0.55
6	6	−0.15	0.05	0.15	0.20	0.25	0.30	0.35	0.35	0.35	0.40	0.40	0.45	0.45	0.45
	5	0.10	0.25	0.30	0.35	0.35	0.40	0.40	0.40	0.45	0.45	0.45	0.50	0.50	0.50
	4	0.30	0.35	0.40	0.40	0.40	0.45	0.45	0.45	0.45	0.45	0.50	0.50	0.50	0.50
	3	0.50	0.45	0.45	0.45	0.45	0.45	0.45	0.45	0.50	0.45	0.50	0.50	0.50	0.50
	2	0.80	0.65	0.55	0.55	0.55	0.55	0.50	0.50	0.50	0.50	0.50	0.50	0.50	0.50
	1	1.30	1.00	0.85	0.80	0.75	0.70	0.70	0.65	0.65	0.65	0.55	0.55	0.55	0.55
7	7	−0.20	0.05	0.15	0.20	0.25	0.30	0.30	0.35	0.35	0.35	0.45	0.45	0.45	0.45
	6	0.05	0.20	0.30	0.35	0.35	0.40	0.40	0.40	0.40	0.45	0.45	0.50	0.50	0.50
	5	0.20	0.30	0.35	0.40	0.40	0.45	0.45	0.45	0.45	0.45	0.50	0.50	0.50	0.50
	4	0.35	0.40	0.40	0.45	0.45	0.45	0.45	0.45	0.45	0.45	0.50	0.50	0.50	0.50
	3	0.55	0.50	0.50	0.50	0.50	0.50	0.50	0.50	0.50	0.50	0.50	0.50	0.50	0.50
	2	0.80	0.65	0.60	0.55	0.55	0.55	0.50	0.50	0.50	0.50	0.50	0.50	0.50	0.50
	1	1.30	1.00	0.90	0.80	0.75	0.70	0.70	0.70	0.65	0.65	0.60	0.55	0.55	0.55
8	8	−0.20	0.05	0.15	0.20	0.25	0.30	0.30	0.35	0.35	0.35	0.45	0.45	0.45	0.45
	7	0.00	0.20	0.30	0.35	0.35	0.40	0.40	0.40	0.40	0.45	0.50	0.50	0.50	0.50
	6	0.15	0.30	0.35	0.40	0.40	0.45	0.45	0.45	0.45	0.45	0.50	0.50	0.50	0.50
	5	0.30	0.35	0.40	0.45	0.45	0.45	0.45	0.45	0.45	0.45	0.50	0.50	0.50	0.50
	4	0.40	0.45	0.45	0.45	0.45	0.45	0.45	0.50	0.50	0.50	0.50	0.50	0.50	0.50
	3	0.60	0.50	0.50	0.50	0.50	0.50	0.50	0.50	0.50	0.50	0.50	0.50	0.50	0.50
	2	0.85	0.65	0.60	0.55	0.55	0.55	0.50	0.50	0.50	0.50	0.50	0.50	0.50	0.50
	1	1.30	1.00	0.90	0.80	0.75	0.70	0.70	0.70	0.65	0.65	0.60	0.55	0.55	0.55

续表

m	n(ī)	0.1	0.2	0.3	0.4	0.5	0.6	0.7	0.8	0.9	1.0	2.0	3.0	4.0	5.0
9	9	−0.25	0.00	0.15	0.20	0.25	0.30	0.30	0.35	0.35	0.40	0.45	0.45	0.45	0.45
	8	−0.00	0.20	0.30	0.35	0.35	0.40	0.40	0.40	0.40	0.45	0.45	0.50	0.50	0.50
	7	0.15	0.30	0.35	0.40	0.40	0.45	0.45	0.45	0.45	0.45	0.50	0.50	0.50	0.50
	6	0.25	0.35	0.40	0.40	0.45	0.45	0.45	0.45	0.45	0.50	0.50	0.50	0.50	0.50
	5	0.35	0.40	0.45	0.45	0.45	0.45	0.45	0.45	0.50	0.50	0.50	0.50	0.50	0.50
	4	0.45	0.45	0.45	0.45	0.45	0.50	0.50	0.50	0.50	0.50	0.50	0.50	0.50	0.50
	3	0.60	0.50	0.50	0.50	0.50	0.50	0.50	0.50	0.50	0.50	0.50	0.50	0.50	0.50
	2	0.85	0.65	0.60	0.55	0.55	0.55	0.55	0.50	0.50	0.50	0.50	0.50	0.50	0.50
	1	1.35	1.00	0.90	0.80	0.75	0.75	0.70	0.70	0.65	0.65	0.60	0.55	0.55	0.55
10	10	−0.25	0.00	0.15	0.20	0.25	0.30	0.30	0.35	0.35	0.40	0.45	0.45	0.45	0.45
	9	−0.05	0.20	0.30	0.35	0.35	0.40	0.40	0.40	0.40	0.45	0.45	0.50	0.50	0.50
	8	−0.10	0.30	0.35	0.40	0.40	0.40	0.45	0.45	0.45	0.45	0.50	0.50	0.50	0.50
	7	0.20	0.35	0.40	0.40	0.45	0.45	0.45	0.45	0.45	0.50	0.50	0.50	0.50	0.50
	6	0.30	0.40	0.40	0.45	0.45	0.45	0.45	0.45	0.45	0.50	0.50	0.50	0.50	0.50
	5	0.40	0.45	0.45	0.45	0.45	0.45	0.45	0.50	0.50	0.50	0.50	0.50	0.50	0.50
	4	0.50	0.45	0.45	0.45	0.50	0.50	0.50	0.50	0.50	0.50	0.50	0.50	0.50	0.50
	3	0.60	0.55	0.50	0.50	0.50	0.50	0.50	0.50	0.50	0.50	0.50	0.50	0.50	0.50
	2	0.85	0.65	0.55	0.55	0.55	0.55	0.55	0.50	0.50	0.50	0.50	0.50	0.50	0.50
	1	1.35	1.00	0.80	0.80	0.75	0.75	0.70	0.70	0.65	0.65	0.60	0.55	0.55	0.55
11	11	−0.25	0.00	0.15	0.20	0.25	0.30	0.30	0.30	0.35	0.35	0.45	0.45	0.45	0.45
	10	0.05	0.20	0.25	0.30	0.35	0.40	0.40	0.40	0.40	0.45	0.45	0.50	0.50	0.50
	9	0.10	0.30	0.35	0.40	0.40	0.40	0.45	0.45	0.45	0.45	0.50	0.50	0.50	0.50
	8	0.20	0.3 5	0.40	0.40	0.45	0.45	0.45	0.45	0.45	0.45	0.50	0.50	0.50	0.50
	7	0.25	0.40	0.40	0.45	0.45	0.45	0.45	0.45	0.45	0.50	0.50	0.50	0.50	0.50
	6	0.30	0.40	0.45	0.45	0.45	0.45	0.45	0.50	0.50	0.50	0.50	0.50	0.50	0.50
	5	0.40	0.44	0.45	0.45	0.45	0.50	0.50	0.50	0.50	0.50	0.50	0.50	0.50	0.50
	4	0.50	0.50	0.50	0.50	0.50	0.50	0.50	0.50	0.50	0.50	0.50	0.50	0.50	0.50
	3	0.65	0.55	0.50	0.50	0.50	0.50	0.50	0.50	0.50	0.50	0.50	0.50	0.50	0.50
	2	0.85	0.65	0.60	0.55	0.55	0.55	0.55	0.50	0.50	0.50	0.50	0.50	0.50	0.50
	1	1.35	1.50	0.90	0.80	0.80	0.75	0.70	0.70	0.65	0.65	0.60	0.55	0.55	0.55
12 层 以 上	12层以上	−0.30	0.00	0.15	0.20	0.25	0.30	0.30	0.30	0.35	0.35	0.40	0.45	0.45	0.45
	12	−0.10	0.20	0.25	0.30	0.35	0.40	0.40	0.40	0.40	0.40	0.45	0.45	0.45	0.50
	11	0.05	0.25	0.35	0.40	0.40	0.40	0.45	0.45	0.45	0.45	0.45	0.50	0.50	0.50
	10	0.1 5	0.30	0.40	0.40	0.45	0.45	0.45	0.45	0.45	0.45	0.45	0.50	0.50	0.50
	9	0.2	0.35	0.40	0.45	0.45	0.45	0.45	0.45	0.45	0.45	0.50	0.50	0.50	0.50
	8	0.30	0.40	0.40	0.45	0.45	0.45	0.45	0.45	0.45	0.45	0.50	0.50	0.50	0.50
	7	0.35	0.40	0.40	0.45	0.45	0.45	0.50	0.50	0.50	0.50	0.50	0.50	0.50	0.50
	6	0.35	0.45	0.45	0.45	0.50	0.50	0.50	0.50	0.50	0.50	0.50	0.50	0.50	0.50
	5	0.45	0.45	0.45	0.45	0.50	0.50	0.50	0.50	0.50	0.50	0.50	0.50	0.50	0.50
	4	0.55	0.45	0.50	0.50	0.50	0.50	0.50	0.50	0.50	0.50	0.50	0.50	0.50	0.50
	3	0.65	0.55	0.50	0.50	0.50	0.50	0.50	0.50	0.50	0.50	0.50	0.50	0.50	0.50
	2	0.70	0.70	0.60	0.55	0.55	0.55	0.55	0.50	0.50	0.50	0.50	0.50	0.50	0.55
	1	1.35	1.05	0.90	0.80	0.75	0.70	0.70	0.70	0.70	0.65	0.60	0.55	0.55	0.50

注：m 为总层数；n 为所在楼层的位置；ī 为平均线刚度比。

表 7-8　上下层横梁线刚度比对 y_0 的修正值 y_1

$\bar{i}(\alpha_i)$	0.1	0.2	0.3	0.4	0.5	0.6	0.7	0.8	0.9	1.0	2.0	3.0	4.0	5.0
0.4	0.55	0.40	0.30	0.25	0.20	0.20	0.20	0.15	0.15	0.15	0.05	0.05	0.05	0.05
0.5	0.45	0.30	0.20	0.20	0.15	0.15	0.15	0.10	0.10	0.10	0.05	0.05	0.05	0.05
0.6	0.30	0.20	0.15	0.15	0.10	0.10	0.10	0.10	0.05	0.05	0.05	0	0	0
0.7	0.20	0.15	0.10	0.10	0.10	0.10	0.10	0.05	0.05	0.05	0.05	0	0	0
0.8	0.15	0.10	0.05	0.05	0.05	0.05	0.05	0.05	0	0	0	0	0	0
0.9	0.05	0.05	0.05	0.05	0	0	0	0	0	0	0	0	0	0

表 7-9　上下层高度变化对 y_0 的修正值 y_2 和 y_3

α_2	$\bar{i}(\alpha_3)$	0.1	0.2	0.3	0.4	0.5	0.6	0.7	0.8	0.9	1.0	2.0	3.0	4.0	5.0
2.0	—	0.25	0.15	0.15	0.10	0.10	0.10	0.10	0.10	0.05	0.05	0.05	0.05	0.0	0.0
1.8	—	0.20	0.15	0.10	0.10	0.10	0.05	0.05	0.05	0.05	0.05	0.05	0.0	0.0	0.0
1.6	0.4	0.15	0.10	0.10	0.05	0.05	0.05	0.05	0.05	0.05	0.05	0.0	0.0	0.0	0.0
1.4	0.6	0.10	0.05	0.05	0.05	0.05	0.05	0.05	0.05	0.05	0.05	0.0	0.0	0.0	0.0
1.2	0.8	0.05	0.05	0.05	0.0	0.0	0.0	0.0	0.0	0.0	0.0	0.0	0.0	0.0	0.0
1.0	1.0	0.0	0.0	0.0	0.0	0.0	0.0	0.0	0.0	0.0	0.0	0.0	0.0	0.0	0.0
0.8	1.2	−0.05	−0.05	−0.05	0.0	0.0	0.0	0.0	0.0	0.0	0.0	0.0	0.0	0.0	0.0
0.6	1.4	−0.10	−0.05	−0.05	−0.05	−0.05	−0.05	−0.05	−0.05	−0.05	0.0	0.0	0.0	0.0	0.0
0.4	1.6	−0.15	−0.10	−0.10	−0.05	−0.05	−0.05	−0.05	−0.05	−0.05	−0.05	0.0	0.0	0.0	0.0
—	1.8	−0.20	−0.15	−0.10	−0.10	−0.10	−0.05	−0.05	−0.05	−0.05	−0.05	−0.05	0.0	0.0	0.0
—	2.0	−0.25	−0.15	−0.15	−0.10	−0.10	−0.10	−0.10	−0.10	−0.05	−0.05	−0.05	−0.05	0.0	0.0

2. 竖向荷载作用下的框架内力计算

框架结构在竖向荷载作用下的内力分析，除可采用精确计算法（如矩阵位移法）以外，还可以采用分层法、弯矩二次分配法等近似计算法。以下介绍弯矩二次分配法。

（1）弯矩二次分配法。这种方法的特点是先求出框架梁的梁端弯矩，再对各节点的不平衡弯矩同时做分配和传递，并且以两次分配为限，故称弯矩二次分配法。这种方法虽然是近似方法，但其结果与精确法相比，相差甚小，其精度可满足工程需要。其原理和计算方法可参阅相关文献，这里不再详述。

（2）梁端弯矩的调幅。在竖向荷载作用下梁端的负弯矩较大，导致梁端的配筋量较大；同时柱的纵向钢筋及另一个方向的梁端钢筋也通过节点，因此节点的施工较困难。即使钢筋能排下，也会因钢筋过于密集使浇筑混凝土困难，不容易保证施工质量。考虑到钢筋混凝土框架属超静定结构，具有塑性内力重分布的性质，因此可以通过在重力荷载作用下，梁端弯矩乘以调整系数 β 的办法适当降低梁端弯矩的幅值。根据工程经验，考虑到钢筋混凝土构件的塑性变形能力有限的特点，调幅系数 β 的取值如下：

对于现浇框架：$\beta = 0.8 \sim 0.9$；对于装配式框架：$\beta = 0.7 \sim 0.8$。

梁端弯矩降低后，由平衡条件可知，梁跨中弯矩相应增加。按调幅后的梁端弯矩的平均值与跨中弯矩之和不应小于按简支梁计算的跨中弯矩值，即可求得跨中弯矩。如图 7-26 所示，跨中弯矩为

$$M_4 = M_3 + \left[0.5(M_1 + M_2) - 0.5(\beta M_1 + \beta M_2)\right] \qquad (7\text{-}17)$$

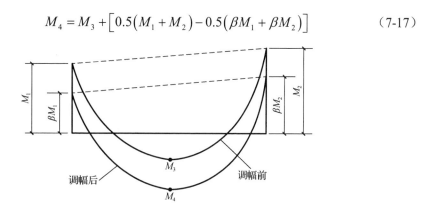

图 7-26　框架梁在竖向荷载作用下的调幅

梁端弯矩调幅后，不仅可以减小梁端配筋数量，方便施工，而且还可以使框架在破坏时梁端先出现塑性铰，保证柱的相对安全，以满足"强柱弱梁"的设计原则。这里应注意，梁端弯矩的调幅只是针对竖向荷载作用下产生的弯矩进行的，而对水平荷载作用下产生的弯矩不进行调幅。因此，不应采用先组合后调幅的做法。

7.3.4　梁柱界面内力组合和截面设计

1. 框架结构的内力调整及其内力不利组合

由于考虑活荷载最不利布置的内力计算量太大，故一般不考虑活荷载的最不利布置，而采用"满布荷载法"进行内力分析。这样求得的结果与按考虑活荷载最不利位置所求得的结果相比，在支座处极为接近，在梁跨中则明显偏低。因此，应对梁在竖向活荷载作用下按不考虑活荷载的最不利布置所计算出的跨中弯矩进行调整，通常乘以1.1～1.2 的系数。

在进行构件截面设计时，需求得控制截面上的最不利内力作为配筋的依据。对于框架梁，一般选梁的两端截面和跨中截面作为控制截面；对于柱，则选柱的上、下端截面作为控制截面。内力不利组合就是控制截面最大的内力组合。

结构设计时，应根据可能出现的最不利情况确定构件内力设计值，进行截面设计。进行多、高层钢筋混凝土框架结构抗震设计时，一般应考虑以下两种基本组合：

（1）地震作用效应与重力荷载代表值效应的组合。对于一般的框架结构，可不考虑风荷载的组合。当只考虑水平地震作用和重力荷载代表值参与组合的情况时，其内力组合设计值 S 为

$$S = \gamma_G S_{GE} + \lambda_{Eh} S_{Ehk} \qquad (7\text{-}18)$$

（2）竖向荷载效应（包括全部恒荷载与活荷载的组合）。无地震作用时，结构受到全部恒荷载和活荷载的作用，其值一般要比重力荷载代表值大，且计算承载力时不引入承载力抗震调整系数，因此，非抗震情况下所需的构件承载力有可能大于水平地震作用下所需要的构件承载力，竖向荷载作用下的内力组合就可能对某些截面设计起控制作用。此时，其内力组合设计值 S 为

$$S = 1.2S_{Gk} + 1.4S_{Qk} \quad (7\text{-}19)$$

$$S = 1.35S_{Gk} + 0.7 \times 1.4S_{Qk} \quad (7\text{-}20)$$

式中： S_{Gk}、S_{Qk}——恒荷载和活荷载的荷载效应值。

下面给出不考虑风荷载参与组合时，框架梁、柱的内力组合及控制截面内力。

① 框架梁。框架梁通常选取梁端支座内边缘处的截面和跨中截面作为控制截面。

梁端负弯矩，应考虑以下三种组合，并选取不利组合值，取以下公式绝对值较大者：

$$M = 1.3M_{Ek} + 1.02M_{GE}$$
$$M = 1.2M_{GE} + 1.4M_{Qk}$$
$$M = 1.35M_{GE} + 0.98M_{Qk}$$

梁端正弯矩按下式确定：

$$M = 1.3M_{Ek} - 1.0M_{GE}$$

梁端剪力，取下式较大者：

$$V = 1.3V_{Ek} + 1.2V_{GE}$$
$$V = 1.2V_{Gk} + 1.4V_{Qk}$$
$$V = 1.35V_{Gk} + 0.98V_{Qk}$$

跨中正弯矩，取下式较大者：

$$M = 1.3M_{Ek} + 1.02M_{GE}$$
$$M = 1.2M_{GE} + 1.4M_{Qk}$$
$$M = 1.35M_{GE} + 0.98M_{Qk}$$

式中： M_{Ek}、V_{Ek}——由地震作用在梁内产生的弯矩标准值和剪力标准值；

M_{GE}、V_{GE}——由重力荷载代表值在梁内产生的弯矩标准值和剪力标准值；

M_{Gk}、V_{Gk}——由竖向恒荷载在梁内产生的弯矩标准值、剪力标准值；

M_{Qk}、V_{Qk}——由竖向活荷载在梁内产生的弯矩标准值、剪力标准值。

② 框架柱。框架柱通常选取上梁下边缘处和下梁上边缘处的柱截面作为控制截面。由于框架柱一般是偏心受力构件，而且通常为对称配筋，故其同一截面的控制弯矩和轴力应同时考虑以下四组，分别配筋后选用最多者作为最终配筋方案。

有地震作用时的组合：

$$M = 1.2M_{GE} \pm 1.3M_{Ek}$$
$$N = 1.2N_{GE} \pm 1.3N_{Ek}$$

当无地震作用时以可变荷载为主的组合：

$$M = 1.2M_{GE} + 1.4M_{Qk}$$
$$N = 1.2N_{Gk} + 1.4N_{Qk}$$

当无地震作用时以永久荷载为主的组合：

$$M = 1.35M_{GE} + 0.98M_{Qk}$$
$$N = 1.35N_{Gk} + 0.98N_{Qk}$$

式中： N_{Gk}——由竖向恒载在柱内产生的轴力标准值；

N_{Qk}——由竖向活载在柱内产生的轴力标准值。其他各符号意义同前。

2. 框架梁的截面设计

钢筋混凝土结构按前述规定调整地震作用效应后,在地震作用不利组合下,可按《建筑抗震设计规范(2016 年版)》(GB 50011—2010)和《混凝土结构设计规范(2015 年版)》(GB 50010—2010)有关的要求进行构件截面抗震验算。

1)框架梁

(1)框架梁的正截面受弯承载力验算。矩形截面或翼缘位于受拉边的 T 形截面梁,其正截面受弯承载力应按下列公式验算(图 7-27):

$$M_b \leqslant \frac{1}{\gamma_{RE}}\left[\alpha_1 f_c bx\left(h_0 - \frac{x}{2}\right) + f_y' A_s'(h_0 - a_s')\right] \tag{7-21}$$

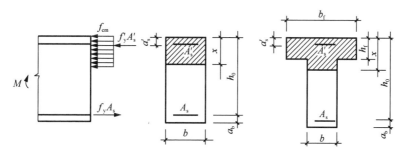

图 7-27　梁截面的有关参数

此时,受压区高度 x 由下式确定:

$$x = (f_y A_s - f_y' A_s') / \alpha_1 f_c b \tag{7-22}$$

式中: α_1——受压区混凝土矩形应力图的应力值与混凝土轴心抗压强度设计值的比值。当混凝土强度等级不超过 C50 时, α_1 取为 1.0;当混凝土强度等级为 C80 时, α_1 取为 0.94;其他按线性内插法确定。

混凝土受压区高度应符合下列要求:

一级　　　　　　　　　　　　　　　$x \leqslant 0.25 h_0$

二、三级　　　　　　　　　　　　　$x \leqslant 0.35 h_0$

同时　　　　　　　　　　　　　　　$x \geqslant 2a'$

翼缘位于受压区的 T 形截面梁,当符合下式条件时,按宽度为 b_f' 的矩形截面计算。

$$f_y A_s \leqslant \alpha_1 f_c b_f' h_f' + f_y' A_s' \tag{7-23}$$

不符合公式(7-23)条件时,其正截面受弯承载力应按下列公式验算:

$$M_b \leqslant \frac{1}{\gamma_{RE}}\left[\alpha_1 f_c bx\left(b_0 - \frac{x}{2}\right) + \alpha_1 f_c (b_f' - b)\left(b_0 - \frac{h_f'}{2}\right)h_f' + f_y' A_s'(b_0 - a_s')\right] \tag{7-24}$$

此时,受压区高度 x 由下式确定:

$$\alpha_1 f_c [bx + (b_f' - b)h_f'] = f_y A_s - f_y' A_s' \tag{7-25}$$

式中: γ_{RE}——承载力抗震调整系数,取为 0.75。

梁的实际正截面承载力可按下式确定：

$$M_{by}^{a} = f_{yk} A_{s}^{a} (h_0 - a_s')$$（7-26）

（2）框架梁的斜截面受剪承载力验算：

$$V_b \leqslant \frac{1}{\gamma_{RE}} \left(0.42 f_t b h_0 + 1.2 f_{yv} \frac{A_{sy}}{S} h_0 \right)$$（7-27）

且

$$V_b \leqslant \frac{1}{\gamma_{RE}} (0.2 \beta_c f_c b h_0)$$（7-28）

式中：β_c——混凝土强度影响系数。当混凝土强度等级不超过 C50 时，β_c 取为 1.0；当
混凝土强度等级为 C80 时，β_c 取为 0.8；其间按线性内插法确定。

对于集中荷载作用下的框架梁（包括有多种荷载，且集中荷载对节点边缘产生的剪
力值占总剪力值的 75% 以上的情况），其斜截面受剪承载力应按下式验算：

$$V_b \leqslant \frac{1}{\gamma_{RE}} \left(\frac{1.05}{\lambda+1} f_t b h_0 + f_{yv} \frac{A_{sv}}{S} h_0 \right)$$（7-29）

式中：γ_{RE}——承载力抗震调整系数，取为 0.85；

λ——梁的剪跨比。当 $\lambda > 3$ 时，取 $\lambda = 3$；当 $\lambda < 1.5$ 时，取 $\lambda = 1.5$。

2）框架柱

（1）正截面受弯承载力验算。矩形截面柱正截面（图 7-28）受弯承载力应按下列公
式验算：

$$\eta M_c \leqslant \frac{1}{\gamma_{RE}} \left[\alpha_1 f_c b x \left(h_0 - \frac{x}{2} \right) + f_y' A_s' (h_0 - a_s') \right] - 0.5 N (h_0 - a_s)$$（7-30）

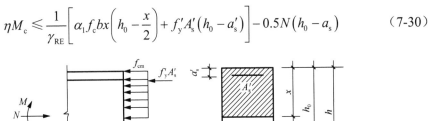

图 7-28 矩形截面柱正截面

此时，受压高度 x 由下式确定：

$$N = (\alpha_1 f_c b x + f_y' A_s' - \sigma_s A_s) / \gamma_{RE}$$（7-31）

式中：γ_{RE}——承载力抗震调整系数，一般为 0.8，轴压比小于 0.15 时，取为 0.75。

η——偏心距增大系数，一般不考虑。

σ_s——受拉边或受压较小边钢筋的应力，当 $\xi = x / h_0 \leqslant \xi_b$ 时（大偏心受压），取
$\sigma_s = f_y$；当 $\xi > \xi_b$ 时（小偏心受压）。

$$\sigma_s = \frac{f_y}{\xi_b - 0.8} \left(\frac{x}{h_0} - 0.8 \right)$$（7-32）

当 $\xi > h / h_0$ 时，取 $x = h$，σ_s 仍用计算的 ξ 值按式（7-32）计算。

其中，对于有屈服强度的钢筋（热轧钢筋、冷拉钢筋）：

$$\xi_b = \frac{\beta_c}{1 + \dfrac{f_y}{0.0033E_s}} \tag{7-33}$$

柱的实际正截面承载力可按下式确定：

$$M_{cy}^a = f_{yk} A_s^a (h_0 - a_s') + 0.5 N_G h \left(1 - \frac{N_G}{\alpha_1 f_{ck} bh}\right) \tag{7-34}$$

（2）斜截面受剪承载力验算。

$$V_c \leqslant \frac{1}{\gamma_{RE}} \left(\frac{1.05}{\lambda + 1} f_t bh_0 + f_{yv} \frac{A_{sv}h_0}{s} + 0.056N\right) \tag{7-35}$$

且

$$V_c \leqslant \frac{1}{\gamma_{RE}} (0.2 f_c bh_0) \tag{7-36}$$

式中：N——考虑地震作用组合的柱轴压力设计值，当 $N > 0.3 f_c bh$ 时，取 $N = 0.3 f_c bh$。

　　　λ——框架柱的计算剪跨比，$\lambda = M^c / (V^c h_0)$，应按柱端截面组合的弯矩计算值 M^c、对应的截面组合剪力计算值 V^c 及截面有效高度 h_0 确定，并取上下端计算结果的较大者；反弯点位于柱高中部的框架柱可按柱净高与 2 倍柱截面高度之比计算；当 $\lambda < 1$ 时，取 $\lambda = 1$；当 $\lambda > 3$ 时，取 $\lambda = 3$。

　　　γ_{RE}——承载力抗震调整系数，取为 0.85。

3）框架节点

（1）一般框架梁柱节点。节点核心区组合的剪力设计值，应符合下列要求：

$$V_j \leqslant \frac{1}{\gamma_{RE}} (0.30 \eta_j f_c b_j h_j) \tag{7-37}$$

式中：η_j——正交梁的约束影响系数，楼板为现浇，梁柱中线重合，四侧各梁截面宽度不小于该侧柱截面宽度的 1/2，且正交方向梁高度不小于框架梁高度的 3/4 时，可采用 1.5，烈度为 9 度的一级宜采用 1.25，其他情况均可采用 1.0；

　　　h_j——节点核心区的截面高度，可采用验算方向的柱截面高度；

　　　γ_{RE}——承载力抗震调整系数，取用 0.85。

若为一、二、三级框架，节点核心区截面应按下列公式进行抗震验算（图 7-29）：

$$V_j \leqslant \frac{1}{\gamma_{RE}} \left(0.1 \eta_j f_t b_j h_j + f_{yv} A_{svj} \frac{h_{b0} - a_s'}{s} + 0.05 \eta_j N \frac{b_j}{b_c}\right) \tag{7-38}$$

且

$$V_j \leqslant \frac{1}{\gamma_{RE}} (0.3 \eta_j f_c b_j h_j) \tag{7-39}$$

烈度为 9 度时

$$V_j \leqslant \frac{1}{\gamma_{RE}}\left(0.9\eta_j f_t b_j h_j + f_{yv} A_{svj}\frac{h_{b0}-a'_s}{S}\right) \qquad (7\text{-}40)$$

式中：b_j——节点核心区的截面验算宽度，随验算方向梁、柱截面宽度比值变动，当 $b_b \geqslant$
　　　　0.5b_c 时，取 $b_j = b_c$；当 $b_b < 0.5b_c$ 时，取 $b_j = b_b + 0.5h_c$ 和 $b_j = b_c$ 较小值；当
　　　　梁、柱中线不重合且偏心距不大于柱宽的 1/4 时，柱配筋宜沿柱全高加密。

　　　N——对应于重力荷载代表值的上柱轴向压力，其值不应大于 $0.5f_c b_c h_c$，当 N 为
　　　　拉力时，取 $N = 0$。

　　　A_{svj}——核心区验算宽度 b_j 范围内同一截面验算方向各肢箍筋的总截面面积。

　　　S——箍筋间距。

　　　h_j——节点核心区的截面高度，可采用验算方向的柱截面高度。

$$b_j = 0.5(b_b + b_c) + 0.25h_c - e \qquad (7\text{-}41)$$

其中：e——梁与柱中线偏心距。

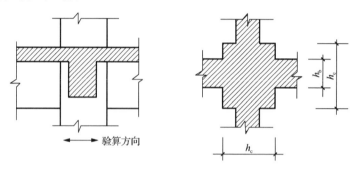

图 7-29　节点截面参数

（2）圆柱框架的梁柱节点。梁中线与柱中线重合时，圆柱框架梁柱节点核心区组合
的剪力设计值应符合下式的要求：

$$V_j \leqslant \frac{1}{\gamma_{RE}}(0.30\eta_j f_c A_j) \qquad (7\text{-}42)$$

式中：η_j——正交梁的约束影响系数，其中柱截面宽度按柱直径采用。

　　　A_j——节点核心区的有效截面面积，梁宽 b_b 不小于柱直径 D 的一半时，取 $A_j =$
　　　　$0.8D^2$；梁宽 b_b 小于柱直径 D 的一半但不小于 $0.4D$ 时，取 $A_j = 0.8D(b_b +$
　　　　$D/2)$。

当梁中线与柱中线重合时，圆柱框架梁柱节点核心区截面抗震受剪承载力应采用下
列公式验算：

$$V_j \leqslant \frac{1}{\gamma_{RE}}\left(1.5\eta_j f_t A_j + 0.05\eta_j \frac{N}{D^2}A_j + 1.57f_{yv}A_{sh}\frac{h_{b0}-a'_s}{s} + f_{yv}A_{svj}\frac{h_{b0}-a'_s}{s}\right)$$

烈度为 9 度时

$$V_j \leqslant \frac{1}{\gamma_{RE}}\left(1.2\eta_j f_t A_j + 1.57f_{yv}A_{sh}\frac{h_{b0}-a'_s}{s} + f_{yv}A_{svj}\frac{h_{b0}-a'_s}{s}\right) \qquad (7\text{-}43)$$

式中：　A_{sh}——单根圆形箍筋的截面面积；

　　　　A_{svj}——同一截面验算方向的拉筋和非圆形箍筋的总截面面积；

　　　　D——圆柱截面直径；

　　　　N——轴向力设计值，按一般梁柱节点的规定取值。

7.4　钢筋混凝土抗震墙结构抗震设计

7.4.1　抗震墙的破坏形态

1. 单肢抗震墙的破坏形态

单肢墙，也包括小开洞墙，不包括联肢墙，但弱连梁连系的联肢墙墙肢可视作若干个单肢墙。弱连梁联肢墙是指在地震作用下各层墙段截面总弯矩不小于该层及以上连梁总约束弯矩 5 倍的联肢墙。悬臂抗震墙随着墙高 H_w 与墙宽 l_w 比值的不同，大致有以下几种破坏形态：

（1）弯曲破坏［图 7-30（a）］。此种破坏多发生在 $H_w/l_w>2$ 时，墙的破坏发生在下部的一个范围内［图 7-30（a）的②］，虽然该区段内也有斜裂缝，但它是绕 A 点斜截面受弯，其弯矩与根部正截面①的弯矩相等，若不计水平腹筋的影响，该区段内竖筋（受弯纵筋）的拉力也几乎相等。这是一种理想的塑性破坏，塑性区长度也比较大，要力争实现。为防止在该区段内过早地发生剪切破坏，其受剪配筋及构造应加强，所以该区又称抗剪加强部位。加强部位高度 h_s 取 $H_w/8$ 或 l_w 两者中的较大值。有框支层时，还应不小于到框支层上一层的高度。

（2）剪压型剪切破坏［图 7-30（b）］。此种破坏发生在 H_w/l_w 为 1～2 时，斜截面上的腹筋及受弯纵筋也都屈服，最后以剪压区混凝土破坏而达到极限状态。为避免发生这种破坏，构造上应加强措施，如墙的水平截面两端设端柱等，以增强混凝土的剪压区。在截面设计上要求剪压区不宜太大。

（3）斜压型剪切破坏［图 7-30（c）］。此种破坏发生在 $H_w/l_w<1$ 时，往往发生在框支层的落地抗震墙上。这种形态的斜裂缝将抗震墙划分成若干个平行的斜压杆，延性较差，在墙板周边应设置梁（或暗梁）和端柱组成的边框加强。此外，试验表明，如能严格控制截面的剪压比，则可以使斜裂缝较为分散且细，可以吸收较大地震能量而不致发生突然的脆性破坏。在矮的抗震墙中，竖向腹筋虽不能像水平腹筋那样直接承受剪力，但也很重要，它的拉力 T 用来平衡 ΔV 引起的弯矩，或是与斜压力 C 合成后与 ΔV 平衡［图 7-30（c）］。

（4）滑移破坏［图 7-30（d）］。此种破坏多发生在新旧混凝土施工缝的地方。在施工缝处应增设插筋并进行验算。

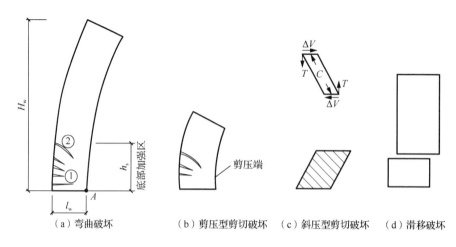

（a）弯曲破坏　　　　（b）剪压型剪切破坏　（c）斜压型剪切破坏　（d）滑移破坏

图 7-30　抗震墙的破坏形态

2. 双肢墙的破坏形态

抗震墙经过门窗洞口分割之后，形成了联肢墙。洞口上下之间的部位称为连梁，洞口左右之间的部位称为墙肢，两个墙肢的联肢墙称为双肢墙。墙肢是联肢墙的要害部位，双肢墙在水平地震力作用下，一肢处于压、弯、剪，而另一肢处于拉、弯、剪的复杂受力状态，墙肢的高宽比也不会太大，容易形成受剪破坏，延性要差一些。双肢墙的破坏和框架柱一样，可以分为"弱梁型"及"弱肢型"。弱肢型破坏是墙肢先于连梁破坏，因为墙肢以受剪破坏为主，延性差，连梁也不能充分发挥作用，是不理想的破坏形态。弱梁型破坏是连梁先于墙肢屈服，因为连梁仅是受弯受剪，容易保证形成塑性铰转动而吸收地震变形能，从而也减轻了端肢的负担。所以联肢墙的设计应把连梁放在抗震第一道防线，在连梁屈服之前，不允许墙肢破坏。而连梁本身还要保证能做到受剪承载力高于弯曲承载力，概括起来就是"强肢弱梁"和"强剪弱弯"。

国内双肢墙的抗震试验还表明，当墙的一肢出现拉力时，拉肢刚度降低，内力将转移集中到另一墙肢（压肢）。这也应引起注意。

7.4.2　抗震墙的内力设计值

有些部位或部件的抗震墙的内力设计值是按内力组合结果取值的，但是也有一些部位或部件为了实现"强肢弱梁""强剪弱弯"的目标，或为了把塑性铰限制发生在某个指定的部位，它们的内力设计值有专门的规定。

1. 弯矩设计值

一级抗震等级的单肢墙，其正截面弯矩设计值不完全依照静力法求得的设计弯矩图，而是按照图 7-31 的简图。具体做法是，底部加强部位各截面均应按墙底组合的弯矩设计值采用，墙顶截面弯矩设计值应按顶部的约束弯矩设计值采用，中间各截面的弯矩值应按上述两者间的线性变化采用。

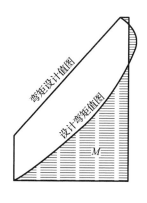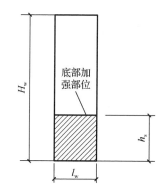

图 7-31　单肢墙的弯矩设计值图

这样的弯矩设计值图有三个特点：

（1）该弯矩设计图基本上接近弹塑性动力法的设计弯矩包络图。

（2）在底部加强部位，弯矩设计值为定值，考虑了该部位内出现斜截面受弯的可能性。

（3）在底部加强部位以上的一般部位，弯矩设计值与设计弯矩图相比，有较多的余量，因而大震时塑性铰必然发生在 h_s 范围内，这样可以吸收大量的地震能量，缓和地震作用。如果按设计弯矩图配筋，弯曲屈服就可能沿墙任何高度发生。为保证墙的延性，就要在整个墙高采取较严格的构造措施，这是很不经济的。但是应注意，底部加强部位的最上部截面按纵向钢筋实际截面面积和材料强度标准值计算的实际的正截面承载力不应大于相邻的一般部位实际的正截面承载力。

2. 剪力设计值

为保证大地震时塑性铰发生在 h_s 范围内，应满足"强剪弱弯"的条件，使墙体弯曲破坏先于剪切破坏发生。为此，一、二、三级抗震墙底部加强部位，其截面组合的剪力设计值 V 应按下式调整：

$$V = \eta_{vw} V_w$$

烈度为 9 度时还应符合

$$V = 1.1(M_{wua}/M_w)V_w \tag{7-44}$$

式中：V——抗震墙底部加强部位截面组合的剪力设计值；

$\quad\quad V_w$——抗震墙底部加强部位截面组合的剪力计算值；

$\quad\quad M_{wua}$——抗震墙底部截面实配的抗震受弯承载力所对应的弯矩值，根据实配纵向钢筋面积、材料强度标准值和轴力等计算，有翼墙时应计入墙两侧各一倍翼墙厚度范围内的纵筋；

$\quad\quad M_w$——抗震墙底部截面组合的弯矩设计值；

$\quad\quad \eta_{vw}$——抗震墙剪力增大系数，一级为 1.6，二级为 1.4，三级为 1.2。

3. 抗震墙在偏心竖向荷载作用下的计算

偏心竖向荷载可能随梁的集中荷载或随墙的截面而变化。

假定竖向荷载沿高度均匀分布，对于双肢墙（图 7-32、图 7-33），计算方法如下。

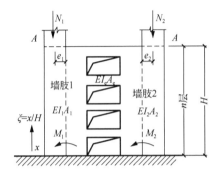

图 7-32 双肢体的荷载分布

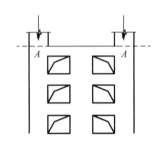

图 7-33 双肢墙的轴向荷载

连梁剪力：

$$V_i = K_0 \eta_1 \tag{7-45}$$

连梁弯矩：

$$M_i = \frac{K_0 \eta_1 l}{2} \tag{7-46}$$

其中，η_1 由图 7-34 查出；K_0 计算式为

$$K_0 = \frac{S}{I}\left[P_2\left(-e_2 + \frac{I_1 + I_2}{aA_2}\right) - P_1\left(e_1 + \frac{I_1 + I_2}{aA_2}\right)\right] \tag{7-47}$$

式中：P_1、P_2——各层平均竖向荷载，$P_1 = N_1 / n$，$P_2 = N_2 / n$；

$$I = I_1 + I_2 + Sa$$

$$S = \frac{aA_1 A_2}{A_1 + A_2}$$

墙肢弯矩：

$$M_j = \frac{I_j}{I_1 + I_2}\frac{H}{h}[(1-S)(P_1 e_1 + P_2 e_2) - K_0 a\eta_2] \quad (j=1,2) \tag{7-48}$$

墙肢轴力：

$$M_j = \frac{H}{h}[-P_j(1-S) \pm K_0 \eta_2] \quad (j=1,2) \tag{7-49}$$

式中：η_2——值由图 7-35 查出；

j——墙肢序号。

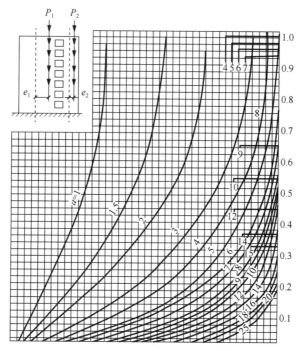

图 7-34　计算连梁剪力及弯矩的系数 η_1
（墙肢承受竖向偏心荷载）

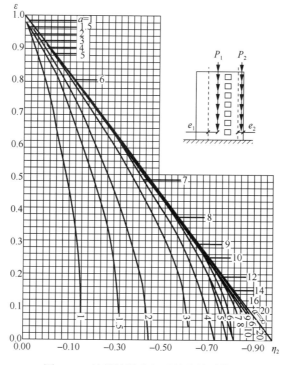

图 7-35　计算墙肢弯矩及轴力的系数 η_2
（墙肢承受竖向偏心荷载）

当为多肢墙时，端部可取相邻两墙肢按双肢墙计算，中间各墙肢可近似取左右两次计算结果的平均值。

7.4.3　抗震墙结构的抗震构造措施

抗震墙的厚度，一、二级不应小于 160mm 且不应小于层高的 1/20，三、四级不应小于 140mm 且不应小于层高的 1/25。底部加强部位的墙厚，一、二级不宜小于 200mm 且不宜小于层高的 1/16；无端柱或翼墙时不应小于层高的 1/12。抗震墙厚度大于 140mm 时，竖向和横向分布钢筋应双排布置；双排分布钢筋间拉筋的间距不应大于 600mm，直径不应小于 6mm；在底部加强部位，边缘构件以外的拉筋间距应适当加密。

抗震墙竖向、横向分布钢筋的配筋，应符合下列要求：一、二、三级抗震墙的竖向和横向分布钢筋最小配筋率均不应小于 0.25%；四级抗震墙不应小于 0.20%；钢筋最大间距不应大于 300mm，最小直径不应小于 8mm；部分框支抗震墙结构的抗震墙底部加强部位，纵向及横向分布钢筋配筋率均不应小于 0.3%，钢筋间距不应大于 200mm；抗震墙竖向、横向分布钢筋的钢筋直径不宜大于墙厚的 1/10。

一级和二级抗震墙，底部加强部位在重力荷载代表值作用下墙肢的轴压比，一级（烈度为 9 度）时不宜超过 0.4，一级（烈度为 8 度）时不宜超过 0.5，二级不宜超过 0.6。

抗震墙两端和洞口两侧应设置边缘构件，并应符合下列要求：抗震墙结构，一、二级抗震墙底部加强部位及相邻的上一层应设置约束边缘构件，但墙肢底截面在重力荷载代表值作用下的轴压比小于表 7-10 所示的规定值时可设置构造边缘构件；部分框支抗震墙结构，一、二级落地抗震墙底部加强部位及相邻的上一层的两端应设置符合约束边缘构件要求的翼墙或端柱，洞口两侧应设置约束边缘构件；不落地抗震墙应在底部加强部位及相邻的上一层的墙肢两端设置约束边缘构件；一、二级抗震墙的其他部位和三、四级抗震墙，均应构造设置边缘构件。

表 7-10　抗震墙设置构造边缘构件的最大轴压比

等级或烈度	一级（9 度）	一级（8 度）	二级
轴压比	0.1	0.2	0.3

抗震墙的约束边缘构件包括暗柱、端柱和翼墙（图 7-36）。约束边缘构件沿墙肢的长度 l_c 和配箍特征值 λ_v 应符合表 7-11 的要求，一、二级抗震墙约束边缘构件在设置箍筋范围内（即图 7-36 中阴影部分）的纵向钢筋配筋率，分别不应小于 1.2% 和 1.0%。

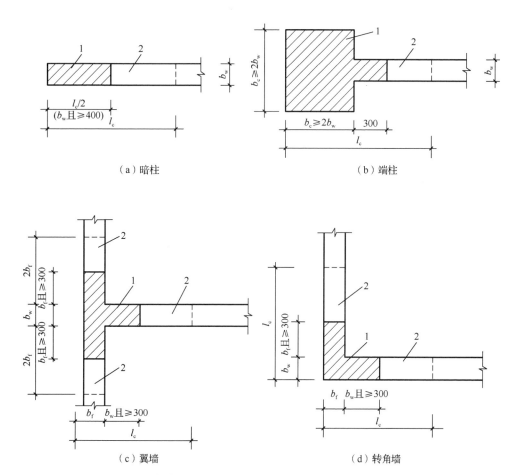

（a）暗柱　　　　　　　　　　　　　（b）端柱

（c）翼墙　　　　　　　　　　　　　（d）转角墙

1—配箍特征值为 λ_v 的区域；2—配箍特征值为 $\lambda_v/2$ 的区域。

图 7-36　抗震墙的约束边缘构件（单位：mm）

表 7-11　约束边缘构件沿墙肢的长度 l_c 及其配箍特征值 λ_v

项　目	一级（9 度）		一级（7、8 级）		二、三级	
	$\lambda \leqslant 0.2$	$\lambda > 0.2$	$\lambda \leqslant 0.3$	$\lambda > 0.3$	$\lambda \leqslant 0.4$	$\lambda > 0.4$
l_c（暗柱）	$0.20 h_w$	$0.25 h_w$	$0.15 h_w$	$0.20 h_w$	$0.15 h_w$	$0.20 h_w$
l_c（翼墙或端柱）	$0.15 h_w$	$0.20 h_w$	$0.10 h_w$	$0.15 h_w$	$0.10 h_w$	$0.15 h_w$
λ_v	0.12	0.20	0.12	0.20	0.12	0.20

注：1. 抗震墙的翼墙长度小于其 3 倍厚度或端柱截面边长小于 2 倍墙厚时，视为无翼墙、无端柱。

2. l_c 为约束边缘构件沿墙肢的长度，不应小于表内数值、$0.15 h_w$ 和 450mm 三者的最大值；有翼墙或端柱时，还不应小于翼墙厚度或端柱沿墙肢方向的截面高度加 300mm。

3. λ_v 为约束边缘构件的配箍特征值，计算配箍率时，箍筋或拉筋抗拉强度设计值超过 360N/mm² 时，应按 360N/mm² 计算；箍筋或拉筋沿竖向间距，一级不宜大于 100mm，二级不宜大于 150mm。

4. h_w 为抗震墙墙肢长度。

　　抗震墙的构造边缘构件的范围，宜按图 7-37 采用；构造边缘构件的配筋应满足受弯承载力要求，并宜符合表 7-12 的要求。

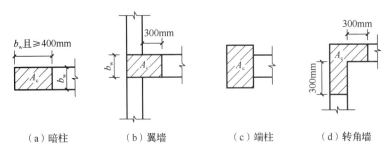

（a）暗柱　　　（b）翼墙　　　（c）端柱　　　（d）转角墙

图 7-37　抗震墙的构造边缘构件范围

表 7-12　构造边缘构件的构造配筋要求

抗震等级	底部加强部位			其他部位		
	纵向钢筋最小量（取较大值）	箍筋		纵向钢筋最小量	拉筋	
		最小直径/mm	最大间距/mm		最小直径/mm	最大间距/mm
一	$0.010 A_c$，$6 \phi 16$	8	100	$6 \phi 14$	8	150
二	$0.008 A_c$，$6 \phi 14$	8	150	$6 \phi 12$	8	200
三	$0.005 A_c$，$4 \phi 12$	6	150	$4 \phi 12$	6	200
四	$0.005 A_c$，$4 \phi 12$	6	200	$4 \phi 12$	6	250

注：1. A_c 为计算边缘构件纵向同构钢筋的暗柱或端柱面积；
　　2. 对其他部位，拉筋的水平间距不应大于纵向钢筋间距的 2 倍，转角处宜设置箍筋；
　　3. 当端柱承受集中荷载时，其纵向钢筋、箍筋直径和间距应满足柱的相应要求。

抗震墙的墙肢长度不大于墙厚的 3 倍时，应按柱的要求进行设计，箍筋应沿全高加密；一、二级抗震墙跨高比不大于 2 且墙厚不小于 200mm 的连梁，除普通箍筋外宜另设斜向交叉构造钢筋；顶层连梁的纵向钢筋锚固长度范围内，应设置箍筋。

7.5　钢筋混凝土框架-抗震墙结构抗震设计

7.5.1　框架-抗震墙结构的受力特点

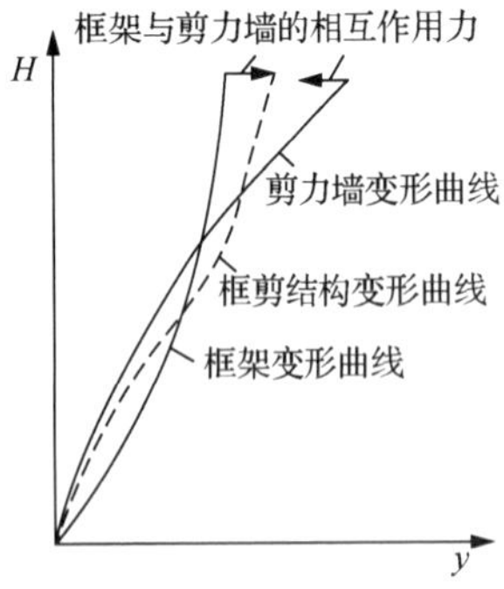

对于纯框架结构，由于柱轴向变形所引起倾覆状的变形影响是次要的，由 D 值法可知，框架结构的层间位移与层间总剪力成正比，自下而上，层间剪力越来越小，因此层间的相对位移，也是自下而上越来越小。这种形式的变形与悬臂梁的剪切变形相一致，故称为剪切型变形。当抗震墙单独承受侧向荷载时，则抗震墙在各层楼面处的弯矩等于该楼面标高处的倾覆力矩，该力矩与抗震墙纵向变形的曲率成正比，其变形曲线将凸向原始位置。由于这种变形与悬臂梁的弯曲变形相一致，故称为弯曲型变形，如图 7-38 所示。

图 7-38　变形曲线对比

抗震墙是竖向悬臂弯曲结构，其变形曲线是悬臂梁型，越向上挠度增加越快［图 7-39（a）］。在普通的抗震墙结构中，所有抗侧力结构都是抗震墙，其侧移曲线类似，所以，水平力在各片抗震墙之间按其等效刚度 E_cI_{eq} 分配。

框架的工作特点是类似于竖向悬臂剪切梁，其变形曲线为剪切型，越向上挠度增加越慢［图 7-39（b）］。在纯框架结构中，所有框架的变形曲线类似，所以，水平力按各框架的抗侧刚度 D 分配。

但是，在框架-抗震墙结构的同一个结构单元中，既有框架，又有抗震墙，它们之间通过平面内刚度很大的楼板连接在一起，各自不再能自由变形，而必须在同一楼层上保持位移相等，因此框架-抗震结构的变形曲线是一条反 S 形曲线［图 7-39（c）］。

在下部楼层抗震墙位移小，它拉着框架按弯曲形曲线变形，抗震墙承担大部分水平力。在上部楼层，抗震墙外倾，框架内收，框架抗震墙按剪切形曲线变形，抗震墙出现负剪力，框架除了负担外荷载产生的水平力外，还要把抗震墙拉回来，承担附加的水平力，因此，即使外荷载产生的顶层剪力很小，框架承受的水平力也很大［图 7-39（d）］。

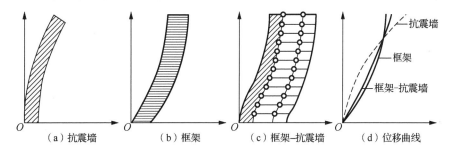

图 7-39　框架-抗震墙结构受力特点

由图 7-40 可见，在框架-抗震墙结构中沿竖向抗震墙与框架水平剪力之比 V_f/V_w 并非常数，它随着楼层标高而变。因此，水平力在框架与抗震墙之间既不能按等效刚度 E_cI_{eq} 分配，也不能按抗侧刚度 D 分配，必须另行计算。

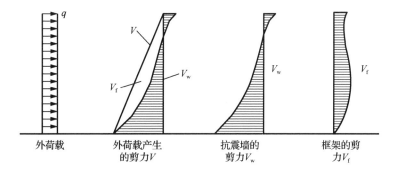

图 7-40　水平力在框架与抗震墙之间分配

因此，在框架-抗震墙结构中的框架受力情况是完全不同于纯框架中的框架受力情况（图 7-41）。在纯框架中，框架受的剪力是下面大，上面小，顶部为零；而在框架-抗震墙结构中框架剪力，却是下部为零，下面小，上面大。

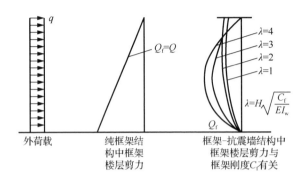

图 7-41　框架的楼层剪力

由图 7-41 可见，纯框架结构中控制截面在下部楼层，而框架-抗震墙结构中的框架，控制截面变为中部楼层甚至是顶部楼层。由此，可得到两个重要推论：①纯框架结构设计完毕后，如果又加上抗震墙，就必须按框架-抗震墙结构重新核算，否则不能保证上部楼层的安全。②在框架结构中，如果有电梯井筒等弯曲型构件，就必须按框架-抗震墙结构计算，不能简单地按纯框架结构计算，不考虑电梯井筒进行内力分析，结果会使中部楼层或上部楼层框架计算内力不符合实际情况且偏于不安全。

7.5.2　基本假设和计算简图

1. 基本假设

在竖向荷载作用下，框架-抗震墙结构在水平地震作用下的内力和侧移分析，按理说是一个复杂的空间超静定问题，要精确计算是比较困难的。

电算时，较规则的框架-抗震墙结构可采用平面抗侧力结构空间协同工作方法计算；开口较大的联肢墙可作为壁式框架考虑，无洞口墙、整截面墙和整体小开口墙可按其等效刚度作为单柱考虑，体型和平面较复杂的结构宜采用三维空间分析方法进行内力与位移计算。

手算时，通常把它简化为一个平面结构来计算，计算时一般采用如下三条假设：
（1）楼板在自身平面内的刚度为无穷大。
（2）结构的刚度中心与质量中心重合，忽略其扭转影响。
（3）不考虑抗震墙和框架柱的轴向变形及基础转动的影响。

2. 计算简图

根据以上假设可推知，当结构受到水平地震作用时，框架和抗震墙在同一楼层处的水平位移相等。

将房屋或变形缝区段内所有与地震方向平行的抗震墙合并在一起，组成"综合抗震墙"，将所有这个方向的框架合并在一起，组成"综合框架"。综合抗震墙和综合框架之间，在楼板标高处用刚性连杆连接，以代替楼板和连系梁的作用。图 7-42（a）是以防震缝划分的一个结构单元平面，这是一个框架-抗震墙结构体系，它可以简化为图 7-42（b）、图 7-42（c）所示的计算简图。

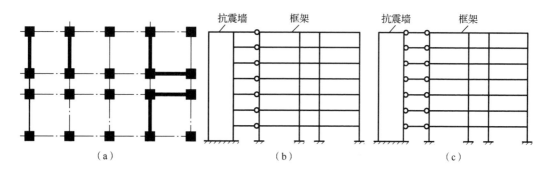

图 7-42　框架-抗震墙结构的简化模型

7.5.3　框架和抗震墙结构的协同工作分析

1. 刚接连系梁体系

对于如图 7-43（a）所示的有刚接连系梁的框架-抗震墙结构的计算图，若将结构在连系梁的反弯点处切开［图 7-43（b）］，则连系梁中不但有框架和抗震墙之间相互作用的水平力 p_i，而且有剪力 Q_i，它将产生约束弯矩 M_i［图 7-43（c）］。p_i、M_i 也可进一步化为沿高度分布的 $p(x)$、$M(x)$［图 7-43（d）］。因此，对于框架-抗震墙刚接连系梁体系，除了计算水平相互作用下的 $p(x)$ 外（如铰接体系中所讨论的），还需要计算连系梁的梁端约束弯矩 M_i。

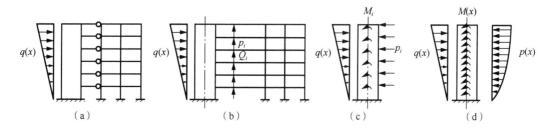

图 7-43　刚接连系梁体系

框架-抗震墙的刚接连系梁，进入抗震墙体部分的刚度可以视为无限大，因此，框架-抗震墙刚接体系的连系梁是在端部带有无限大刚度区段的梁（图 7-44）。

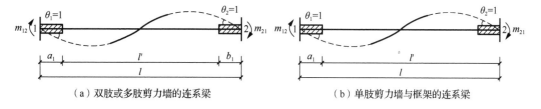

（a）双肢或多肢剪力墙的连系梁　　　　　　（b）单肢剪力墙与框架的连系梁

图 7-44　端部带有无限大刚域区段的梁

根据结构力学，可以推得两端有刚性段梁的梁端约束弯矩系数：

$$\begin{cases} m_{12} = \dfrac{6EI(1+a)}{l(1-a-b)^3} \\[3mm] m_{21} = \dfrac{6EI(1+b-a)}{l(1-a-b)^3} \end{cases} \tag{7-50}$$

式中：m_{12}——在梁端 2 产生单位转角时在梁端 1 所需施加的弯矩；

　　　　m_{21}——在梁端 1 产生单位转角时在梁端 2 所需施加的弯矩。

令 $b=0$，则得到仅左端带有刚性段梁的梁端约束弯矩系数：

$$\begin{cases} m_{12} = \dfrac{6EI(1+a)}{l(1-a)^3} \\[3mm] m_{21} = \dfrac{6EI}{l(1-a)^3} \end{cases} \tag{7-51}$$

相应的梁端约束弯矩为

$$M_{12} = m_{12}\theta, \quad M_{21} = m_{21}\theta$$

注意：在考虑结构协同工作时，假定同一楼层内所有节点的转角 θ 相等。将集中约束弯矩简化为沿结构层高均匀分布的线约束弯矩：

$$m'_{ij} = \frac{M_{ij}}{h} = \frac{m_{ij}}{h}\theta$$

如果同一楼层内 n 个刚接点与抗震墙相连接，则总线弯矩为

$$m = \sum_{k=1}^{n} \left(m'_{ij} \right)_k = \sum_{k=1}^{n} \left(\frac{m_{ij}}{h}\theta \right)_k \tag{7-52}$$

式中：n——连梁根数。

图 7-45 是抗震墙脱离体图，由刚接连系梁约束弯矩在抗震墙 x 高度的截面处产生的弯矩为

$$M_m = -\int_x^H m\,\mathrm{d}x$$

相应的剪力和荷载为

$$\begin{cases} Q_m = -\dfrac{\mathrm{d}M_m}{\mathrm{d}x} = m = \sum\limits_{k=1}^{n} \left(\dfrac{m_{ij}}{h} \right)_k \dfrac{\mathrm{d}y}{\mathrm{d}x} \\[4mm] p_m = -\dfrac{\mathrm{d}Q_m}{\mathrm{d}x} = -\sum\limits_{k=1}^{n} \left(\dfrac{m_{ij}}{h} \right)_k \dfrac{\mathrm{d}^2 y}{\mathrm{d}x^2} \end{cases} \tag{7-53}$$

式中：Q_m、p_m——"等代剪力""等代荷载"，分别代表刚性连系梁的约束弯矩所承担的剪力和荷载。

这样，抗震墙部分所受的外荷载为

$$q_w(x) = q(x) - p(x) - p_m(x) \tag{7-54}$$

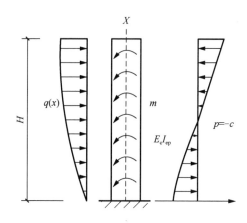

图 7-45　抗震墙脱离体

2. 双肢抗震墙的简化计算

由于双肢抗震墙应用较多，下面介绍双肢墙的一种简化计算。

在双肢抗震墙与框架协同工作分析时，可近似按顶点位移相等条件求出双肢抗震墙换算为无洞口墙的等代刚度，再与其他墙和框架一起协同计算（图 7-46）。

$$E_c I = \frac{1}{\psi}(E_c I_1 + E_c I_2)$$

$$\psi = 1 - \frac{1}{\mu} + \frac{120}{11}\frac{1}{\mu\sigma^2}\left[\frac{1}{3} - \frac{1 + \left(\dfrac{\alpha}{2} - \dfrac{1}{\alpha}\right)\mathrm{sh}\,\alpha}{\alpha^2 \mathrm{ch}\,\alpha}\right]$$

式中：ψ ——可由图 7-47 查得，图中 α 为区别双肢墙整体性的无量纲特征值。

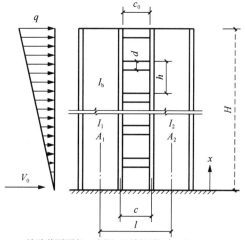

A_1、A_2—墙肢截面面积；当洞口两侧无柱时，取 $c = c_0 + d/2$。

图 7-46　双肢墙的简化

$$\alpha = H\sqrt{\frac{12\gamma lI_b}{c^3 h(I_1 + I_2)}\left[l + \frac{(A_1 + A_2)(I_1 + I_2)}{A_1 A_2 l}\right]}$$

$$\gamma = \frac{1}{1 + 2.8(d/c)^2}$$

式中： γ ——考虑连梁剪切变形对梁抗弯刚度影响的修正系数，当墙或梁的刚度及各层
的层高略有不同时，可用折算法取平均值。

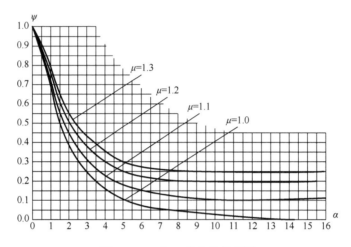

图 7-47 ψ 与 α 的曲线关系图

由协同计算求得双肢墙的基底弯矩，可按基底等弯矩求倒三角分布的等效荷载，然
后用以下方法求双肢墙各部的内力。

（1）求连梁最大剪力：

$$V_{b\max} = V_0 \frac{\phi_{\max}}{I}$$

$$I = I_1 + I_2 + ml$$

$$m = \frac{l}{\dfrac{1}{A_1} + \dfrac{1}{A_2}}$$

式中： V_0 ——按倒三角形荷载求得的双肢墙基剪力；

$\phi_{\max}$ ——可由图 7-48 查得。

（2）求连梁最大受剪承载力：

$$V_{b\max} \leqslant 0.15 f_c b h_0$$

梁高跨比大于 2.5 时

$$V_{b\max} \leqslant 0.20 f_c b h_0$$

式中： bh_0 ——连梁有效截面面积。

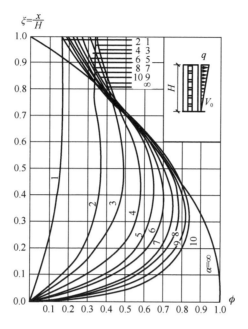

图 7-48　剪力系数 ϕ 与 ξ 的关系曲线

思　考　题

1．多层和高层钢筋混凝土结构的震害有哪些？有哪些抗震薄弱环节？在设计中应如何采取对策？

2．抗震概念设计在多层及高层钢筋混凝土结构设计时具体是如何体现的？概念设计与计算设计的关系是什么？

3．抗震设计为什么要限制各类结构体系的最大高度？

4．多层及高层钢筋混凝土结构设计时为什么要划分抗震等级？是如何划分的？

5．框架结构、抗震墙结构和框架-抗震墙结构房屋的结构布置应着重解决哪些问题？

6．如何计算在水平地震作用下框架结构的内力和位移？

7．在计算竖向荷载下框架结构的内力时要注意哪些方面的问题？

8．抗震墙结构的抗震构造措施有哪些？

9．简述框架-抗震墙结构的受力特点。

第8章 隔震、减震与结构控制

8.1 结构抗震设计思想理论演变

由震源产生的地震力，通过一定途径传递到建筑物所在场地，引起结构的地震反应。一般来说，建筑物的地震位移反应沿高度从下向上逐级加大，而地震内力则自上而下逐级增加。当建筑结构某些部分的地震力超过该部分所能承受的力时，结构就将产生破坏。

在抗震设计的早期，人们曾企图将结构物设计为"刚性结构体系"。这种体系的结构地震反应接近地面地震运动，一般不发生结构强度破坏。但这样做的结果必然导致材料的浪费，诚如著名的地震工程专家 Rosenblueth 所说的那样："为了满足我们的要求，人类所有财富可能都是不够的，大量的一般结构将成为碉堡。"作为刚性结构体系的对立体系，人们还设想了"柔性结构体系"，即通过大大减小结构物的刚性来避免结构与地面运动发生类共振，从而减轻地震力。但是，这种结构体系在地震动作用下结构位移过大，在较小的地震时即可能影响结构的正常使用，同时，将各类工程结构都设计为柔性结构体系，也存在实践上的困难。长期的抗震工程实践证明：将一般结构物设计为"延性结构"是适宜的。通过适当控制结构物的刚度与强度，使结构构件在强烈地震时进入非弹性状态后仍具有较大的延性，从而可以通过塑性变形消耗地震能量，使结构物至少保证"坏而不倒"，这就是对"延性结构体系"的基本要求。在现代抗震设计中，实现延性结构体系设计是工程师所追求的抗震基本目标。

然而，延性结构体系的结构，仍然是处于被动地抵御地震作用的地位。对于多数建筑物，当遭遇相当于当地基本烈度的地震袭击时，结构即可能进入非弹性破坏状态，从而导致建筑物装修与内部设备的破坏，造成巨大的经济损失。对于某些生命线工程（如电力、通信部门的核心建筑），结构及内部设备的破坏可以导致生命线网络的瘫痪，所造成的损失更是难以估量。所以，随着现代化社会的发展、各种昂贵设备在建筑物内部配置的增加，延性结构体系的应用也有了一定的局限性。面对新的社会要求，各国地震工程学家一直在寻求新的结构抗震设计途径。以隔震、减震、制振技术为特色的结构控制设计理论与实践，便是这种努力的结果。

隔震，是通过某种隔离装置将地震动与结构隔开，以达到减小结构振动的目的。隔震方法主要有基底隔震和悬挂隔震等类型。

减震，是通过采用一定的耗能装置或附加子结构吸收或消耗地震传递给主体结构的能量，从而减轻结构的振动。减震方法主要有耗能减震、吸振减震、冲击减震等类型。

狭义的制振技术又称结构主动控制。它是通过自动控制系统主动地给结构施加控制力，以期达到减小结构振动的目的。

目前，结构隔震技术已基本进入实用阶段，而对于减震与制振技术，则正处于研究、探索并部分应用于工程实践的时期。

8.2　隔震原理与方法

8.2.1　建筑隔震技术原理

这里主要介绍基底隔震方法。基底隔震的基本思想是在结构物地面以上部分的底部设置隔震层,使之与固结于地基中的基础顶面分离开,从而限制地震动向结构物的传递。大量试验研究工作表明:合理的结构隔震设计一般可使结构的水平地震加速度反应降低 60%左右,从而可以有效地减轻结构的地震破坏,提高结构物的地震安全性。

隔震的技术原理可以用图 8-1 进一步阐明。图中所示为一般的地震反应谱。首先,隔震层通常具有较大的阻尼,从而使结构所受地震作用较非隔震结构有较大的衰减。其次,隔震层具有很小的侧移刚度,从而大大延长了结构物的周期,因而,结构加速度反应得到进一步降低 [图 8-1(a)]。与此同时,结构位移反应在一定程度上有所增加 [图 8-1(b)]。

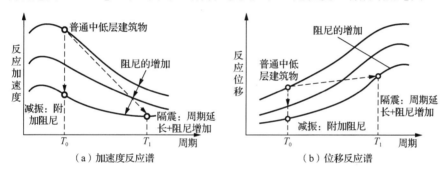

图 8-1　隔震原理

鉴于上述技术原理,在进行基底隔震结构设计时应注意:

(1)在满足必要的竖向承载力的前提下,隔震装置的水平刚度应尽可能小,以使结构周期尽可能远离地震动的卓越周期范围。

(2)保证隔震结构在强风作用下不致有太大的位移。为此,通常要求在隔震结构系统底部安装风稳定装置或用阻尼器与隔震装置联合构成基底隔震系统。

8.2.2　建筑隔震设计方法

1. 动力分析模型

隔震建筑系统的动力分析模型可根据具体情况选用单质点模型、多质点模型,甚至空间分析模型。当上部结构侧移刚度远大于隔震层的水平刚度时,可以近似认为上部结构是一个刚体,从而将隔震结构简化为单质点模型进行分析,其动力平衡方程形式为

$$M\ddot{x} + C\dot{x} + K_\mathrm{h}x = -M\ddot{x}_\mathrm{g} \tag{8-1}$$

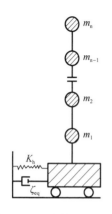

图 8-2 隔震结构计算简图

式中：M——结构的总质量；

C、K_h——隔震层的阻尼系数和水平刚度；

$\ddot{x}$、$\dot{x}$、x——上部简化刚体相对于地面的加速度、速度与位移；

$\ddot{x}_g$——地面加速度时程。

当要求分析上部结构的细部地震反应时，可以采用多质点模型或空间分析模型。这些模型可视为在常规结构分析模型底部加入隔震层简化模型的结果。例如，对于多质点模型，隔震层可以简化为一个水平刚度为 K_h、阻尼系数为 C 的结构层（图 8-2）。

其中，水平动刚度计算式为

$$K_h = \sum_{i=1}^{n} K_i \qquad (8\text{-}2)$$

式中：n——隔震支座数量；

K_i——第 i 个隔震支座的水平动刚度。

等效黏滞阻尼比计算式为

$$\zeta_{eq} = \frac{\sum_{i=1}^{n} K_i \zeta_i}{K_h} \qquad (8\text{-}3)$$

式中：ζ_i——第 i 个隔震支座的等效黏滞阻尼比。

当隔震层有单独设置的阻尼器时，式（8-2）、式（8-3）中应包括阻尼器的等效刚度和相应的阻尼比。

当上部结构的质心与隔震层的刚度中心不重合时，应计入扭转变形的影响。隔震层顶部的梁板结构，对于钢筋混凝土结构应作为其上部结构的一部分进行计算和设计。

2. 隔震层上部结构的抗震计算

隔震层上部结构的抗震计算可采用底部剪力法或时程分析法。采用时程分析法计算时，计算简图可采用剪切型结构模型（图 8-2）。

采用底部剪力法时，隔震层以上结构的水平地震作用，沿高度可采用矩形分布，但应对反应谱曲线的水平地震影响系数最大值进行折减，即乘以水平向减震系数。由于隔震支座并不隔离竖向地震作用，因此竖向地震影响系数最大值不应折减。水平向地震作用的水平向减震系数应按下列规定确定：

（1）一般情况下，水平向减震系数可根据结构隔震与非隔震两种情况下层间剪力的最大比值按表 8-1 确定。水平向减震系数不宜低于 0.25，且隔震后结构的总水平地震作用不得低于非隔震结构在 6 度设防时的总水平地震作用。

表 8-1　层间剪力最大比值与水平向减震系数的对应关系

层间剪力最大比值	0.53	0.35	0.26	0.18
水平向减震系数	0.75	0.50	038	0.25

（2）对于砌体及与其基本周期相当的结构，水平向减震系数可采用下述方法计算：

① 砌体结构的水平向减震系数可根据隔震后整个体系的基本周期按下式确定：

$$\beta = 1.2\eta_2 \left(\frac{T_{gm}}{T_1} \right)^{\gamma} \tag{8-4}$$

② 与砌体结构周期相当的结构，其水平向减震系数可根据隔震后整个体系的基本周期按下式确定：

$$\beta = 1.2\eta_2 \left(\frac{T_g}{T_1} \right)^{\gamma} \left(\frac{T_0}{T_g} \right)^{0.9} \tag{8-5}$$

式中：β——水平向减震系数；

η_2——地震影响系数的阻尼调整系数，根据隔震层等效阻尼确定；

γ——地震影响系数的曲线下降段衰减指数，根据隔震层等效阻尼确定；

T_{gm}——砌体结构采用隔震方案时的设计特征周期，根据本地区所属的设计地震分组按《建筑抗震设计规范（2016 年版）》（GB 50011—2010）确定，但小于 0.4s 时应按 0.4s 采用；

T_g——特征周期；

T_0——非隔震结构的计算周期，当小于特征周期时应采用特征周期的数值；

T_1——隔震后体系的基本周期。对于砌体结构，不应大于 2.0s 和 5 倍特征周期值的较大值；对于与砌体结构周期相当的结构，不应大于 5 倍特征周期值。

砌体结构及与其基本周期相当的结构，隔震后体系的基本周期可按下式计算：

$$T = 2\pi \sqrt{\frac{G}{K_h g}} \tag{8-6}$$

式中：G——隔震层以上结构的重力荷载代表值；

K_h——隔震层的水平动刚度，按式（8-2）确定；

g——重力加速度。

3. 隔震层的设计与计算

（1）设计要求。隔震层宜设置在结构第一层以下的部位，其橡胶隔震支座宜设置在受力较大的位置，间距不宜过大，其规格、数量和分布应根据竖向承载力、侧向刚度和阻尼的要求通过计算确定。隔震层在罕遇地震下应保持稳定，不宜出现不可恢复的变形。隔震支座应进行竖向承载力的验算和罕遇地震下水平位移的验算。

（2）橡胶隔震支座平均压应力限值和拉应力规定。橡胶支座的压应力限值是保证隔震层在罕遇地震作用下强度和稳定的重要指标，它是设计或选用隔震支座的关键因素之一。《建筑抗震设计规范（2016 年版）》（GB 50011—2010）规定，橡胶隔震支座在永久荷载和可变荷载作用下组合的竖向平均压应力设计值，不应超过表 8-2 的规定，且在罕遇地震作用下不宜出现拉应力。

表 8-2　橡胶隔震支座平均压应力限值

建筑类别	甲类建筑	乙类建筑	丙类建筑
平均压应力限值	10	12	15

注：1. 平均压应力设计值应按永久荷载和可变荷载组合计算，对需验算倾覆的结构应包括水平地震作用效应组合；对需进行竖向地震作用计算的结构，还应包括竖向地震作用效应组合。

　　2. 当橡胶支座的第二形状系数（有效直径与各橡胶层总厚度之比）小于 5.0 时，应降低平均压应力限值；小于 5 且不小于 4 时，降低 20%；小于 4 且不小于 3 时，降低 40%。

　　3. 外径小于 300mm 的橡胶支座，其平均压应力限值对丙类建筑为 12MPa。

规定隔震支座中不宜出现拉应力，主要是考虑以下因素：①橡胶受拉后内部出现损伤，降低了支座的弹性性能；②隔震支座出现拉应力，意味着上部结构存在倾覆危险；③橡胶支座在拉伸应力下滞回特性的实物实验尚不充分。

（3）隔震支座在罕遇地震作用下的水平位移验算。罕遇地震下的隔震层刚度中心水平位移宜采用时程分析法计算，对砌体结构及与其基本周期相当的结构，可按下式计算：

$$u_c = \lambda_s \alpha_1(\xi_{eq}) G / K_h \qquad (8-7)$$

式中：u_c——罕遇地震下的隔震层刚度中心处或不考虑扭转时的水平位移；

　　　　λ_s——近场系数，甲、乙类建筑距发震断层 5km 以内取 1.5，5～10km 取 1.255，10km 以外取 1.0，丙类建筑可取 1.0；

　　　　$\alpha_1(\xi_{eq})$——罕遇地震下的地震影响系数值，可根据隔震层参数计算。

　　　　K_h——罕遇地震下隔震层的水平动刚度。

隔震支座在罕遇地震作用下的水平位移，应符合下列要求：

$$u_i \leqslant [u_i] \qquad (8-8)$$

$$u_i = \eta_i u_c \qquad (8-9)$$

式中：u_i——罕遇地震下，第 i 个隔震支座考虑扭转时的水平位移；

　　　　$[u_i]$——第 i 个隔震支座的水平位移限值，对于橡胶支座，不宜超过该支座有效直径的 0.55 倍和支座各橡胶层总厚度的 3.0 倍二者的较小值；

　　　　η_i——第 i 个隔震支座扭转影响系数。

罕遇地震下隔震层的水平位移宜采用时程分析法计算。对砌体结构及与其基本周期相当的结构隔震支座的扭转影响系数，应取考虑扭转和不考虑扭转时第 i 支座计算位移的比值。

当隔震支座的平面布置为矩形或接近矩形时，可按下列方法确定：

① 隔震层以上结构的质心与隔震层刚度中心在两个主轴方向均无偏心时，边支座的扭转影响系数不宜小于 1.15。

② 仅考虑单向地震作用的扭转时，扭转影响系数可按下式估计（图 8-3）：

$$\eta_i = 1 + 12 e s_i / (a^2 + b^2) \qquad (8-10)$$

式中：e——上部结构质心与隔震层刚度中心在垂直于地震作用方向的偏心距；

s_i——第 i 个隔震支座与隔震层刚度中心在垂直于地震作用方向的距离；

a、b——隔震层平面的两个边长。

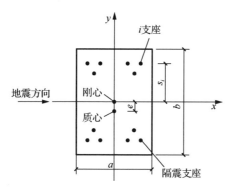

图 8-3 扭转影响示意图

对于边支座，其扭转影响系数不宜小于 1.15；当隔震层和上部结构采取有效的抗扭措施后或扭转周期小于平动周期的 70%时，扭转影响系数可取 1.15。

③ 同时考虑双向地震作用的扭转时，可仍按式（8-10）计算，但其中的偏心距值 e 应采用下面公式中的较大值代替：

$$e = \sqrt{e_x^2 + \left(0.85e_y\right)^2} \tag{8-11a}$$

$$e = \sqrt{e_y^2 + \left(0.85e_x\right)^2} \tag{8-11b}$$

式中：e_x——考虑 y 方向地震作用时的偏心距；

e_y——考虑 x 方向地震作用时的偏心距。

对于边支座，其扭转影响系数不宜小于 1.2。

4. 基础及隔震层以下结构的设计

基础设计时不考虑隔震产生的减震效应，按原设防烈度进行抗震设计。

当隔震层以下有墙、柱等结构时，其地震作用和抗震验算，应采用罕遇地震下隔震支座底部的竖向力、水平力和力矩进行计算。

5. 竖向地震作用的计算

由于目前的橡胶隔震支座对竖向地震几乎没有减震效果，因此，须在隔震建筑设计时考虑这一因素。主要是在隔震层以上结构和隔震层设计中考虑这一因素。

隔震层设计中，竖向平均压应力设计值已包括了竖向地震作用效应。

对于隔震层以上结构，烈度为 9 度时和 8 度时水平向减震系数为 0.25，应进行竖向地震作用的计算；烈度为 8 度时水平向减震系数不大于 0.5，宜进行竖向地震作用的计算。隔震层以上结构底部竖向地震作用标准值为 F_{Evk}，烈度为 8 度和 9 度时可分别取上部结构总重力荷载代表值的 20%和 40%，各楼层可视为质点，按第 3 章的公式计算其竖向地震作用标准值（F_{vi}）。结构构件的地震作用效应和其他荷载效应的基本组合，可按同时考虑水平与竖向地震作用进行。

8.2.3 隔震装置

目前使用最多的隔震结构如图 8-4 所示。通过隔震构件，将上部结构与基础柔软连接。

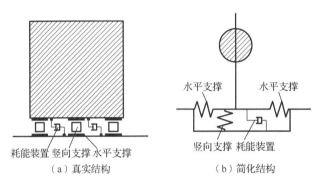

（a）真实结构   （b）简化结构

图 8-4　隔震装置示意

在隔震装置中，隔震支座占有重要地位。通过将不同元件的功能进行组合，或选取不同的设计参数，可以得到多种多样的隔震支座。

隔震支座要求有较大的竖向承载力与竖向刚度，以保证承受上部结构的自重；水平方向上则较为柔软，以保证隔震支座的隔震效果，即应有使建筑物恢复到原位置的刚度，同时应注意保证水平方向有较大的变形能力，以充分发挥隔震效果。除了良好的力学性能，隔震支座还要有良好的耐久性与稳定的质量，以保证其能够长期稳定地承受荷载。为了确保隔震支座的性能正常发挥，应当重视隔震支座的后期维护工作，及时维护、更换。

目前技术比较成熟、有较多工程应用的隔震支座主要有叠层橡胶隔震支座、摩擦摆隔震支座、摩擦滑移隔震支座及弹簧隔震支座。下面对上述常见的隔震支座进行介绍。

1. 叠层橡胶隔震支座

叠层橡胶隔震支座由夹层薄钢板和薄橡胶片相互交错叠置组合而成（图 8-5），是使用最为广泛的隔震支座。

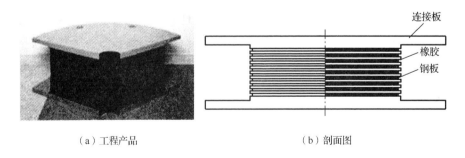

（a）工程产品   （b）剖面图

图 8-5　叠层橡胶隔震支座

如图 8-6 所示，橡胶是一种不可压缩材料（泊松比约为 0.5）。优质橡胶有很好的弹性，可以使支座复位，且变形能力与耐久性优良。在竖向荷载下，若仅使用橡胶材料，橡胶会产生较大的竖向压缩变形，同时会向侧面膨胀，不利于承担竖向荷载；叠层橡胶支座受压时，由于受到内部钢板的约束，橡胶内中心处于三向受压状态，因此整体上具有非常大的竖向刚度，承受的竖向荷载可高达 $2×10^4$kN。当橡胶层与钢板之间有可靠胶结时，支座在竖向压力下的极限状态是内部钢板受拉破坏导致橡胶层失去约束，支座因此破坏，故支座的极限承载力取决于内部钢板的强度。

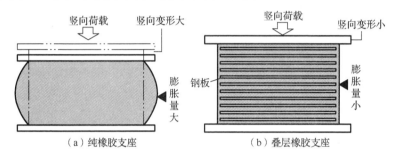

图 8-6　钢板对橡胶层进行约束

当叠层橡胶支座受到剪力作用时，内部钢板不约束橡胶层的剪切变形，因此橡胶片可以充分发挥自身柔软的水平特性，从而产生隔震效果。当上下有一定重叠面积时，叠层橡胶隔震支座可以产生非常大的水平变形而不被破坏。

决定叠层橡胶支座性能的主要参数有直径 D、单层橡胶厚度 t_R 和橡胶层数 n。由这些参数可以求出第 1 形状系数 S_1 和第 2 形状系数 S_2，其定义式分别为

$$S_1 = \frac{橡胶受约束面积(受压面积)}{单层橡胶的自由表面积(侧面积)} \qquad (8\text{-}12\text{a})$$

$$S_2 = \frac{橡胶直径}{橡胶层总厚度} \qquad (8\text{-}12\text{b})$$

S_1 主要与竖向刚度和转动刚度有关，S_2 主要与屈曲荷载和水平刚度有关。对于圆形支座，S_1、S_2 可分别按式（8-13a）和式（8-13b）计算。在计算约束面积和自由表面积时，还要考虑是否有中心孔。

$$S_1 = \frac{\pi D^2/4}{\pi D t_R} = \frac{D}{4t_R} \qquad (8\text{-}13\text{a})$$

$$S_2 = \frac{D}{n t_R} \qquad (8\text{-}13\text{b})$$

天然橡胶隔震支座的阻尼较小，仅能提供一定的水平刚度。为了增加隔震支座的阻尼耗能，进一步提高隔震效果，常见的做法是在橡胶支座中插入铅棒，即铅芯橡胶隔震支座，如图 8-7 所示；或对橡胶材料进行特殊调配，提高其阻尼特性，即高阻尼橡胶隔震支座。

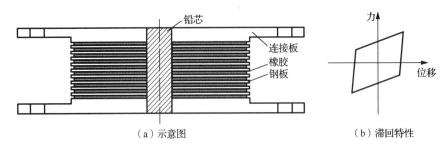

图 8-7 铅芯橡胶隔震支座

铅芯橡胶隔震支座将铅棒插入叠层橡胶支座增加阻尼，其制作的关键点是使铅棒与钢板紧密接触、协同工作。通常的做法是将体积稍大于孔的铅芯强行压入孔中。由于铅的再结晶化特点，阻尼器在受力停止后可恢复原来的受力特性，对于阻尼耗能十分重要。

2. 摩擦摆隔震支座

如图 8-8 所示，摩擦摆隔震支座利用滑动产生的摩擦力作为阻尼。摩擦可以耗散能量并限制位移，通过用曲面代替平面作为摩擦面，使支座可以自动对中，具有自复位能力。通过设计性能稳定且耐久性好的摩擦面，可以使摩擦摆隔震支座按照需要得到良好的性能，增强对结构反应的控制。

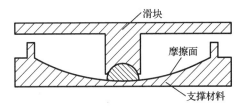

图 8-8 摩擦摆隔震支座

摩擦摆隔震支座的另一突出优点是周期与上部质量无关，仅决定于凹面的曲率半径。以常见的单摆支座为例，周期为

$$T = 2\pi \sqrt{\frac{R}{g}} \tag{8-14}$$

式中：R——摩擦面的曲率半径。

由于隔震结构的隔震效果与隔震结构的特征周期密切相关，可以通过设计摩擦面的曲率半径来对结构周期进行调整，而基本不需要考虑上部结构，这为结构设计提供了更大的自由度。

摩擦摆隔震支座的水平变形能力与支座长度密切相关。为了在有限的支座范围内提供更大的水平变形能力，设计人员研发出了复摆和三摆摩擦摆隔震支座，如图 8-9 所示。

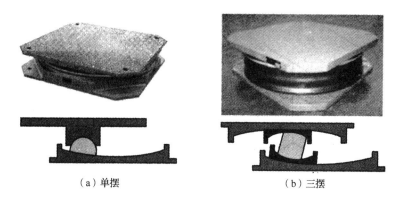

（a）单摆　　　　　　　　　　　（b）三摆

图 8-9　不同类型的摩擦摆隔震支座

3. 摩擦滑移隔震支座

利用水平推力超过摩擦面的摩擦力之后，产生较大变形而耗能的装置称为摩擦滑移隔震支座。早期实践中尝试过使用云母、砂、石墨等材料作为隔震层，现在多采用聚四氟乙烯、不锈钢、陶瓷等，以保证动摩擦因数的稳定。

这类材料最大的特点在于没有明确的周期，对不同周期特性的地震均可起到隔震作用。其最大缺点是缺乏自复位功能，需要额外的复位装置；容易造成位移过大，不利于震后建筑功能的恢复。

由于摩擦滑移隔震支座基本不具有恢复力性能，多数要与叠层橡胶支座共用。通过改变摩擦面滑动材料的性质，并尝试不同的滑动材料与滑动面的组合，可以制作出不同的滑动特性，在使用时需要进行充分的性能评估。

图 8-10 是一种得到实际应用的摩擦滑移隔震支座的模型。这种支座通过设计静摩擦力上限，在小震时仅叠层橡胶隔震支座发生水平变形；当大震发生时，叠层橡胶隔震支座除自身发生水平变形外，还可以在滑移支座上发生滑动，进一步提高隔震效果。

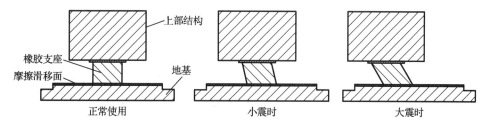

正常使用　　　　　　　　小震时　　　　　　　　大震时

图 8-10　摩擦滑移隔震支座

4. 弹簧隔震支座

以上介绍的几种隔震支座，由于竖向刚度很大，对竖向震动没有隔震效果。弹簧隔震支座利用竖向弹簧减小上部结构在竖向地震下的动力响应，从而起到隔震效果，如图 8-11 所示。为了耗散竖向地震能量，往往还需要设置竖向阻尼器。

除以上介绍的隔震支座外，还有滚动隔震支座。滚动隔震支座主要可分为滚轴隔震和滚珠隔震两种。图 8-12 给出了滚轴隔震支座的构造示意图。由于滚动摩擦（摩擦因数约为 1/1000）远小于滑动摩擦，上部结构受到的水平力非常小，不会产生变形。其缺点主要是水平位移无法控制，没有复位能力，因此需要与橡胶隔震支座联合使用，目前实际工程应用较少。

（a）工程产品　　　　　（b）原理

图 8-11　弹簧隔震支座

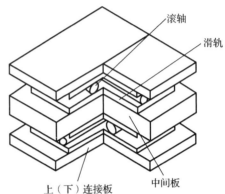

滚轴

滑轨

上（下）连接板　　　中间板

图 8-12　滚轴隔震支座的构造示意图

8.3　减震原理与方法

8.3.1　减震建筑技术原理

消能减震的原理可以从能量的角度来描述，如图 8-13 所示，结构在地震中任意时刻的能量方程如下。

传统抗震结构：

$$E_{in} = E_v + E_c + E_k + E_h \tag{8-15}$$

消能减震结构：

$$E'_{in} = E'_v + E'_c + E'_k + E'_h + E_d \tag{8-16}$$

式中：E_{in}、E'_{in}——地震过程中输入结构体系的能量；

E_v、E'_v——结构体系的动能；

E_c、E'_c——结构体系的黏滞阻尼耗能；

E_k、E'_k——结构体系的弹性应变能；

E_h、E'_h——结构体系的滞回耗能；

E_d——消能（阻尼）装置或耗能元件耗散或吸收的能量。

一般来说，结构的损伤程度与结构的最大变形 Δ_{max} 和滞回耗能（或累积塑性变形）E_h 成正比，可以表达为

$$D = f(\Delta_{max}, E_h) \tag{8-17}$$

在消能减震结构中，由于最大变形 Δ'_{max} 和构件的滞回耗能 E'_h 较之传统抗震结构的最大变形 Δ_{max} 和滞回耗能 E_h 大大减少，因此结构的损伤大大减少。

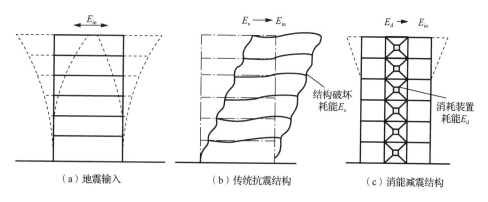

图 8-13　结构能量转换途径对比

8.3.2　减震建筑设计方法

1. 减震结构房屋设计计算的基本内容和步骤

（1）预估结构的位移，并与未采用消能减震结构的位移相比。
（2）求出所需的附加阻尼。
（3）选择消能装置，确定其数量、布置和所能提供的阻尼大小。
（4）设计相应的消能构件。
（5）对消能减震结构体系进行整体分析，判断其是否满足位移控制要求。

2. 消能减震房屋的计算方法

消能减震房屋的计算方法可采用线性分析法或非线性分析法。

（1）当主体结构基本处于弹性工作阶段时，可采用线性方法简化估算，并根据结构的变形特征和高度等，按《建筑抗震设计规范（2016 年版）》（GB 50011—2010）的规定分别采用底部剪力法、振型分解反应谱法和时程分析法。其地震影响系数可根据消能减震结构的总阻尼比按《建筑抗震设计规范（2016 年版）》（GB 50011—2010）的有关规定采用。

（2）一般情况下，宜采用非线性分析方法，即非线性静力分析法或非线性时程分析法，并直接采用消能部件的恢复力模型进行计算。

3. 消能减震结构的总刚度和总阻尼比

（1）消能减震结构的总刚度应为结构刚度和消能部件有效刚度的总和。
（2）消能减震结构的总阻尼比应为结构阻尼比和消能部件附加给结构的有效阻尼比的和。

4. 消能部件附加给结构的有效阻尼比

消能部件附加给结构的有效阻尼比可按下列方法确定。
（1）消能部件附加的有效阻尼比可按下式估算：

$$\xi_a = W_c / (4\pi W_s) \tag{8-18}$$

式中：ξ_a——消能减震结构的附加有效阻尼比；

W_c——所有消能部件在结构预期位移下往复一周所消耗的能量；

W_s——设置消能部件的结构在预期位移下的总应变能。

（2）消能减震结构在水平地震作用下的总应变能，当不计及扭转影响时，可按下式估算：

$$W_s = (1/2)\sum F_i u_i \tag{8-19}$$

式中：F_i——质点 i 的水平地震作用标准值；

u_i——质点 i 对应于水平地震作用标准值的位移。

（3）速度线性相关型消能器在水平地震作用下所消耗的能量，可按下式估算：

$$W_c = (2\pi^2 / T_1)\sum c_j \cos^2 \theta_j \Delta u_j^2 \tag{8-20}$$

式中：T_1——消能减震结构的基本自振周期；

c_j——第 j 个消能器由试验确定的线性阻尼系数；

θ_j——第 j 个消能器的消能方向与水平面的夹角；

Δu_j——第 j 个消能器两端的相对水平位移。

当消能器的阻尼系数和有效刚度与结构振动周期有关时，可取相应于消能减震结构基本自振周期的值。

（4）位移相关型、速度非线性相关型和其他类型消能器在水平地震作用下所消耗的能量，可按下式估算：

$$W_c = \sum A_j \tag{8-21}$$

式中：A_j——第 j 个消能器的恢复力滞回环在相对水平位移 Δu_j 时的面积。

消能器的有效刚度可取消能器的恢复力滞回环在相对水平位移 Δu_j 时的割线刚度。

消能部件附加给结构的有效阻尼比超过 20% 时，宜按 20% 计算。

8.3.3　减震装置

1. 阻尼器

1）金属阻尼器

金属阻尼器是用软钢或其他软金属材料做成的各种形式的阻尼消能器。金属屈服后具有良好的滞回性能，比较典型的有图 8-14 所示的 X 形板和三角形板阻尼器。图 8-15 所示为一典型金属阻尼器的滞回曲线。

2）黏滞阻尼器

黏滞阻尼器是通过高黏性的液体（如硅油）中活塞或者平板的运动耗能。这种消能器在较大的频率范围内都呈现比较稳定的阻尼特性，但黏性流体的动力黏度与环境温度有关，使得黏滞阻尼系数随温度变化。比较成熟的黏滞阻尼器主要有筒式流体阻尼器和黏滞阻尼墙。筒式流体阻尼器的构造如图 8-16（a）所示，它利用活塞的前后压力差使阻尼器内部液体流过活塞上的阻尼孔产生阻尼力，其恢复力特性如图 8-16（b）所示，其滞回曲线的形状近似椭圆。

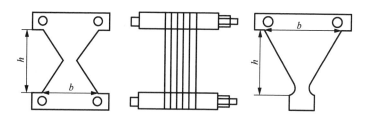

图 8-14 X 形板和三角形板阻尼器

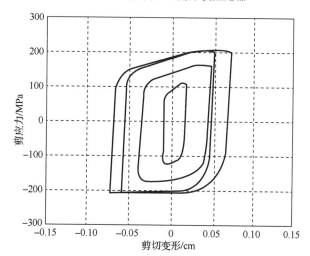

图 8-15 典型金属阻尼器的滞回曲线

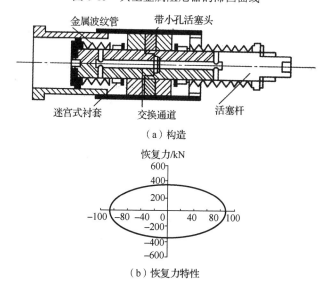

（a）构造

（b）恢复力特性

图 8-16 筒式流体阻尼器

图 8-17 所示为黏滞阻尼墙。其固定于楼层底部的钢板槽内填充黏滞液体，插入槽内的内部钢板固定于上部楼层，当楼层间产生相对运动时，内部钢板在槽内黏滞液体中来回运动，产生阻尼力，其恢复力特性与筒式流体阻尼器接近。这种阻尼墙可提供较大

的阻尼力，不易渗漏，且其墙体状外形容易被建筑师接受。

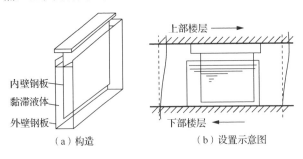

（a）构造　　　　　　　　　（b）设置示意图

图 8-17　黏滞阻尼墙

3）金属圆环减震阻尼器

金属圆环减震阻尼器主要由金属圆环和支撑组成，在地震作用下支撑产生往复拉力和压力，使圆环变成椭圆（方框变成平行四边形）而产生塑性滞回变形而耗能。为了提高阻尼器的耗能能力，还提出了双环、加劲、加盖金属圆环减震阻尼器，如图 8-18 所示。

4）黏弹性阻尼器

黏弹性阻尼器是由异分子共聚物或玻璃质物质等黏弹性材料和钢板夹层组合而成的，通过黏弹性材料的剪切变形耗能，是一种有效的被动消能装置。其典型构造如图 8-19（a）所示，典型的恢复力特性如图 8-19（b）所示。

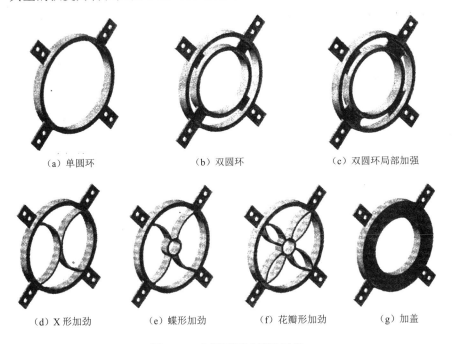

（a）单圆环　　　　　　　　（b）双圆环　　　　　　　（c）双圆环局部加强

（d）X 形加劲　　　　（e）蝶形加劲　　　　（f）花瓣形加劲　　　　（g）加盖

图 8-18　金属圆环减震阻尼器

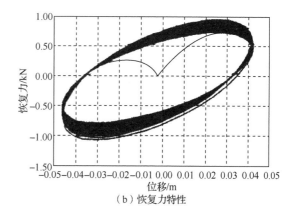

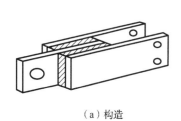

（a）构造　　　　　　　　　　（b）恢复力特性

图 8-19　黏弹性阻尼器

5）软钢剪切消能器

钢材是应用中广泛采用的建筑材料之一。钢材在不发生断裂的情况下，能够表现出如图 8-20（a）所示的饱满的纺锤形的滞回曲线，具有良好的耗能能力。因此金属屈服型消能器中广泛采用钢材作为耗能材料。低碳钢屈服强度低、延性高，采用低强度高延性钢材的消能器也称为软钢消能器。与主体结构相比，软钢消能器可较早地进入屈服，利用屈服后的塑性变形和滞回耗能来耗散地震能量。软钢消能器的耗能性能受外界环境影响小，长期性质稳定，更换方便，价格低廉。常见的软钢消能器主要有钢棒消能器、软钢剪切消能器、锥形钢消能器等。最典型的软钢消能器是软钢剪切消能器，其典型构造如图 8-20（b）所示。软钢剪切消能器的设计需要重点考虑加劲肋的布置，以有效控制腹板屈曲。加劲肋不宜太密，因为加劲肋的焊接会带来较高的残余应力，降低软刚剪切消能器的低周疲劳性能。但加劲肋太少会导致腹板局部屈曲，滞回曲线不饱满且容易断裂。

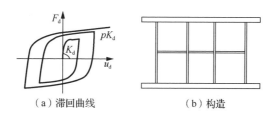

（a）滞回曲线　　　　　　　　　（b）构造

图 8-20　软钢剪切消能器

6）金属弯曲消能器

（1）钢滞变消能器由多块耗能钢板组合而成，消能器的变形方向沿耗能金属板面外方向，使每块金属耗能板通过弯曲屈服变形耗能。通过设计钢板的截面形式，耗能金属板中尽可能多的体积参与塑性变形，从而提高消能器的耗能能力。典型钢滞变消能器的构造和恢复力特性如图 8-21（a）、（b）所示。

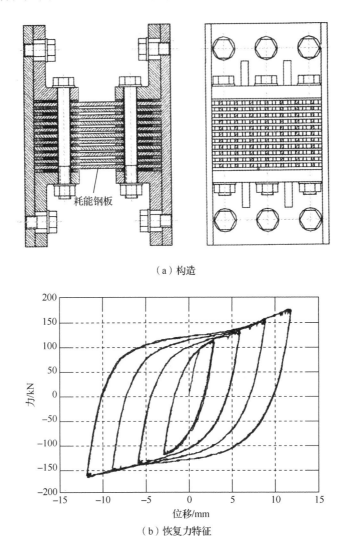

（a）构造

（b）恢复力特征

图 8-21　钢滞变消能器

（2）履带式消能器是一种能够适应大位移需求的金属屈服消能器，其很好地利用了金属的弯曲变形。设计良好的弯曲型金属消能器可以更加充分地利用金属的变形能力。履带式消能器在变形过程中，屈服位置不断变化，使得消能器的低周疲劳性能更加优越。履带式消能器不仅可以用于建筑结构，还可以用于有大变形需求的桥梁结构。履带式消能器的结构如图 8-22（a）所示，主要包括两个部分：耗能钢板和连接板，二者通过螺栓连接。耗能钢板是消能器的主要耗能元件，上连接板与上部楼层或桥梁上部结构相连，下连接板固定在上部楼层或桥墩上。当上、下连接板发生相对位移时，耗能钢板在两个钢板之间碾压滚动耗能。由于耗能钢板在两块连接板之间的运动类似于履带爬行，故称为履带式消能器。履带式消能器的最大优势在于其耗能钢板的屈服位置在消能器变形过程中不断移动，有效避免了屈服变形集中的问题。履带式消能器的恢复力特性如图 8-22（b）所示，其变形能力仅受到耗能钢板平台段长度的限制，可以适应较大的相对位移需求。

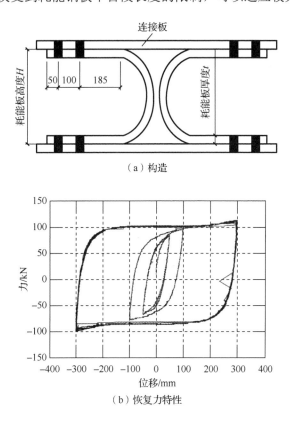

图 8-22　履带式消能器

7）铅消能器

铅具有较高的延展性能，储藏变形能的能力很大，同时有较强的变形跟踪能力，能通过动态恢复和再结晶过程恢复到变形前的性态，适用于大变形情况。此外，铅比钢材屈服早，所以在小变形时就能发挥耗能作用。铅消能器主要有挤压铅消能器、剪切铅消能器、铅节点消能器、异型铅消能器等。挤压铅消能器的构造及其滞回曲线如图 8-23 所示，可见其滞回曲线近似矩形，有很好的耗能性能。剪切铅消能器的构造及其滞回曲线如图 8-24 所示。铅消能器由于其生产和使用过程中存在对环境的不利影响，在实际工程中并未大量采用。

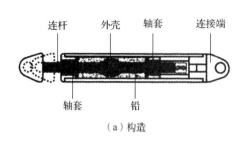

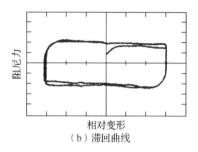

图 8-23　挤压铅消能器的构造及其滞回曲线

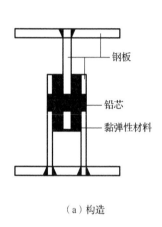

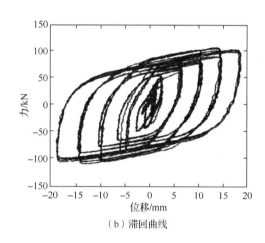

图 8-24　剪切铅消能器的构造及其滞回曲线

8）摩擦消能器

在滑动发生以前，摩擦消能器不能发挥作用。摩擦耗能作用需在摩擦面间产生相对滑动后才能发挥，且摩擦力与振幅大小和振动频率无关，在多次反复荷载下可以发挥稳定的耗能性能。通过调整摩擦面上的面压，可以调整起摩力。图 8-25（a）所示为 Pall 型摩擦消能器的构造，图 8-25（b）所示为简式摩擦消能器的构造，图 8-25（c）所示为摩擦消能器的恢复力特性。

2. 消能支撑

消能支撑实质上是将各式阻尼器用在支撑系统上的耗能构件。常见的有如下形式：

（1）屈曲约束支撑。如图 8-26 所示的屈曲约束支撑由内核心钢板、钢套管及在钢套管之间填充的灰浆组成。在轴向拉压力作用下，屈曲约束支撑可承受压拉屈服，而不发生屈曲失稳，实现塑性变形，从而消耗输入的地震能量。屈曲约束支撑常用的截面形式如图 8-26（b）所示。在实际工程中可布置成 K 形支撑、斜杆支撑、交叉支撑等。

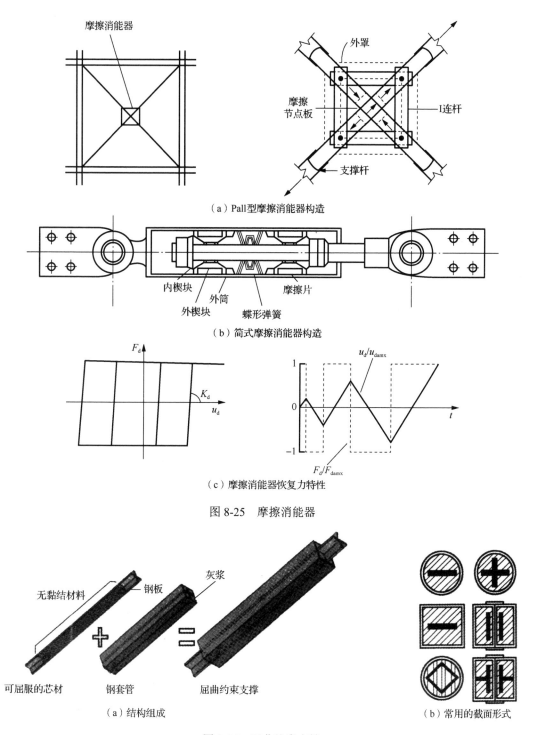

（a）Pall 型摩擦消能器构造

（b）简式摩擦消能器构造

（c）摩擦消能器恢复力特性

图 8-25　摩擦消能器

（a）结构组成　　　　　　　　（b）常用的截面形式

图 8-26　屈曲约束支撑

（2）消能交叉支撑。在交叉支撑处利用弹塑性阻尼器的原理，可做成消能交叉支撑，如图 8-27 所示。

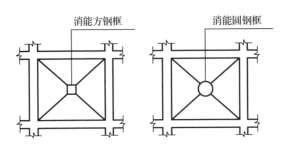

图 8-27　消能交叉支撑

（3）摩擦消能支撑。将高强度螺栓钢板摩擦阻尼器用于支撑构件，可做成摩擦消能支撑，如图 8-28 所示。

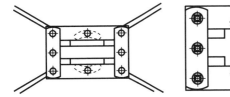 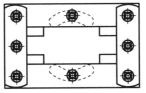 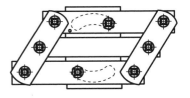

图 8-28　摩擦消能支撑

（4）消能偏心支撑。偏心支撑是指在支撑斜杆的两端至少有一端与梁相交，且不在节点处，另一端可在梁与柱处连接，或偏离另一根支撑斜杆一段长度与梁连接，并在支撑斜杆与柱子之间构成消能梁段，或在两根支撑斜杆之间构成消能梁段的支撑。各类偏心支撑框架如图 8-29 所示。

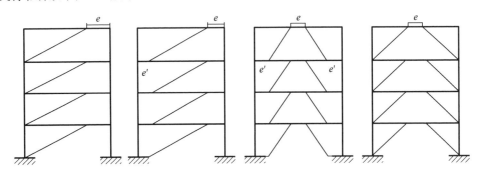

图 8-29　偏心支撑框架

3. 消能墙

消能墙实质上是将阻尼器或消能材料用于墙体所形成的耗能构件或耗能子结构。如图 8-30 所示为在消能墙中应用黏弹性阻尼器的实例，两块钢板中间夹有黏弹性（或黏性）材料，通过黏弹性（或黏性）材料的剪切变形吸收地震能量。其耗能效果与两块钢板相对错动的振幅、频率等因素有关，因此设计过程中要考虑这些因素的影响。

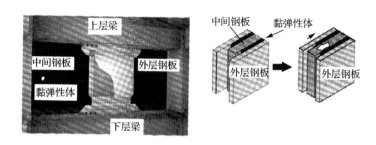

图 8-30　消能墙

4. 消能节点

当结构产生侧向位移时，消能装置即可发挥消能减震作用。如图 8-31 所示的铰接节点中安装了屈曲约束支撑，从而实现了节点可吸收地震能量。

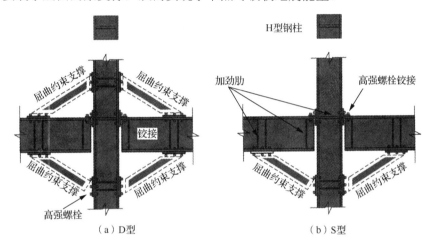

图 8-31　梁柱消能节点

5. 消能连接

当结构在缝隙或连接处产生相对变形时，消能装置即可发挥消能减震作用，如图 8-32 所示。

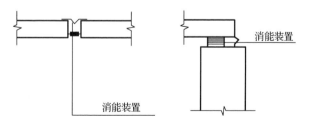

图 8-32　消能连接

8.4 结构主动控制

8.4.1 基本概念

主动控制是借鉴现代控制论思想而提出的一类振动控制方法,其设想是利用外部能源,在结构受地震激励而运动的过程中,实时地施加控制力、改变结构动力特性,以减小结构的地震反应。

主动控制体系一般由三部分组成:

(1)传感器:用于测量结构所受外部激励及结构响应并将测得的信息传送给控制系统中的处理器。

(2)处理器:一般为计算机,用于依据给定的控制算法,计算结构所需的控制力,并将控制信息传递给控制系统中的制动器。

(3)作动器:一般为加力装置,用于根据控制信息由外部能源提供结构所需的控制力。

基本的控制系统可分为三种类型(图 8-33):

(1)开环控制:根据外部激励信息调整控制力。

(2)闭环控制:根据结构反应信息调整控制力。

(3)开闭环控制:根据外部激励和结构反应的综合信息调整控制力。

近年来研制的主动控制装置一般采用闭环控制原理进行设计。

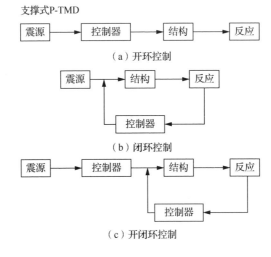

图 8-33 主动控制形式

8.4.2 控制原理

图 8-34 是主动控制结构(单自由度体系)的分析模型。

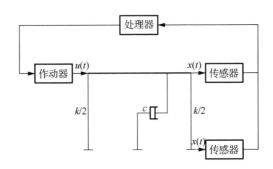

图 8-34　主动控制结构的分析模型

在地震动 x_g 作用下，结构产生相对位移 $x(t)$，根据地震动和结构反应信息，作动器对结构施加主动控制力 $u(t)$，因此，结构的动力方程为

$$m\ddot{x} + c\dot{x} + kx = -m\ddot{x}_g + u(t) \tag{8-22}$$

式中：$u(t)$——结构反应 $\ddot{x}$、$\dot{x}$、x 和地震动 $\ddot{x}_g$ 的函数，可表示为

$$u(t) = -m_1\ddot{x} - c_1\dot{x} - k_1x + m_0\ddot{x}_g \tag{8-23}$$

其中，m_1、c_1、k_1、m_0 为控制力参数，可以不随时间改变。

$$(m + m_1)\ddot{x} + (c + c_1)\dot{x} + (k + k_1)x = -(m - m_0)\ddot{x}_g \tag{8-24}$$

由式（8-24）可知，对结构实施主动控制，相当于改变了结构动力特性，增大了结构刚度与阻尼，减小了地震作用，从而达到了减震的目的。

在式（8-23）表达的主动控制力中，若 $m_1 = c_1 = k_1 = 0$，则为开环控制；若 $m_0 = 0$，则为闭环控制；若 m_1、c_1、k_1 及 m_0 皆不为零，则为开闭环控制。在闭环控制中，若 $m_1 = c_1 = 0$，则称为主动可调阻尼控制；类似地，若 $c_1 = k_1 = 0$，则是主动可调质量控制。

最佳的控制力参数，可采用一般控制理论方法确定。常用的方法有模态空间控制法、最优控制法、瞬间最优控制法等。

8.4.3　结构主动控制装置

1. 主动调频质量阻尼器

主动调频质量阻尼器是在调频质量阻尼器（tuned mass damper，TMD）基础上增加主动控制力而构成的减震装置，其应用集中于高层建筑与高耸结构。

2. 主动拉索

主动拉索控制系统由连接在结构上的预应力钢拉索构成（图 8-35）。在拉索上安装一套液压伺服系统。地震时，传感器把记录的结构反应信息传给液压伺服系统，系统根据一定规律对拉索施加控制力，使结构反应减小。

主动拉索控制系统的优点在于：①施加控制力所需能量相对较小；②拉索本身是结构的构件，因而不必对结构进行较大的改动。

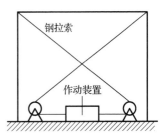

图 8-35　主动拉索控制装置

思　考　题

1. 简述隔震结构和传统抗震结构的异同点。
2. 简述建筑结构隔震原理。
3. 简述隔震系统的组成和各部件的具体作用。
4. 简述建筑结构基础隔震设计要点。
5. 简述建筑结构消能减震原理。
6. 简述建筑结构消能减震体系的类型。

参 考 文 献

白国良，马建勋，2012. 建筑结构抗震设计[M]. 北京：科学出版社.

窦立军，2012. 建筑结构抗震[M]. 2 版. 北京：机械工业出版社.

桂国庆，2015. 建筑结构抗震设计[M]. 重庆：重庆大学出版社.

郭海燕，戴素娟，彭亚萍，等，2010. 建筑结构抗震[M]. 北京：机械工业出版社.

李碧雄，谢和平，王哲，等，2009. 汶川地震后多层砌体结构震害调查及分析[J]. 四川大学学报（工程科学版），（41）4：19-25.

李达，2009. 抗震结构设计[M]. 北京：化学工业出版社.

李国强，等，2014. 建筑结构抗震设计[M]. 4 版. 北京：中国建筑工业出版社.

李九宏，2004. 建筑结构抗震构造设计[M]. 武汉：武汉理工大学出版社.

李英民，杨溥，2011. 建筑结构抗震设计[M]. 重庆：重庆大学出版社.

刘伯权，吴涛，等，2011. 建筑结构抗震设计[M]. 北京：机械工业出版社.

龙帮云，刘殿华，2011. 建筑结构抗震设计[M]. 南京：东南大学出版社.

卢滔，薄景山，李巨文，等，2009. 汶川大地震汉源县城建筑物震害调查[J]. 地震工程与工程振动，6：88-95.

吕西林，等，2015. 建筑结构抗震设计理论与实例[M]. 4 版. 上海：同济大学出版社.

潘鹏，叶列平，钱稼茹，等，2014. 建筑结构消能减震设计与案例[M]. 北京：清华大学出版社.

裴星洙，2013. 建筑结构抗震分析与设计[M]. 北京：北京大学出版社.

彭少民，2002. 混凝土结构[M]. 武汉：武汉理工大学出版社.

钱永梅，王若竹，2009. 建筑结构抗震设计[M]. 北京：化学工业出版社.

裘佰永，盛兴旺，乔建东，等，2001. 桥梁工程[M]. 北京：中国铁道出版社.

上官子昌，经东风，王新明，等，2012. 建筑抗震设计[M]. 北京：机械工业出版社.

尚守平，周福霖，2010. 结构抗震设计[M]. 2 版. 北京：高等教育出版社.

施楚贤，2003. 砌体结构[M]. 北京：中国建筑工业出版社.

王社良，2011. 抗震结构设计[M]. 4 版. 武汉：武汉理工大学出版社.

王铁成，2002. 混凝土结构原理[M]. 天津：天津大学出版社.

吴献，2009. 建筑结构抗震设计[M]. 哈尔滨：哈尔滨工业大学出版社.

徐有邻，2009. 汶川地震震害调查及对建筑结构安全的反思[M]. 北京：中国建筑工业出版社.

徐至钧，2013. 建筑隔震技术与工程应用[M]. 北京：中国质检出版社，中国标准出版社.

易方民，高小旺，苏经宇，2011. 建筑抗震设计规范理解与应用[M]. 2 版. 北京：中国建筑工业出版社.

张玉敏，苏幼坡，韩建强，2016. 建筑结构与抗震设计[M]. 北京：清华大学出版社.

中国建筑科学研究院，2010. 建筑抗震设计规范（2016 年版）：GB 50011—2010[S]. 北京：中国建筑工业出版社.

中国建筑科学研究院，2011. 混凝土结构设计规范（2015 年版）：GB 50010—2010 [S]. 北京：中国建筑工业出版社.

中华人民共和国住房和城乡建设部，2012. 建筑地基基础设计规范：GB 50007—2011[S]. 北京：中国计划出版社.

中华人民共和国住房和城乡建设部，2012. 建筑结构荷载规范：GB 50009—2012[S]. 北京：中国建筑工业出版社.

中华人民共和国住房和城乡建设部，2018. 钢结构设计标准：GB 50017—2017 [S]. 北京：中国建筑工业出版社.